BLUEPRINT
THE EVOLUTIONARY ORIGINS OF
A GOOD SOCIETY

ブループリント
「よい未来」を築くための進化論と人類史

NICHOLAS A. CHRISTAKIS
ニコラス・クリスタキス
鬼澤忍・塩原通緒 訳

下

ブループリント（下巻）

BLUEPRINT
The Evolutionary Origins of a Good Society
by Nicholas A. Christakis

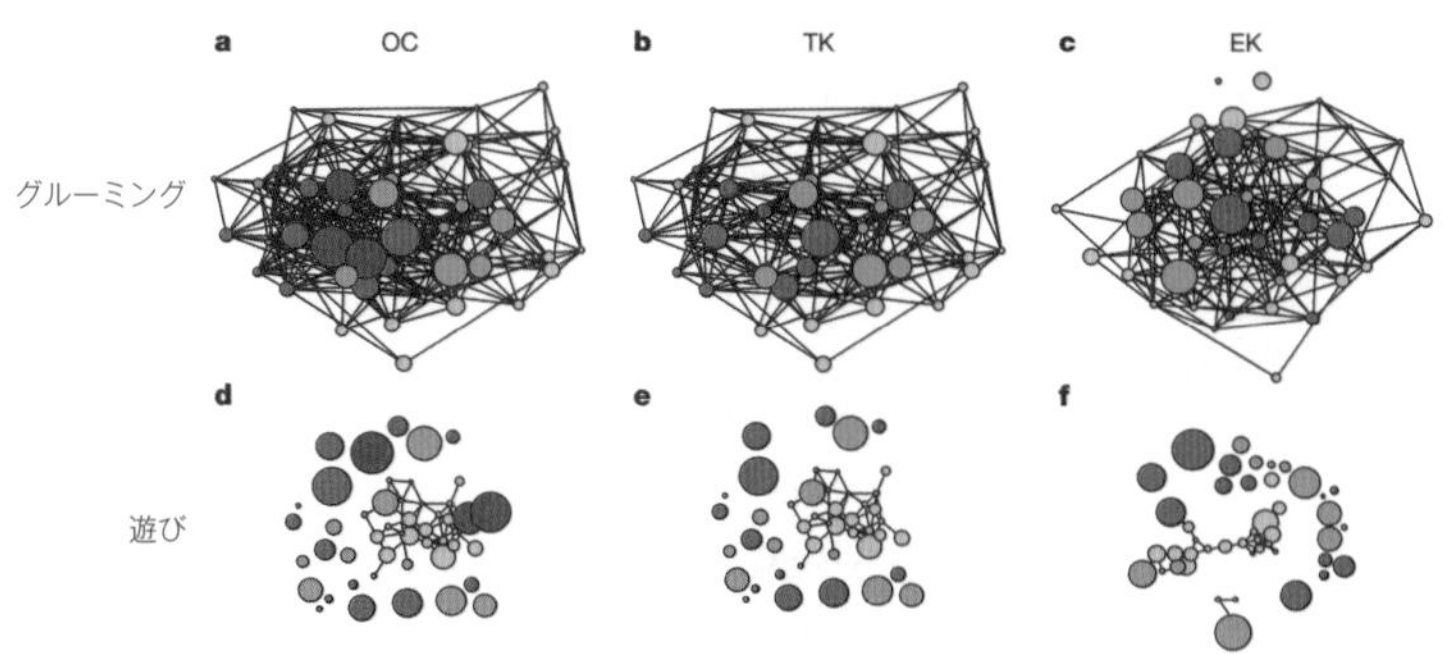

口絵 1　リーダーが排除された際の ブタオザルの社会的ネットワークの構造変化

それぞれの節点がサルであり、色は役割を示している。すなわち、紫はリーダー、鮮やかなピンクはアルファメス、赤は家母長、薄いピンクはそれ以外の成獣、グレーは社会的に成熟しているが十分には成長していない個体だ。上段の図における線はグルーミングの関係を、下段の図における線は遊びの関係を示している。左の縦の列は元の状態である。右端の縦の列は実験にもとづく状況であり、リーダー（この例では３匹）を集団から実際に物理的に排除し（降板させ）、それから観察によって社会的交流のネットワークを再び評価した。中央の縦の列は元のネットワークであり、ネットワーク地図からリーダーを排除してネットワークを再び描いただけのものだ。３匹のリーダーとそれらの持つつながりをデータから排除しつつも、実際に排除するわけではない場合、絆のネットワークがどうなるかを示している。これらのネットワークは、降板のネットワークよりも元のネットワークに似ている。つまり、３匹の個体とそれらの持つ絆が失われただけの場合とくらべ、実際の排除はネットワークをより不安定にするということだ。

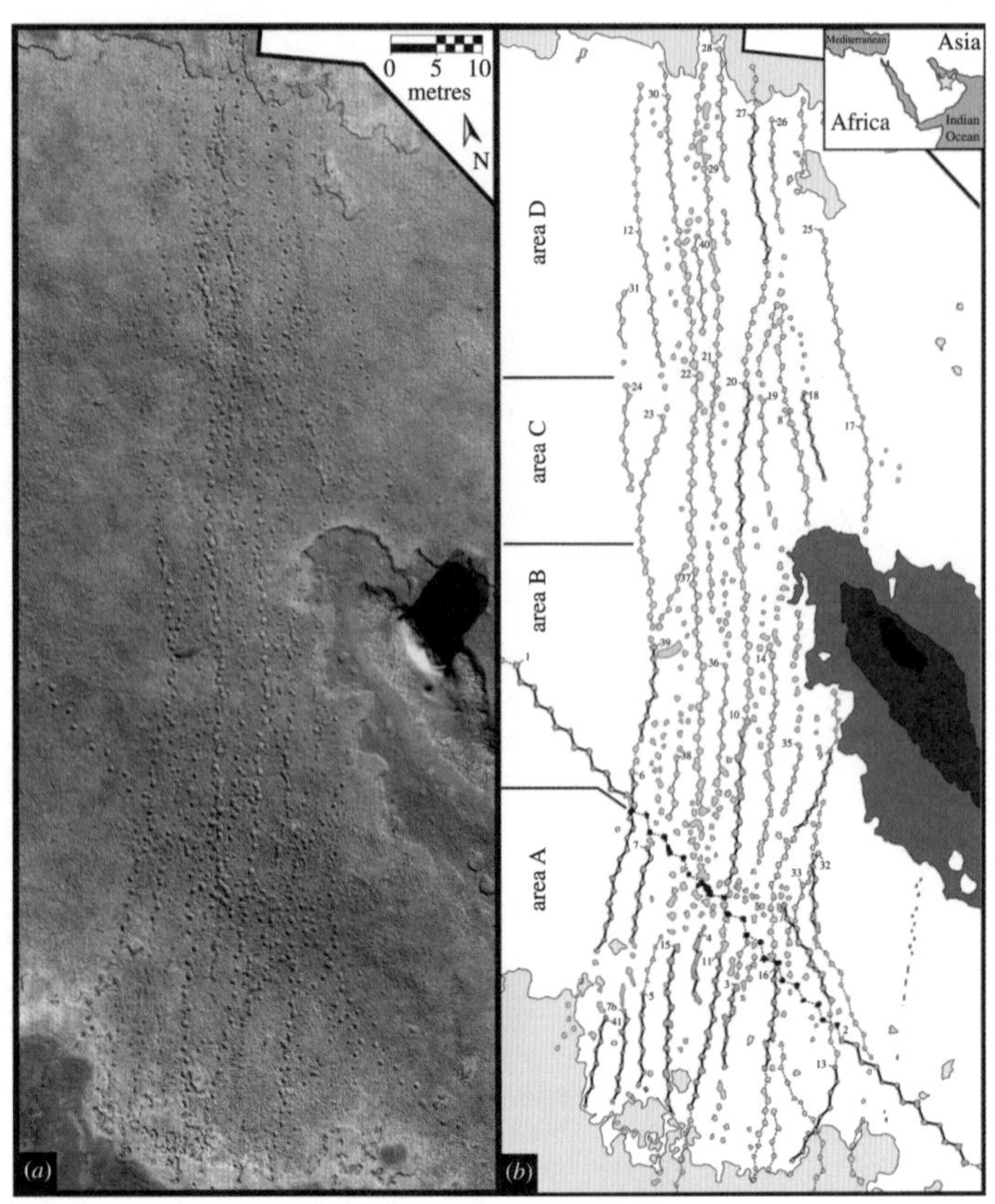

口絵２　古代のゾウの足跡

左側の航空写真は700万年前の化石化したゾウの足跡。アラブ首長国連邦のムレイサの砂漠で260mにわたって続いている。右側の図は、メスの集団における特定の数個体の進路を示したもの。単独のオスの進路がほかの足跡と斜めに交差しているのがわかる。これらの古代の足跡に反映されている社会組織は、現代のゾウに見られるものと同じだ。

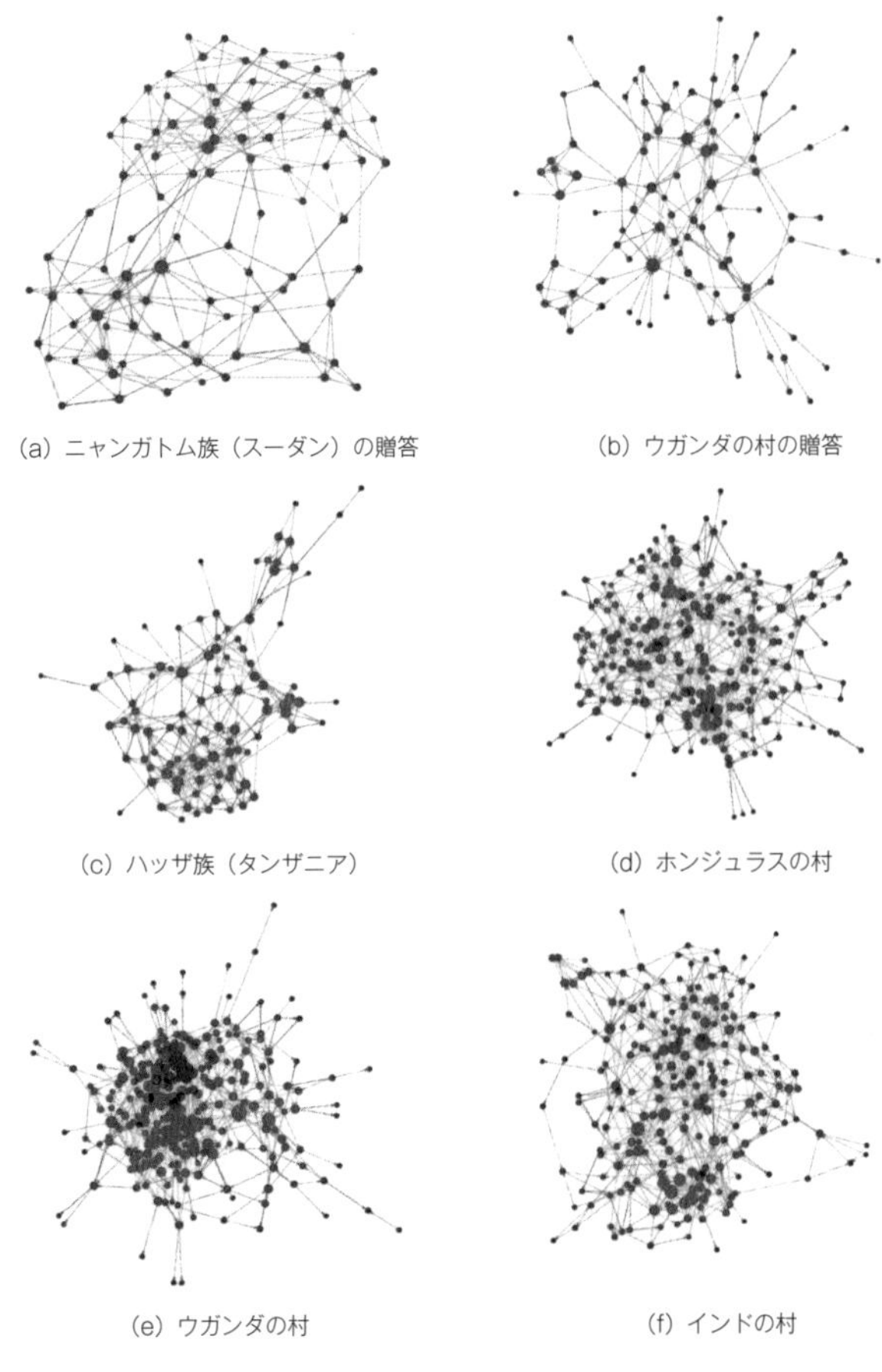

(a) ニャンガトム族（スーダン）の贈答

(b) ウガンダの村の贈答

(c) ハッザ族（タンザニア）

(d) ホンジュラスの村

(e) ウガンダの村

(f) インドの村

口絵 3　世界各地の社会的ネットワーク

私の研究室がマッピングしてきた世界各国の小集団や村落での対面交流をともなう社会的ネットワーク。青色の節点は男性、赤色の節点は女性。丸の大きさは、各人が持つつながりの数に対応する（節点が大きいほど、その人の持っている社会的つながりが多いことを意味する）。オレンジ色の線は、近しい家族関係（親、子、配偶者、きょうだい）をあらわし、灰色の線は、血のつながりのない友達をはじめとして、近しい家族以外のあらゆる関係をあらわす。これらのネットワークは、集団規模こそ 91 名から 261 名までさまざまだが、構造的には明らかに世界中で一貫している（ただし、ジェンダーによる分離や、全体的なネットワークの内部にとくに相互連結した派閥があるかどうかなどの面で、いくつかの興味深い相違はある）。

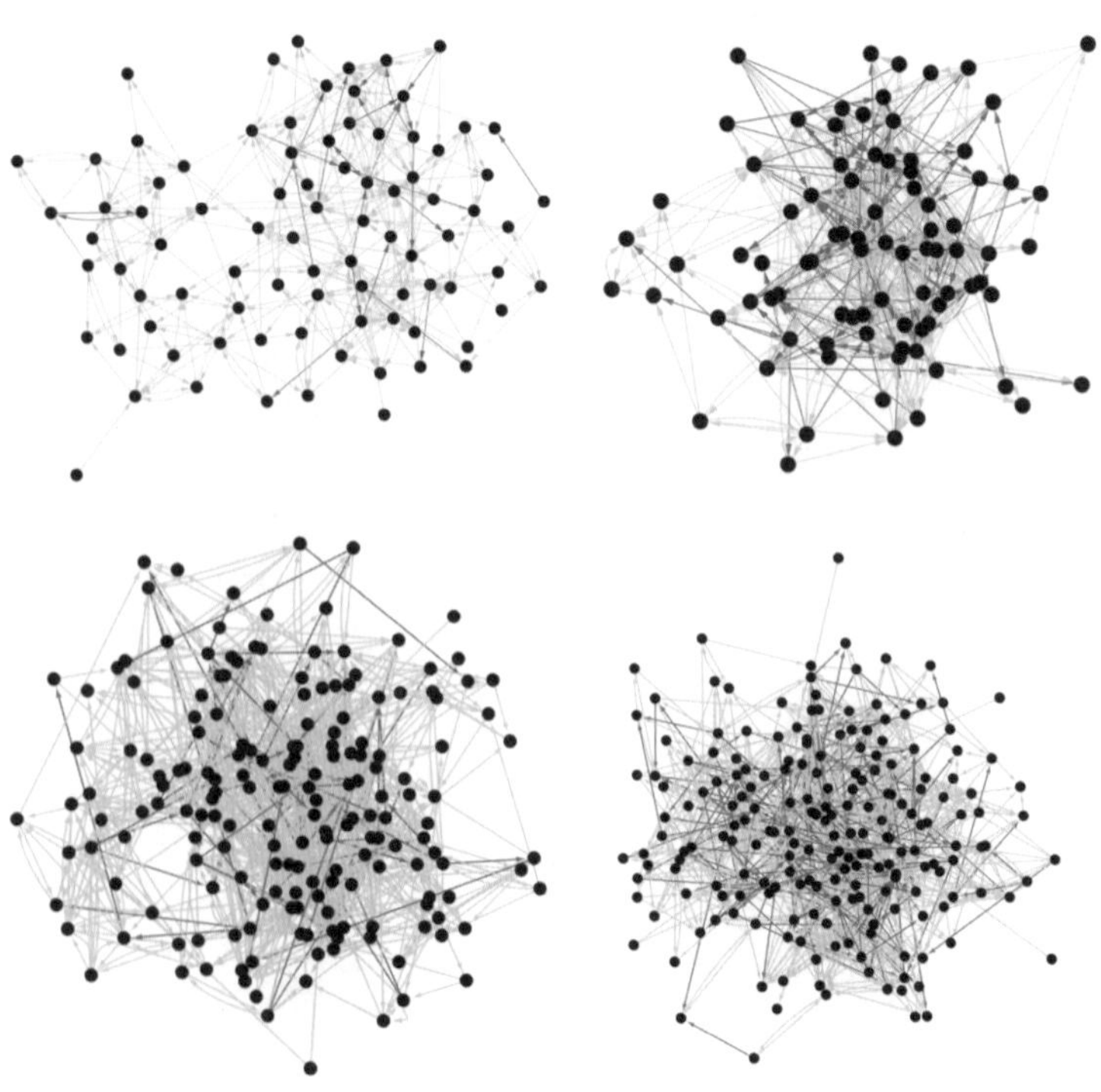

口絵 4　ホンジュラスの四つの村での敵対度

ホンジュラスの四つの村のネットワークをそれぞれ図式化したもの。黒色の節点が住民をあらわす。灰色の直線は友達関係の（ポジティブな）つながりで、赤色の直線は敵対関係の（ネガティブな）つながり。上の二つの図にあらわされているのは比較的小規模な村で（節点の数が左は 86、右は 87)、下の二つはそれよりも大きな村である（節点の数が左は 204、右は 184)。各村でのポジティブなつながりに対するネガティブなつながりの割合から言って、左側の二つの村では敵対度が低く（8.5% と 9.6%)、右側の二つでは敵対度が高い（40.0% と 32.2%)。

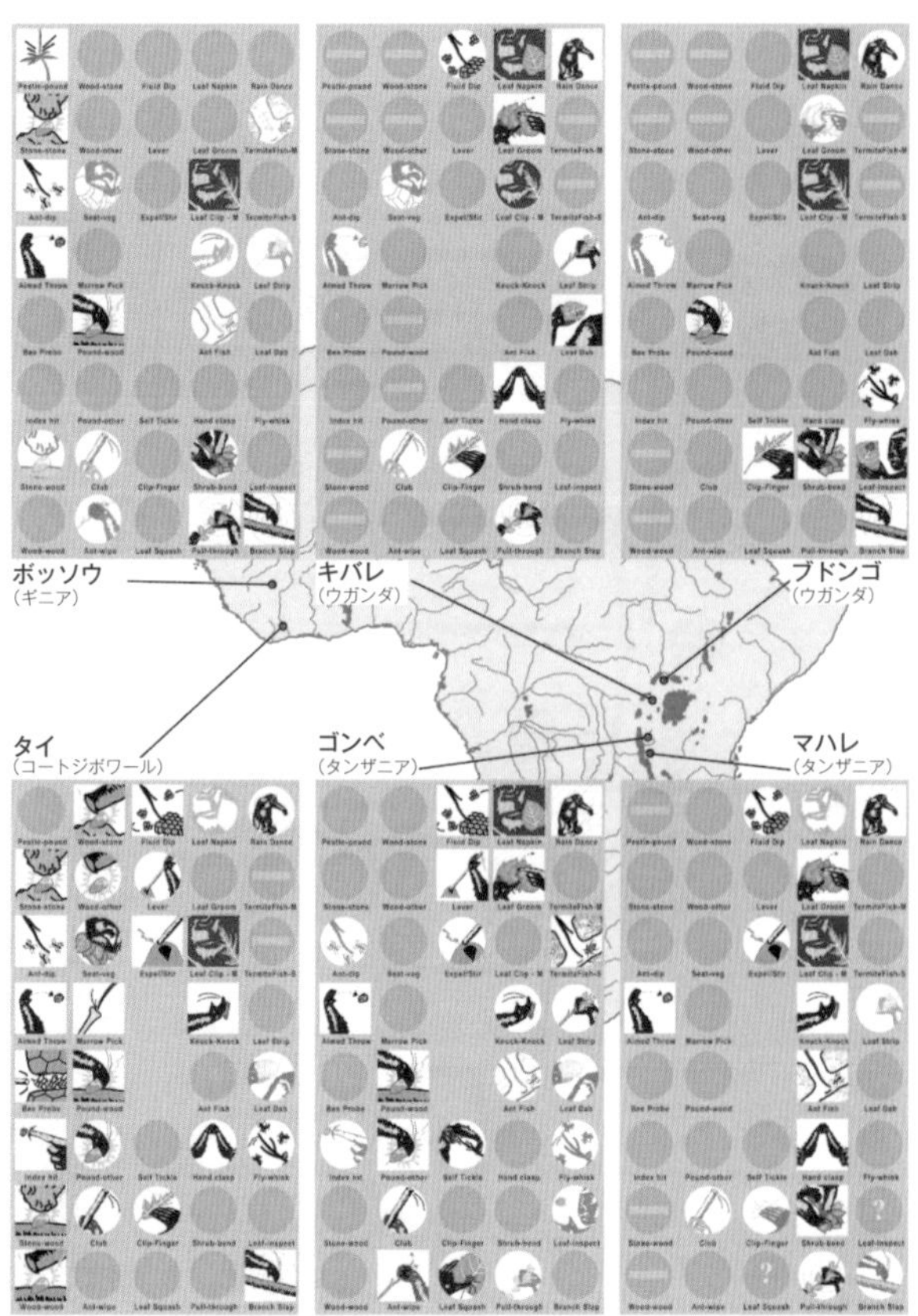

口絵5　アフリカの六つのチンパンジー個体群における文化要素

アフリカの六つの場所で行なわれてきたフィールド調査から、チンパンジーのさまざまな文化的慣習を場所ごとに比較した図。各慣習は5×8の表であらわされ、それぞれの行動が習慣的なものや常習的なものであるかどうかを示している。各マスのアイコンがカラーになっていれば習慣的な行動、丸くなっていれば常習的な行動、色がついていなければ存在しているだけの行動、空白になっていれば、その行動が存在していないことを意味する。アイコン内の水平のバーは、その行動が存在してはいないが、生態学的な理由があること（たとえば藻類が存在しない環境なので藻類を釣り上げる行動も存在しないなど）を示す。アイコン内の疑問符は、状況が不確定であることを意味する。全体として、文化的な行動パターンには場所による差異があることがうかがえる。

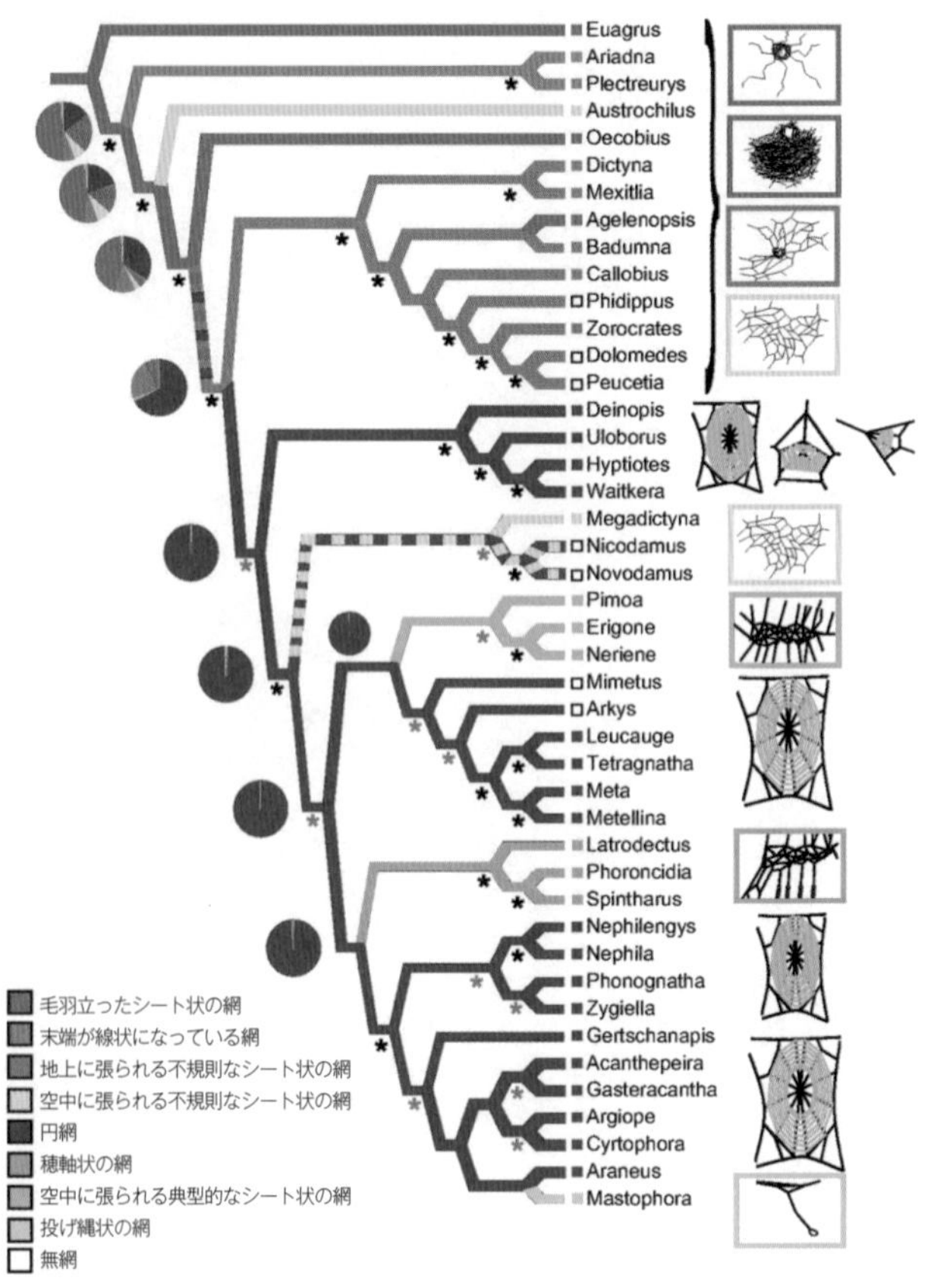

口絵６　クモの網の進化

クモ目における網の形態構造の推定される進化を色別の系統樹で示した図。分類名の左側の色が網の種類をあらわす。黒色と灰色の星と円グラフは、関連する分岐点の科学的証拠の強さをあらわす（が、ここでは関係ない）。クモの網には種によって異なるさまざまな種類があり、その違いは進化によって形成されてきた。これは動物がつくる物体のうち、動物の遺伝子によって構造が決まるものの一例である。

ブループリント（下巻） 目次

第7章 動物の友情 16

第10章　遺伝子のリモートコントロール　174

第11章　遺伝子と文化　210

第12章　自然の法則と社会の法則　248

ブループリント（上巻）目次

第7章　動物の友達

愛する能力を持つ種は人間が最初でもなければ唯一でもなく、ほかにも存在する。友情を育む原始的で揺るぎない能力についても同じだ。それを誰よりも活き活きと描いてくれたのが霊長類学者のジェーン・グドールである。初めて友達になったチンパンジー、デイヴィッド・グレイビアード〔訳注：グレイビアードは「灰色のひげ」の意〕を密林の中で何時間も懸命に追った末の忘れがたい出会いを、彼女はこう記している。

ときどき、彼はたしかに私を待っていてくれた……私が息を切らし、とげの多い茂みで傷だらけになりながら追いつくと、彼が座ってこちらをふり返っていることがよくあったのだ。私が姿を現すと、彼は立ち上がり、またヒョコヒョコと歩き出す。

ある日、澄んだ水が流れる小さなせせらぎのほとりで彼の傍に腰を下ろすと、パームヤシの赤く熟れた実が地面に落ちているのが目に入った。拾い上げて、開いた手のひらに載せ、彼のほうに差し出した。彼は顔を背けた。私が手をもっと近づけると、彼はその手を見て、それから私を見て、実を取ると同時に私の手をしっかりと優しく、自分の手で握った。私が身じろぎもせず座ったままでいると、彼は手を離し、実を見下ろして、地面に落とした。

その瞬間、どんな科学の知識も必要なしに、彼が安心感を伝えていることがわかった。彼の指に込められた柔らかな圧力が、私の知性を通じてではなく、もっと原始的な情動の伝達路を通じて語りかけてきた。人間とチンパンジーが別々に進化するあいだにそびえた計り知れない歳月の壁が、その数秒間、崩れ落ちた。それは、私の最大の望みをもはるかに超えたご褒美だった。[1]

社会的つながりへの欲求は非常に強く、友達をつくる傾向があるほかの種にまで届くことがある。[2]天才科学者ニコラ・テスラがハトとのあいだに結んだ関係を考えてみよう。テスラは居室にハトを引き寄せるために工夫を凝らしていた。机の上には小さな鳥用の寝床を点々と置き、窓の下枠に粒餌を置いて、窓はいつも開けっ放しだった。あるとき、投宿していたニューヨーク市のホテル・セント・レジスの部屋への鳥の出入りがあまりに迷惑だとして、ホテル側はテスラにハトの餌付けをやめるか、さもなくば出ていってくれと申し入れた。彼が選んだのは後者だった。[3]テスラは生涯独身でほぼ孤独な人生を送ったが、ハトとの交流が心の隙間とつながりへの渇望を満たしたと、一九二九年のインタビューで語っている。

> 結婚しなかったせいで、仕事のために犠牲を払いすぎたと感じることもあります。そこで、もう若くはない男が持つ愛情のすべてを、羽の生えた種族に惜しみなく注ぐことにしたのです。自分のしていることが将来、少しでも後世の人のためになれば、それで満足です。しかし、宿無しだったり、空

腹だったり、病を抱えたりした鳥たちの世話は、私にとって現世の喜びです。唯一の遊びの手段なのです。[4]

テスラは可愛がっていた鳥が死んだときの嘆きを痛切に述べている。

「何かが私の人生から失われた。人生でなすべきことが終わったのだと悟った」[5]

そして、彼自身も数カ月後に亡くなった。八六歳だった。テスラの悲嘆と、ペットの死後に生命の危機が増大したようだという事実は、人間のカップルに（動物種の一部にも）広く見られる「傷心による死」という現象にも通じる。[6] 人間の愛着は（ペットに対するものでさえ）実に根源的で有益であるため、人びとの健康を増進することもあれば、その喪失が死をもたらすことさえある。

人間と動物の絆

アメリカでは全世帯のおよそ三分の二がペットを飼っており、その世話に年間六〇〇億ドル以上を費やしている。[7] とはいえ、ペットの方も、飼い主に恩返しをしている。ペットが人びとに友人同様の影響を与えるのは、よくあることだ。人間のストレス反応を調べたある実験では、参加者が氷水に片手を突っ込み、苦痛のためにその手を引っ込めるまでの時間が測定された。実験の場にペットがいると、配偶者か友人が立ち会うのと同じくらい、生理的ストレスを軽減する効果があることがわかった。[8] 全般的に、社会的つながりを多く持つ人ほど苦痛に耐えられる度合いが大きく、動物とのつながりにさえ、それが言える。[9]

ペットは、一緒に飼う人間どうしの関係も強化する。家族で犬を飼っている人なら誰でも知っているように、ペットはつねに家族が共有する興味と、ユーモアと、逸話の源であり、ほかの多くの話題につきものの圧力や期待とは無縁だ。ペットの存在は人間の交流をうながすうえに、共感を増す可能性さえある。自閉症の子供にはモルモットとの遊戯療法が効果を発揮するし、負傷した退役兵はウマと触れ合うホースセラピーにより心理的症状が軽減される。[10] ロサンジェルスのセレニティ・パークという鳥類保護区では、依存症、精神疾患、心的外傷の後遺症に苦しむアメリカ人退役兵たちが、遺棄されたオウム、コンゴウインコ、キバタンとのあいだに固い絆を結んでいる。[11]

　固い絆で結ばれた人間と動物の偶像化された組み合わせは、はるか昔のオデッセイと愛犬アルゴスから、幼いファーン・エラブルと彼女の名高いブタ、ウィルバー〔訳注：一九五二年刊行の児童文学作品『シャーロットのおくりもの』（あすなろ書房）に登場する〕にいたるまで、幾多の世紀にわたり存在してきた。アレクサンドロス大王の少年時代で最も大きなできごとは、父の指示に抗って暴れ馬ブケパロスを乗りこなそうとしたことだ。ウマがみずからの影に怯えているのに気づいた若き大王は、ウマを日陰で調教して手なずける。大王と愛馬の絆は暴力や支配ではなく慰撫と支援の行為を通じて始まり、分かちがたいものとなった。[12]

　アメリカの歴代大統領の「ファーストペット」の多くは、国民に広く名前を知られてきた。フランクリン・ローズヴェルトの愛犬、スコティッシュ・テリアのファラは、大統領の傍らで国際会議にも出席している。歴史家と政治評論家が後に「ファラ・スピーチ」と名づけたスピーチで、「私の犬を誹謗」したとしてローズヴェルトが共和党を非難した話は有名だ。[13] ファラはローズヴェルトの遺体の傍らに埋葬され、ワシントンDCのフランクリン・デラノ・ローズヴェルト記念公園には像が建てられている。

　私たちが動物に抱く愛着と善意を見れば、人間が愛、友情、利他性の能力を持つことがよくわかる。私に言わせれば、ほかの生きものとつながることのできるこの力こそ、私たちの人間性の指標だ。その主張については後述することにして、まずは動物に的を絞ろう。私たちのペット——鳥、イヌ、ウマなど——の多くは非常に社会的な生き物で、彼らとつながろうとする人間の試みにとりわけよく呼応するように見える。

しかし、私たちと共生する種にもまして人間の社会的自我への深い洞察を与えてくれるのが、チンパンジー、ゾウ、クジラなどの野生動物だ。人間が友情を育み、それによって親族よりもずっと大きな社会的ネットワークを構築する際にとる行動は、そうしたほかの動物種に啓発的な先例を見いだせるものであり、つまりは自然選択によって形成されてきたのである。

実際にゾウとクジラは、それぞれが収斂（しゅうれん）進化によって、人間と同様に友情を育む能力を持つにいたった。これまで見てきたように、近縁関係でない種がまったく別の進化の道筋を経て同じ特徴を進化させるとき、収斂進化が起こる。たとえば、鳥とコウモリはいずれも飛ぶ能力を進化させ、タコとヒトは構造が似通った目を進化させた。その相似性からうかがえるのは、それらの特徴（飛翔、視覚、友情）が非常に有用で、環境機会にぴったり適合しているため、必要不可欠であるように見えることだ。さらに、動物の社会の存在は、人間の社会の多様な側面の重要性を強調する役割を果たす。人間と動物の共通点を理解することによって、人間どうしの共通点がいっそう認識できるのである。

動物と交流する研究者

動物とのあいだに関係を結ぶことは、科学者が社会的種の基盤を理解するのに役立つ。研究者が自然のままの生息環境で動物を観察し、その集団の中に入り込むには、創造的かつコストのかさむ過程を経なければならないのが常だ。実際、動物愛好家が昔から知っていたことを科学者が確かめるのに多大な時間を要してきたのは、身の安全を保ちながら動物を邪魔せずに自然な形で野生動物とかかわるのがきわめて難しい場合が多いからでもある。

それがなおさら難しいのは、飛んだり泳いだりする動物の場合だ。深く潜水して水生哺乳類の社会的交流を追ってきた科学者もいれば、空を目指してきた学者もいる。活動家で気象学者のクリスチャン・ムーレックはあるとき、屋根がなくスピードも出ない小さな飛行機でガンの群れと共にスウェーデンからドイツまでおよそ二〇〇〇キロメートルを飛行し、ガンの行動を知ろうとした。[14]

だが、動物の社会生活を知るための科学の進歩は陸上で、とりわけチンパンジーと共に始まった。

ジェーン・グドールは、まだ二六歳だった一九六〇年七月、母親と共にタンガニーカ湖の東岸にやって来た。ボートでしかたどり着けない野営地は、タンザニアのゴンベ国立公園の深い森に抱かれている。やがて世界屈指の霊長類学者として尊敬を集めるグドールだが、このときは大学の学位もなく、携行した物資は乏しく、人里離れた森での生活経験もなかった。それでも、やる気満々だった。彼女は一九八六年まででチンパンジーに交じって生活し、その二六年間を通じて、この種のおよそ五〇頭と親しい関係を築いた。初の著書の書名を『わが友、野生のチンパンジーたち』としたほどである。

ゴンベでの最初の数週間、チンパンジーたちはグドールの前にちらりと姿を現しても、たちまち深い葉叢の中に消えていった。グドールはこう述懐している。

「何週間経っても、チンパンジーたちは逃げるばかりで、私はしょっちゅう落胆していた[15]」

ところが、デイヴィッド・グレイビアードとの出会いが、すべてを変えた。彼女はそう名づけた大柄なオスのチンパンジーと友達になったのだ（そして、もっと重要なことに、彼のほうも彼女と友達になった）。グドールはまず、野営地の傍でグレイビアードが細長い草の葉を道具として使い、シロアリを巣から釣り出しているのを一時間近く観察した（道具を使う霊長類をそのように観察したこと自体、注目に値することだった）[16]。グレイビアードはグドールの野営地をほぼ毎日訪れるようになった。

後年、彼女はグレイビアードがどんなふうに特別だったかを語っている。

そう、そもそも彼は、私が近づいても逃げなかった最初のチンパンジーでした。私が恐くなくなったのです。そして、森の中にあるこの魔法の世界に導いてくれました。ほかのチンパンジーたちはデイヴィッドがそこに座り、逃げ出さないのを見て、徐々にこう考えるようになったのでしょう。「ふむ、どうやらこの人はあまり恐くなさそうだ」。デイヴィッドはとても気立てがよく優しい性格でした。仲間のチンパンジーからも本当に好かれていました。低位のチンパンジーは彼を頼り、守ってもらおうとしました。彼自身はそれほど順位が高かったわけではありませんが、とても高位の友達がいました。ゴライアスです。それに、どこか人を惹きつけるところがありました。とてもハンサムな顔で、両目がかなり離れていて、見事な灰色のひげを生やしていました[17]。

グレイビアードはグドールのもとへ通い続けた。彼女の周辺にいることを楽しんでいるように見える一方、直接の接触は決してしようとしなかった。それが一変したのは、ある日、グドールが手を伸ばして彼を「少なくとも一分間」グルーミング（毛づくろい）したときだった[18]。それ以来、グドールとグレイビアードはただ触れ合うだけではなく、互いの身ぶりを通じて意思疎通もするようになり、関係を深めていく。

グドールは、いつか必ず訪れる彼の死について思いを巡らし、こう書いている。

「デイヴィッド・グレイビアードがいなくなったら、その日はやはり悲しい日になるだろう。私にとって、彼はただのチンパンジーではない――本当の意味での友達だ。私と彼が親しく触れ合ううちに、人間とサルのあいだに絆ができていった。互いの信頼と敬意にもとづく絆――ある意味での友情だ[19]」

グドールはのちに、デイヴィッド・グレイビアードが一九六八年に肺炎で死んだときのことをこう書いた。

「ほかのどのチンパンジーのときよりも彼の死を悼んだ[20]」

動物行動学の分野におけるグドールの最大の貢献の一つが、対象となる動物を観察し、それらと交流するという前衛的手法を用いたことだ（図7・1）。初期の霊長類学者たちが研究対象に無味乾燥な番号を割りふったのに対し、グドールは対象に名前をつけた。ほかの学者たちが動物の行動を単純な行動の法則によって説明したのに対し、グドールは複雑さと個体の個性の余地を認めた。何よりも、ほかの学者たちが対象を遠くから、たいていは交流を避けながら観察したのに対し、グドールは交流を歓迎し、求めさえして、みずからチンパンジーの群れの中に入り浸った。

ゴンベでの最初の一年は失敗といら立ちに泣かされたものの、やがてグドールはチンパンジーの声としぐさを真似ながら、群れの中をさりげなく行ったり来たりできるようになる[21]。どんなきっかけが攻撃的な行為を呼び起こすかを心得たおかげで、より安全でより友好的な異種間の関係を育むことができたのだ。グドールは個々の動物とその性格を知っただけでなく、チンパンジーのコミュニティに働く広範な社会的力学を解読しはじめた。グドールがチンパンジーをグルーミングする有名な写真を見たことがある人な

図 7.1　チンパンジーをグルーミングするジェーン・グドール

ら、彼女がどれだけ見事に彼らと友達になり、彼らの社会的交流を理解したかがすぐにわかるだろう。[22]

動物どうしの友情

動物行動学者が友情に関連する動物の行動を評価する際、最も難しいのは、何が交友関係の決め手になるかを突き止めることだ。[23]

単純な手法の一つは、一緒に過ごした時間の長さを基に二匹の動物の相関指数を計算することだ。仮に一週間の断続的な観察期間に、あなたが配偶者と四時間を共に過ごし、独りで六時間を過ごし、配偶者が一〇時間独りでいたと記録されれば、相関指数は四÷（四＋六＋一〇）＝〇・二〇となる。つまり、二人は自分の時間のおよそ二〇パーセントを一緒に過ごすということだ。

数値はさまざまな動物のペアのあいだでくらべることができる。この手法は、人間の集団内の友情を確認するのに広く利用される方法に似ている。それは人が自由な時間を誰と過ごすかを特定する方法で、前述した南極基地の隊員の研究にも使われた。

動物の友達の多くは血縁者でもある——きょうだい、母方のおば、いとこなどでもあり、祖母ということさえある。実際、人間以外の動物、それもとりわけ長く生きる種で持続的な友情の絆を予測する要素として有用なのが、母方の親族関係（母親側との血縁関係）だ。メスが生まれた集団を離れるためにそのような絆を維持しにくいチンパンジーとイルカにさえ、それが言える。[24] それでも、観察型のフィールド調査によれば、特に母方の親族が身近にいない場合、チンパンジーやボノボなどの動物は少なくとも一つの永続的な友情を「非血縁者」の個体と結ぶ。[25] さらに、非血縁者のオスのイルカどうしの関係は何十年も続くことがある。[26]

自然選択が親族との社会的絆のみならず、社会的絆全般の創出を優遇したらしいことを示す根拠は増える一方だ。人間は非親族間で友情を育むことでは抜きん出ているとはいえ、友情を持つ唯一の種ではない。

人間がなぜ、どのように友達をつくるかを理解する準備として、霊長類、ゾウ、クジラの友達のつくり方を見てみよう。

霊長類の友情

霊長類の体はそもそも樹上で生活するために進化した。目が前向きなおかげで奥行きのある視界が得られ、腕と脚と指は非常に柔軟だ。霊長類の種は二〇〇以上が現存し、二つの亜目（あもく）に分かれる。原猿類（キツネザルなど）と、より賢い真猿類である。真猿類はまた、有尾猿と無尾猿に分かれ、ヒト科は無尾猿の一種だ。

人間にいたる進化系統上で、旧世界ザル（訳注：アフリカ、アジアの旧大陸に生息するサル類。オナガザル科のサルの総称）が分岐したのは、無尾猿の分岐よりも二〇〇〇万年ほど早かった。つまり、有尾猿のほうが霊長類以外の哺乳類に近い。たとえば、有尾猿の大半の種には尾があるが、無尾猿（またはヒト科）には尾がない。ヒト以外の無尾猿（ゴリラ、チンパンジー、ボノボ、オランウータン、テナガザル）は人間に近く、人間と同じような基本的身体構造と高い知能を持ち、行動も人間に似ている（道具の使用など）。

さらに、その集団に特有の学習された行動を明白なパターンで繰り返す。そう言うと小難しく聞こえるが、ようするに文化を持つらしい。ゴリラ、チンパンジー、オランウータンは何らかの形で言語を持つ能力があり、三種のいずれにも、手話を教わり、それから独自の言葉を編み出すようになった個体がいる。[27] 言うまでもなく、人間（とヒト科の祖先）は二足歩行によって両手が自由になって、道具を使ったり食物を運んだりできるようになり、さらに大きな脳とより発達した知性、言語、文化を持っている。

ほかの霊長類を研究するのがこれほど面白いのは、一つには、彼らの中に私たちの姿を認めることができるからだ。夫婦の絆にかんする考察でも見てきたように、私たちの持つ情動や、認知や、道徳性や、社会生活は、ほかの種にも認めることができる。とは言っても、もちろん種による違いはある。チンパンジーは比較的平等主義で、ゴリラのほうが専制的だ。オスのヒヒは分散し、メスのチンパンジーは遊動する。テナガザルは夫婦の絆を結ぶが、ボノボは結ばない。動物全般に言えることだが、そのような違いの多くは進化の過程を通じて種が直面した生態的状況に関係がある。

身体構造と行動の特性は霊長類の種によってかなり幅があるため、社会構造に違いが見られても、驚くにはあたらない。典型的な集団の規模でさえ、種によって四頭から三五頭までの幅があり、中間値は九頭だ。そのように異なる規模の集団について、グルーミングや遊びを通じた社会的交流の度合いを数値化することもできる。たとえば、四頭の集団内では、絆が結ばれる可能性のある個体の組み合わせは六種類だ（四×三÷二＝六）。これらすべての絆が見られる場合、この集団の絆の「密度」は一〇〇パーセントで、ネットワークは完全に飽和状態にあると言える。霊長類三〇種のさまざまな規模の集団を対象としたある研究では、密度は平均すると七五パーセントだったが、種によって四九パーセントから九三パーセントまで幅があった。[28]

霊長類ではそのように高密度なうえに集団がおおむね小規模なため、個々の個体から見ると、集団内のほかのすべての個体は友達（ネットワーク内のへだたりが一ホップ）か友達の友達（二ホップ）ということになる。それでも、集団の規模が大きくなるにつれて、必然的に一部の個体がほかの個体より多くのつながりを持つようになる。そのように人気を集める中核（ハブ）の存在が、霊長類の社会構造のおもな特徴だ。最後に、絆の数のみならず、強さも個体によって異なる。いかなる種においても、すべての個体が集団内の全員に等しく気を配ることはない。

チンパンジーは一六〇頭に及ぶ大規模な個体群で暮らすが、一〇頭前後のより小さく流動性のあるグループでほとんどの時間を過ごし、「離合集散」と呼ばれる動きによって分離と再構成を繰り返す。オスは生まれた集団に留まり、メスは普通一一歳前後で分散してほかのグループに加わる。

霊長類学者のジョン・ミタニはウガンダで、約一五〇頭のチンパンジーの個体群における非血縁者のオスどうしの長期にわたる絆を記録した。チンパンジーがどの個体と肉を分け合い、グルーミングし、共に

図 7.2　ウガンダのンゴゴで社会的行動をするオスのチンパンジー

オスのチンパンジーがとる三つの行動。左からグルーミング、肉の分け合い、縄張りの境界のパトロール。

境界のパトロールをしたかを調べて記録したのだ[29]（図7・2）。人間と同じように、絆は親族間で形成されやすい。ところが、実際には血縁関係のないオスのペアの絆のほうが多かった。オスの四分の三が、血縁関係のない個体と最も親しく最も長期にわたる友情を育み、なかには一〇年かそれ以上におよぶ交友関係もあった。[30]

メスのチンパンジーはたいがい、五〇年ほどの生涯の大半にあたる四〇年前後を非血縁者に囲まれて過ごす。コートジボワールのメスのチンパンジー一九頭の集団を一〇年にわたり詳しく調べた結果わかったのは、友情を育む傾向はオスよりも少ないものの、育まれた友情はより強い場合もあり、オスの友達にくらべて血縁者の割合が低いということだ。メスの大半（八四パーセント）が、最低でも一頭の親友との友情を、相手が死ぬかいなくなるまで何年も維持する[31]（図7・3参照）。

たとえば、フォスと名づけられたチンパンジーには三頭の親友がいた——キャス、ゴム、ハーである。フォスは三頭すべてと死別した。それらの友情から生まれた社会的ネットワークが図7・4に示されている。ヒヒの友情のパターンはチンパンジーのそれと同じだが、ボノボでは友情の絆がチンパンジーの場合よりもさらに強い。[32]

図 7.3　おとなのメスのチンパンジーにおける友情

	1992年	1993年	1994年	1995年	1996年	1997年	1998年	1999年	2000年	2001年	2002年
ベル			リク	リク		リク	リク	★			
									バー	バー	バー
ビジ	ミス	ミス	ミス	▲							
	プー	プー	プー	▲							
キャス			フォス	フォス	フォス	フォス	フォス	フォス	▲		
チョー		ルー	ルー	ルー	▲						
ディル	ゴム	ゴム	ゴム	ゴム	ゴム	ゴム		ゴム	▲		
					バー		バー	バー	▲		
ファン											
フォス		ハー	ハー		ハー	★					
			キャス	キャス	キャス	キャス	キャス	キャス	★		
				ゴム	ゴム	ゴム	ゴム	ゴム		ゴム	★
ジット				▲							
ゴム	ディル	ディル	ディル	ディル	ディル	ディル		ディル	★		
				フォス	フォス	フォス	フォス	フォス		フォス	▲
				ナル	ナル		ナル		ナル		▲
ゴイ						▲					
ハー	ヴェン	ヴェン	ヴェン								
		フォス	フォス		フォス	▲					
ルー		チョー	チョー	チョー	★						
					ヴェン		ヴェン	ヴェン	▲		
ミス	ビジ	ビジ	ビジ	★							
	プー	プー	プー	★							
ナル	—	—	—	ゴム	ゴム		ゴム		ゴム		
バー					ディル		ディル	ディル	★		
							ヴェン	ヴェン		ヴェン	
									ベル	ベル	ベル
プー	ビジ	ビジ	ビジ	▲							
	ミス	ミス	ミス	▲							
リク			ベル	ベル		ベル	ベル		▲		
サー	—	—	—	—	—	—			▲		
ヴェン	ハー	ハー	ハー								
					ルー		ルー	ルー	★		
							バー	バー		バー	

19頭のメスのチンパンジー（縦軸）の親友との友情の始まりと終わりが示されている。縦軸の名前はおとなのメスの個体を、黒い部分は該当年における交友関係を示す。チンパンジーは長期にわたり1頭かそれ以上の友達を持つことがある。たとえば、ゴムはディル、フォス、ナルと友達だ。しかし、ゴイとサーについては交友が観察されていない。灰色の部分は、友達どうしがあまり多くの時を共にしなかった年を示す。★は友達の死かほかの場所への移住を示し、▲はその個体の死かほかの場所への移住を示す。

図 7.4　メスのチンパンジーの友情のネットワーク

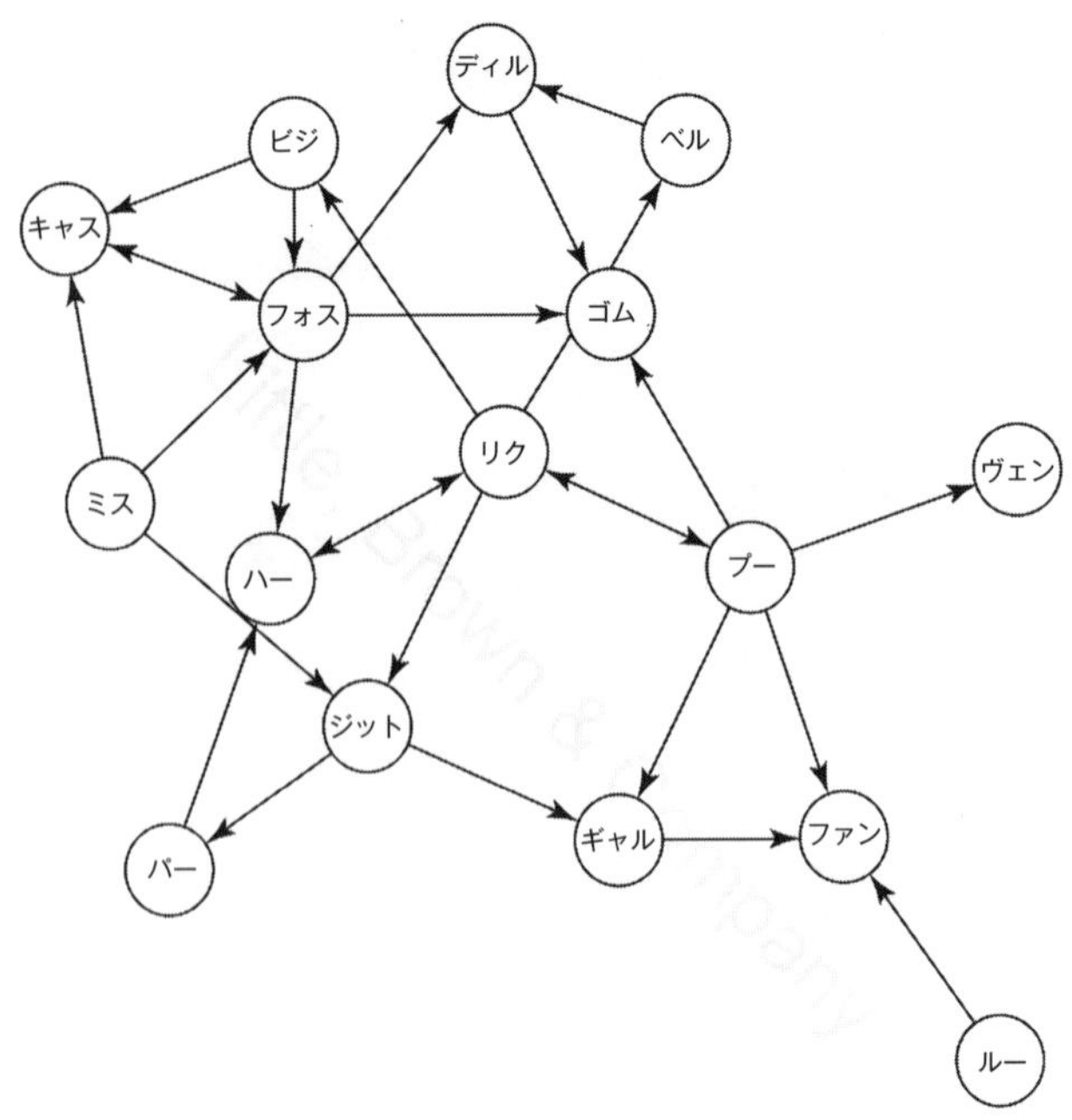

持続的な友達関係から生まれた、16 頭のメスチンパンジーのネットワーク。リクが中心に位置し、内向き・外向き共に多くの友達関係を持つ（矢印の向きにより、リクをグルーミングするチンパンジーと、リクがグルーミングするチンパンジーを示している）。ルーは端に位置し、友達はファンだけである。

人気者のネットワーク科学

友達選びを通じて、個々のチンパンジーは社会的ネットワークにみずからを組み入れていく。しかし、共につくったネットワーク内で各個体が異なる場所を占めるようになるのは、ハブにかんしてすでに述べたとおりだ。社会的絆を多く結んでネットワークの中心に位置することにより、一種のリーダーシップが発生することもある。図7・4のフォスとリクを、ヴェンやルーとくらべてみると、それがわかる。

公園で遊ぶ子供たちを見たことがあれば誰でも知っているとおり、友達をつくる能力は、すべての人が等しく持つわけではない。友情への欲求が強い人、あるいはその欲求に従ってうまく行動できる人もいれば、友達を引きつけるのがうまい人もいる。社会的哺乳類は地位を求める。つまり、有力だったり、魅力的だったり、人気があったりする個体と親しくなろうとする。そのような望ましいパートナーは、ほかの望ましいパートナーとつながっている可能性が高い。彼らも友達を選べるはずだからだ。そのせいもあって、人気がない個体は、結局、やはり人気のない個体と友達になる。このような選別の結果、地位にもとづく社会ができあがり、そこでは各個体が同様の社会的地位と性格を持つ他者とつきあう。

社会的ネットワークの分析では、それを「次数の同類選択性」と呼ぶ。「次数」はここでは社会的つながりの数を意味し、「同類選択性」は互いに似た個体どうしを結びつける優先的選別を意味する。同じ数の絆を持つ個体どうしがつながる傾向は、人間も含む霊長類の社会的ネットワークの全般的な特徴だ。霊長類の種（チンパンジー、ヒヒ、ボンネットモンキー、ナキガオオマキザルなど）にかんするある分析の結果、七〇集団のうち六八集団に次数同類選択性が見られた。[33]

この傾向にかんしてとりわけ目を引くのは、ネットワークの数学的性質が変則的なことだ。たとえば、ニューロン、遺伝子、コンピューターなどのネットワークでは、ちょうど逆の現象が見られる。つまり、それらのネットワーク内の人気のある節点は、多数の不人気な節点とつながる傾向があるのだ。これは「次数の異類選択性」と呼ばれる。シカゴやデンヴァーといったハブ空港はあらゆる大空港と接続するものの、接続便の大半は無数の小さな空港だ。また、小さな空港が優先的に接続しようとするのはハブ空港であって、ほかの小さな空港ではない。コネティカット州のニューヘイヴン空港からニューハンプシャー州のレバノン空港まで、直行便で飛ぶことはできない。

人気者でリーダーの地位にある個体がこの「次数の同類選択性」ヒエラルキーを構築するのは純粋に利己的な理由からだと考えたくなる。だが実際には、リーダーがある種の「警察」として機能することがある。多少のヒエラルキーがあるほうが公平な集団になりやすく、集団内の全メンバーが有益な活動において協力し、協調し、生き延びる機会が増えるのだ。

進化生物学者のジェシカ・フラックらは、米ジョージア州ローレンスヴィル近郊のヤーキス国立霊長類研究センターで、ブタオザル八四頭の集団のネットワーク構造を操作した。[34] まず、グルーミングや遊びの相手にもとづいて、サルたちのつながりを調べた。集団のリーダーを特定するために、平時に顔を合わせた仲間から無言で歯を見せられる回数を数えた。人間の微笑に似たそのしぐさは、この種では服従を示すからだ（図7・5参照）。それから順位の最も高い個体を意図的に排除し（研究者たちの用語では「降板」）、その結果生まれた社会的ネットワークを、何も手を加えなかった場合と比較対照した。

順位の高い個体を降板させると、集団は混沌状態に陥った。争いと攻撃が激増したのだ。この分析によって、集団内全体の交流にリーダーが与える影響が浮き彫りになる。まず、リーダーが排除されたあと、集団内ではグルーミングと遊びという交流全体が減少した（口絵1の図cを図aと、図fを図dとくらべると一目瞭然である）。

ようするに、残されたサルどうしのつながりが薄くなった。このことから、安定したリーダーシップはリーダーと追従者の間だけでなく、追従者どうしの平和的なかかわり合いもうながすことがわかる。人気のあるリーダーがいれば、集団全体の社会秩序が築かれやすくなるようだ。[35] そして、そのような交流が有益な助け合いの機会を生むことを考えれば、ヒエラルキーに対して個体が抱く興味と敬意の進化を自然選

図 7.5　マカク属（オナガザル科）のサルの「微笑」

択がうながしたように思える理由も、たやすく見当がつく。

集団のリーダーが排除されると、ネットワークの周縁と中心にいるメンバーが権力を得ようと画策するため、多くの争いが生じる。しかし、リーダーが鎮座（ちんざ）していれば、争いは減り、高位のサルと低位のサルのつながりが増す。実際に、上昇志向者どうしの争いにリーダーが積極的に介入し、社会的つながりを調整したおかげで、次数の同類選択性は低くなっていたのだ。

同様に重要なのは、個体がリーダーの存在に適応し、争いが起きれば介入がありそうだと知っていたことだ。つまり、リーダーが存在するほうが、社会的に孤立した追従者は、上昇志向者からの仕返しを恐れずに集団内の人気者に近づきやすかった。この研究では、リーダーがその種の上昇志向を抑制したことが示されている。結局、リーダーという形の社会的ハブを失ったサルたちは、友達の数が減ったのみならず、友達の友達の数も減っていた。つまり、リーダーを排除されると、そうした間接的なつながりを通じて情報と行動が広がりにくくなった。それはよい行動にも悪い行動にも言えたが、リーダーシップの別の特徴として、リーダーが暴力などの悪い行動が広がるのを積極的に防ぐ傾向も見られた。

次数の同類選択性のほぼ普遍的な出現には、自然選択が一役買ったようだ。しかし、争いを減らすことのほかに、この性質にはどんな利点があるのだろう?

一つの可能性として、次数の同類選択性が感染症の拡大を遅らせることが挙げられる。数学的な考え方では、人気に応じて人びとをつなげると、疫病の危険性は減る。それを理解する最善の方法は、前述した空港網のようにネットワークの次数が異類選択的であるケースを想像してみることだ。その場合、ネットワークはハブとスポークで構成され、一人か二人の人気者に集団内のほかの全員がつながっている。この状況では、ネットワーク内の誰か一人が感染すれば、病気が集団内のほかの全員に達するまで、わずか二ホップを経るだけだ――つまり、最初の人から直接ハブとなっている個体へ、そして、そのハブを通じてほかの全員に達する。

この原理は、逆手に取ることもできる。同じ顔ぶれの人びとを次数が同類選択的になるように構成すれば、ネットワークの周辺部などでは感染拡大を抑えるのに役立つのが普通だ。[36] このような集団の免疫力は、各人の免疫系の強さを意味する個人レベルの免疫力とはまったく別物である。

集団内の交友関係の構成が、集団全体にとっても、またその中の各人にとっても、肝心なのだ。ダイヤモンドと黒鉛の比喩（第4章参照）に戻れば、同じ顔ぶれでも配置を変えるだけで、非常に異なる特性が生まれる。人間を含むほとんどの動物は明らかに、病気と不和を最少にした社会構造から恩恵を受けるはずだ。私たちの社会的ネットワークはまさにそうした利益を提供し、その特性は世界中の人間集団に普遍的に見られる。しかも、霊長類種全般に見られるだけではない。

ゾウの友情

私たちの社会的行動や友情に先行したり類似したりするものがほかの霊長類にも見つかるのは、人間とほかの霊長類との系統発生論上の関係を考えれば、驚くことではないだろう。ところが、ゾウもまた動物界屈指の強く長い友情を結ぶのだ。その友情は、デイヴィッド・グレイビアードの場合と同じく、人間にも向けられることがある。

動物行動学者のジョイス・プールは長年アフリカゾウの社会を観察してきた。あるとき、彼女は長い不在のあと、家族と生まれたばかりの娘センゲイを連れて、はやる思いでゾウたちのところへ戻ってきた。

ゾウたちが私たちからわずか二メートル弱のところへ来たとき、ヴィーがその場でぴたりと立ち止まり、口を大きく開けて、喉の奥から低く力強いうなり声を発した。ほかの家族もヴィーの傍へ急いでやって来て、私たちがいる窓の前に集まり、鼻を伸ばして、うなったり、高らかに鳴いたり、叫んだりした。耳を聾(ろう)する不協和音は、しまいには私たちの体を揺らすほどの音量となった。互いに体を押しつけ合い、放尿し、排便し、顔には側頭腺から流れ出たばかりの分泌液で黒い筋状の染みができた。

ゾウの心と頭の中がどうなっているか、ゾウ自身のほかに誰がわかるだろう? 私たちが体験したのは、普通ならゾウの家族……長い間離れればなれになっていた家族を迎えるときだけに行なわれる盛大な挨拶の儀式だった。どうやら彼らは私を覚えていて、長い不在のあとで戻ってきた私と、新しいがなじみのある別のにおい——弟と、母と、私が腕に抱いて差し出した小さな娘のにおい——に気づいたのだろう。それだけは見当がついた。[37]

ゾウの社会構造について私たちが知っていることの多くは、野生の二種、アフリカゾウとアジアゾウの何十年にも及ぶ研究から得られた。個体群の一つはケニアのアンボセリ国立公園に暮らす一二〇〇頭以上のアフリカゾウの集団で、一九七二年から研究が続けられている。[38] アフリカゾウの別の個体群が、ケニアのサンブル国立保護区で研究されている。アジアゾウでは、スリランカのウダワラウェ国立公園に暮らすおよそ一〇〇〇頭の個体群などが研究されてきた。[39]

多くの霊長類と同様に、ゾウも情動、共感、利他精神を示す。ゾウは、弱っていたり、負傷していたり、捕食者や脅威に直面していたりするほかのゾウを助けようとすることが少なくない。同じ種の仲間だけではなく、ときには傷ついた人間にも力を貸す——ちょうど、人間が傷ついた動物の手当をするのと同じように。プールはこう説明する。

ゾウはほかの動物をいくつかのカテゴリーに分類しているようだ。とりわけ嫌悪するのは捕食者や腐食動物の種で、ゾウにとって脅威でない捕食者、ゾウの死体をエサとしない腐食動物でさえ、嫌悪の対象となる。たとえば、ジャッカルとハゲワシが群がってシマウマの死体を貪(むさぼ)っているところに通りかかったゾウは普通、それらの動物を追い払うか、少なくとも不快感を表明するように頭をふる。[40]

プールをはじめとする研究者たちは、同情と友情が示される場面を数えきれないほど目にしてきた。

　動けなくなったゾウを、両側に立つゾウたちが挟んで支えるのは、何度も見ている……。「ゾウの」ウラジーミルは何らかの病気にかかったせいで、脚が不自由になってしまっていた……「それで」何頭かの若いオスが彼の世話をしているようだ。アルバート［別のゾウ］が毎日ウラジーミルに付き添って、彼のゆっくりした足取りに合わせて沼地まで歩く姿が見られ、その後、別の若いオスがその仕事を引き継いだ。ウラジーミルが病気で助けを必要としていることを理解しているかのようだった。[41]

そうした親切で利他的な行動についてのもっともらしい進化論的説明は、プールも認識している。その説明によれば、ゾウの脳内回路が同じ部族の仲間に力を貸すように配線されているのは、単に自身の遺伝子が生き延びる可能性を増やすためだという。プールはこう述べている。

「しかし、もし本当にそうだとすれば、ゾウが傷ついたゾウと人間を助ける一方、私たちの知る限りではほかの種を助けないのは、なぜだろう？[42]」

　この点からすると、進化によって導かれた、単なる血縁選択を超えた一連の能力があるのではないかと考えられる。ゾウは利他的行為について意見を形づくり、判断を下すらしい。人間が実際に助けを必要としているのが、ゾウにはわかるのだ。

ゾウの利他的精神と同情の源泉は意識的な感情移入や理解ではなく、むしろ本能だという主張もありうる。本能が過度に一般化されてほかの種にも拡大されたにすぎないというのだ。同じような情動の敷衍(ふえん)は人類にも見られる。たとえば、子供は捕まえたテントウムシを可愛がって擬人化し、退屈しないようにと虫かごに飾りをつけ、寒い戸外に放すのを拒(こば)んだりする。同じ傾向はイルカをはじめとするほかの社会的動物にも見られ、それらの動物が苦境にある人間を助けることはよく知られている。[43] それでも、私見によれば、善行をなすという進化による傾向を広く当てはめすぎるのは、社会的な手がかりが不十分であることの証明だとみなすべきではない。

ゾウの社会は性別分離型、家母長制、重層的（小さな集団がより大きな集団に内包される）である。オスは生まれた集団を離れて多くの時間を単身で過ごすか、前述したウラジーミルとアルバートのようにほかのオスたちの小集団で過ごし、性的活動期間だけメスの集団に加わる。オスのゾウは小規模な派閥(クリーク)を形成し、その中で緊密に交流するが、派閥間の交流はほとんどない。このようなタイプの構造――単身で遊動するオスと、メスの安定した集団――は、霊長類種の社会とは明らかに異なる（とはいえ、興味深いことに、そのような社会構造はゾウとクジラに共通する）。

メスの中核集団と周期的に訪れる単身のオスという構成は、太古からの社会構造だ。現在のアラブ首長国連邦の砂漠に残る七〇〇〇万年前の足跡の化石から、それが中新世にはすでにゾウの集団の特徴的なパターンだったことがわかる（口絵2参照）。足跡は一四頭のゾウの動きをはっきりと示している。一三頭はメスと子ゾウで、身を寄せ合い、お互いの通った跡を踏みながら歩く。一頭は大きなオスで、単身で歩き回るうちにメスと行き会う。[44] この太古の集団は、規模までも現代の群れと同じだ。現存する六万年前のマンモスの化石でメスよりもオスの割合がずっと高いのは、この社会構造のパターンに原因があるらしい。

単身のオスのマンモスは単独で動き回り、家母長の導きがないため、裂け目や吸い込み穴といった危険な場所に迷い込みやすかったうえに、いったん危機に陥ってしまうと、救ってくれる仲間がいなかったからだ。[45]

個々の母系家族集団（中核集団とも呼ばれる）はおおむね一〇頭前後から成り、近縁関係のメスとその子孫で構成される。[46] 家族集団のメンバーはほぼすべての行動――移動、食事、水飲み、休憩――を共にし、それらを一斉に行なうことが多い。たとえば、プールはいつも「アメージング・グレース」をお気に入りのゾウのヴァージニアに歌って聴かせる。ヴァージニアは家族全員と共に立ち止まり、「琥珀色の目をゆっくりと開いたり閉じたりし、鼻の先を動かしながら」一度に一〇分近く耳を傾けるという。[47] そのような集団のメンバーは、慰撫と挨拶の行為として、よく互いに触れたりにおいを嗅いだりする。移動の途中で幼いゾウが休むあいだ、家族も一緒に待つし、子ゾウが遭難声〔訳注：危機に直面したときに発する悲鳴〕を発すると、集団の何頭かが声を発して子ゾウを助けに駆けつける。実際、おとなのゾウが自分の子でないゾウのしつけをすることさえあるし、子ゾウが母親でないおとなのメスの乳を吸うこともある。ゾウが行なう協力的な代理養育は、人間のおば、姉、祖母にも見られる。

科学者が定義した血縁係数 r は、動物の二個体間の遺伝的関連性を表すものだ。これは大雑把に言えば、二個体が共通して（普通は共通の祖先がいるために）持つ遺伝子多様体の割合のことだ。一卵性双生児の r は一・〇、まったく血縁関係のない個体どうしの r は〇に近くなる。大半のメスが生まれた集団に留まるせいもあって、ゾウの中核集団では二個体間の遺伝的関連性は平均〇・二前後だ。これは、おばと姪の血縁関係のレベルに近い。[48] 同規模の自然にできた人間の集団では、パラグアイの採集民アチェ族の場合のように〇・〇五という値になる（はとこどうしのレベルにほぼ等しい）。[49] メスのゾウは遺伝的血縁関係のある個体とつきあうのを好み、強い絆の大半は母方の近縁者のあいだで結ばれることが、観察と遺伝子の両方のデータによってわかっている[50]。とはいえ、ゾウはチンパンジーや人間と同じく、まったく血縁関係のない個体とも友情を育む。そこから、社会的交流と支援が存在するのは血縁者どうしの間だけではないという事実が浮き彫りになる。

ここ数十年、痛ましいほど多くの密猟が行なわれてきたせいで、社会秩序の乱れが起きている。ことに家母長が殺されてコミュニティを率いることができなくなる場合が多い。その結果、ケニアのサンブル国立保護区では中核集団のほぼ五分の一が、血縁関係が薄い個体どうしにより構成されている。この嘆かわしい「自然」実験からわかるのは、ゾウは血縁者と一緒にいるのを好むようである一方、彼らの社会構造は必ずしも血縁関係を必要とするわけではないことだ[51]。

ゾウの集団は食物の入手可能性の変化などに応じて解散と再結成をかなり頻繁に繰り返すため、ゾウの社会では、霊長類どうしよりも再会が大きな意味を持つ。そして、この種は込み入った挨拶行動を進化させてきた。挨拶の形には個体どうしの社会的絆の強さが反映される（人間が長年の知り合いとは握手を交わすだけなのに、しばらく会わなかった親友とはハグをし、ときには涙さえ浮かべるのとよく似ている）。ゾウはただ鼻先を相手の口元まで伸ばして挨拶することもあり、これは人間がほほに軽くキスするのに等しいだろう。

ところが、長い不在のあと、家族や絆を結んだ集団のメンバーは、ジョイス・プールが前述した感動的な儀式のように、信じがたいほど劇的な挨拶を交わす[52]。挨拶の熱烈さは親密度だけでなく離れていた期間の長さも反映するという事実から、ゾウが時間の感覚も持ち合わせていることがうかがえる。人間の目には、それらの挨拶が（プールが述べた放尿や排便は別として）見覚えのあるものに映る。私が思い出すのは、国際空港ターミナルの到着ロビーでいくらでも見られる、喜びに満ちた再会の数々だ。

アンボセリでは、ゾウは五五の中核集団で暮らしている。なかには合わせて一七頭のメスと子を抱える大きな集団もある。そうしたアフリカのサバンナゾウの集団は定期的に集まって、階層とも呼ばれるレベルに応じて群れを形成する。最下層にあたるレベル1は、単身のメスと、そのメス自身が生み養育する子からなる。レベル2では血縁関係にあるメスたちが家族集団すなわち中核集団を形成する。これまで論じてきたのはこの集団についてだ。レベル2の複数の集団が集まって形成する、いわゆる絆集団がレベル3で、普通はかなりの血縁関係を含む。絆集団は何週間にもわたり、数平方マイルの範囲で協力して採食活動を行なうことがある。個々のゾウが同じ中核集団、絆集団に何十年にもわたって属することもある理由の一つは、それらの集団が血縁者の絆にもとづくことだ。[53] 絆集団が集まってレベル4の族(クラン)集団となることもあり、この集団も重要な機能を果たしているようだ。[54]

進化の観点から言うと、ゾウがそのようなヒエラルキーのある構造、特に族レベルを含む構造まで認知できる能力を進化させるにいたったのは、どんな利点があってのことだろう? これまで見てきたように、低い社会的レベルの利点には捕食者からの防御、採餌の効率性、共同養育が含まれる。それらの行動はいずれも中核集団と絆集団までは見られるものの、族レベルではかなり珍しい。[55] 一部の科学者が立てた仮説によれば、ゾウがそれほど大きなレベルで結びつこうとするのは情報を共有し学習の機会を増やすためだ。[56] 交流と、一種の文化を保持する機会を得るためではないかというのだ。別の仮説によれば、そうした結びつきは、ゾウが自分に合った配偶者を見分けるのに役立つ。そうした形の社会構造をつくり、尊重する能力には何らかの利点があるようだ。

ただし、族レベルには明確な目的がない可能性もある。社会的行動の一種の「エスカレート」傾向(高校の同窓会が近づくと異常に興奮する人がその好例だ）のようなものを表すだけかもしれない。進化の大まかな計算法によれば、おそらく過度に社会的なほうが、あまりに反社会的であるよりもましなのだろう。大きな族の集まりには、進化上の不利益は何もないのかもしれない。

人間では、上層レベルの目的はもっとはっきりしている。人間は、たとえば村や、部族や、国家どうしで軍事上、商業上の同盟を結んでいるものの、国家レベルの複雑な社会に対処できるよう進化してきたわけではないのは明らかだ。何千という人びとがウィキペディアの共同維持管理に携わるのは、そのように大規模な協力関係が人類の進化の過程において必要とされたからではない。そうではなく、元来はもっと小さな集団内での情報や食物の分かち合いにかかわっていた協力の形がエスカレートしているからなのだ。

例によって、環境も社会構造に影響を与える。スリランカのアジアゾウ（アフリカの仲間から六〇〇万年前に枝分かれした種）は、アフリカよりも植物が密生してエサが安定的に得られる森林地帯に棲み、（人間以外には）自然の捕食者がいない。アジアゾウはアフリカゾウよりも小さな集団をつくり、母方の血縁者をよりいっそう好む。また、アフリカゾウがつくるような重層的社会集団はつくらないようだ。[57] 両方の種の社会的ネットワークを表した相関図（図7・6参照）に、それらの現象が表れている。アフリカゾウのほうが直接的で相互につながる社会的接触を持ち、どのゾウも、ほかのあらゆるゾウから二ステップ以上離れてはいない。そのような関係が文化的知識の維持につながる。それに対して、アジアゾウのなかには（一〇〇頭前後から成る）同じ集団のゾウたちから四ステップ離れているものもいる。

それでも、口絵1の左上図を図7・6の上段中央図とくらべると、ゾウと霊長類のネットワークの類似点に気づくだろう。人間の社会的ネットワークも類似していることは、第8章で見ていく。ある種におい

図 7.6　ゾウの社会的ネットワークの分裂過程

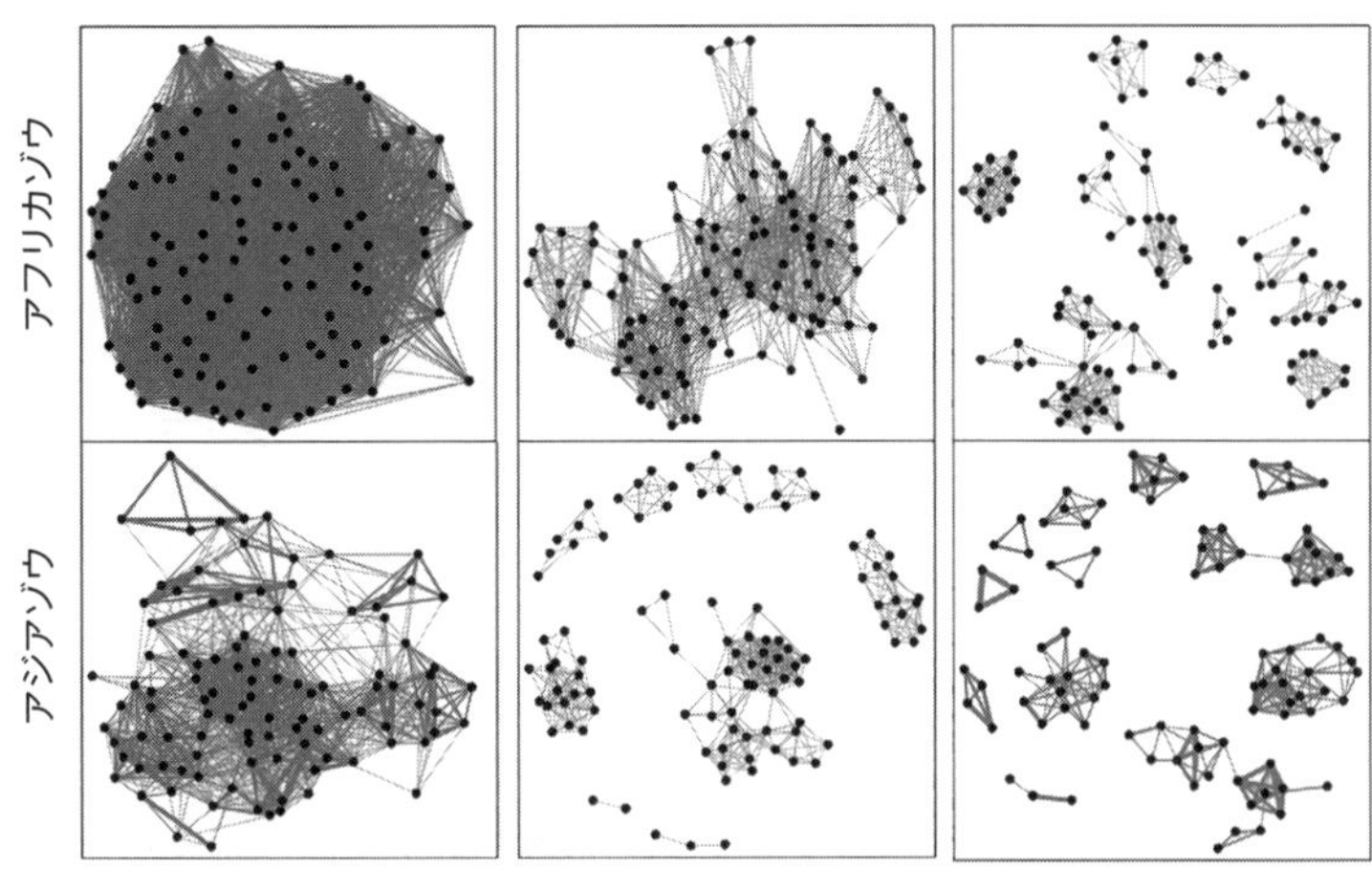

ゾウの社会的ネットワークを示す図。各節点はゾウの個体を表し、線はさまざまな強さの関係を表す。アジアゾウのネットワーク（下段）はアフリカゾウのネットワーク（上段）よりも互いのつながりが弱い。ネットワーク内の強い絆の数もより少ない。そのため、実際に社会的絆と判断するための「関連指数の閾値」を上げて絆を段階的に排除していくと、ネットワークはより速く分裂する。関連指数を左から右へ増加させる（絆を示すまでに共に過ごさなければいけない時間を長くする）過程から、それがわかる。

て友情という概念がいったん根づくと、その点にかんして最適な社会を組織する方法は一つしかなくなるのかもしれない。

クジラの友情

人間のネットワークにかんするデータ収集の難しさに打ちのめされるたびに、私はハル・ホワイトヘッドやデイヴィッド・ルソーをはじめとするクジラの研究者たちのことを思う。彼らも私と同じようなデータを集めるが、それを水中で、しかも凍てついた危険な環境で行なわなくてはいけない。私はそれから、ジンジャー・ロジャース〔訳注：一九一一〜一九九五。アメリカの女優、ダンサー〕

についてよく言われる言葉も思い出す。彼女はフレッド・アステアがやったことをすべて、しかもハイヒールをはいて逆向きにやったのだ、と。

ゾウは巨大な陸生草食動物、マッコウクジラは巨大な水生肉食動物だが、類似点は枚挙にいとまがない。メスのマッコウクジラは遺伝的血縁者一二頭前後から成る安定した集団を形成する。同じ集団のクジラはしばしば午後に潜水をやめて数時間一緒に過ごし、互いの体に触れて学者たちの言う「愛撫」をし合い、「コーダ」と呼ばれる独特の声を発する。やはりゾウと同じように、マッコウクジラはときには二つ以上の家族集団で一緒に移動し、しばらく協力し合って採餌し、複雑な音響信号を利用して何キロメートルにもわたって運動や活動を調整し合う。家族集団の中のおとなが交替で深海へ潜水し、子供が付き添いなしに水面近くに留まる時間を最小限に抑えるようにする。これも代理養育の一種だ。[58] また、おとなのクジラは傷ついた家族を支えようとする。実際、クジラ漁師たちは昔からこの性向を利用して、特に若い個体を傷つけ、それから助けに来た年かさのメスを仕留めてきた。クジラに銛が打ち込まれると、仲間のクジラたちが意図的に綱を嚙みちぎろうとするのも目撃されてきた。

動物行動学ではありがちなことだが、オスの社会構造について知られていることは格段に少ない。オスのクジラも、オスのゾウと同様に比較的孤独に暮らす。単身で過ごすか、または小規模な独身オス群に属し、繁殖期以外は出身家族集団を遠く離れてさすらう。

また、ゾウや多くの霊長類と同様に、クジラも複雑な環境に生き、その中で可能な限り繁殖する。そうした種はどれも長命な傾向にあり、少数の子を集中的に養育する。それら二つの現象との関連で、種の生殖年齢を過ぎた年長のメンバーが、生態と社会にかんする知識の宝庫として役立つことがある。たとえば、エサが不足気味のとき、更年期のクジラがエサ探しでリーダーシップを発揮することが知られている。[59]人間が長命なのも社会的学習が必要とされるおかげかもしれない。幼い血縁者を養育したり、彼らと集団内のメンバーに知識を伝えたりする能力があるために、生殖を終えた者もまだ役に立つからだ。

同じクジラ目のシャチやバンドウイルカなども、同種の血縁関係のない個体と長期間にわたる友情を育む。現在行なわれているイルカの研究から、イルカの高度な社会的ネットワーク、学習能力、道具を使う能力、文化などが明らかにされつつある。イルカのネットワークは類人猿とゾウのものに似ており、数学的特性も似通っている。

ニュージーランドのダウトフル・サウンド（南島南西端のフィヨルド）で六四頭のおとなのバンドウイルカについて長年にわたり社会的交流を測定した結果、図7・7のネットワーク図が得られた。平均すると、一頭のイルカは五頭のイルカとつながっており、この数値は人間のものとほぼ同じだ。イルカの集団の推移性もまた、人間のものによく似ている。平均すると、あるイルカの友達である任意の二頭が互いに友達である確率は三〇パーセント（人間の場合、母集団によって一五パーセントから四〇パーセントまでの幅があるのが普通）である。[60]

さらに、このネットワークのイルカでは中心性に差があり、一部がハブの役割を果たしていた（最もつながりを多く持つイルカは一二頭とつながっていた）。[61]非血縁者との長期間にわたる友情は珍しくなかった。[62]たとえば、オーストラリアのポート・スティーヴンに生息するバンドウイルカの個体群に見られる一〇～一二頭のおとなの派閥（クリーク）では、二頭間の遺伝的関連性の平均値は約〇・〇六から〇・〇九で（おおむね、いいとこ、いとことはとこの間に相当する）、この数値もゾウや人間の狩猟採集民の集団のそれに等しい。[63]

大半の種で、血縁関係のないオスとメスが直接の性的かかわりなしに有意な絆を結ぶことはまれだ。それでも、そのようなプラトニックな異性間の交流はイルカ、ゴンドウクジラ、シャチ、ボノボ、ヒヒ、そ

図 7.7　イルカの友情のネットワーク

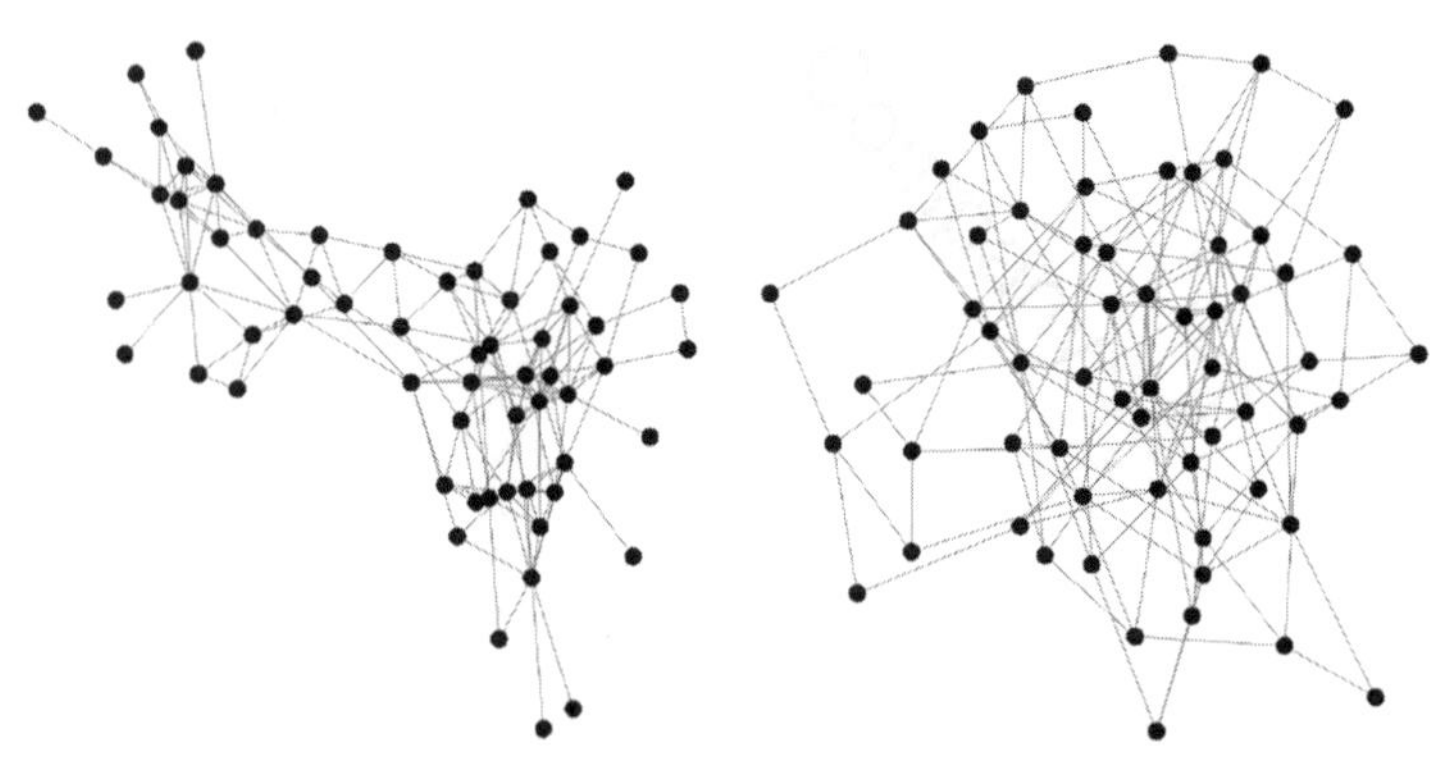

現実のネットワーク（左）では64頭のイルカが一頭につき平均5頭のつながりを持つ。同じ総数の節点と絆で無作為に構成したネットワーク（右）で、外見と数学的特性を比較した。現実のネットワークでは､数頭のイルカが多くの絆を持ち（社会的ハブとなり）、残りのイルカは一つか二つの絆しか持っていない。

して、もちろん人間にも見られる。ポート・スティーヴンのイルカのメスは、オスの親族と友情でつながっている交尾相手を下検分することもある。これは、十代の弟妹が選んだ交際相手を年長のきょうだいが吟味するのとあまり変わらない。また、有用な情報が、性別にかかわらず二頭の動物間で伝えられることがあるのもたしかだ。シャチもそれらの特徴の多くを持ち、集まって大きな群れとなって、社会的な学びを強化したり、パートナー探しをしたりするようだ。[64]

「動物の友情」は観察者の思いこみか

人間の青写真（ブループリント）を理解しようとする私たちの探究において、ほかの動物に見られる友情、協力、社会的学習といった特性についての話は、すぐに一種の意味論にすり替わってしまいがちだ。そのような特性は本当に存在するのか、それとも私たちが擬人化しているにすぎないのだろうか？　チンパンジーは本当に慰め合ったり挨拶を交わしたりするのだろうか？　ゾウは友達を見たとき、本当に喜んでいるのだろうか？　クジラは本当に協力し合って子を養育するのだろうか？　動物の性格や、社会や、文化について語るときにも同じ疑問が生じる。それらの現象は客観性にもとづくのか、それとも、ちょうど人が岩の形に人間の顔を見るように、私たち自身の精神が投影されているのだろうか？

　一部の批評家の主張によれば――私はまちがっていると思うが――「動物の友情」という言葉は人間の観察者の経験を反映したものであり、動物という主体の経験や動物どうしのつながりが持つ実際の機能を反映しているわけではないという。動物の友情という概念そのものがまちがっていると主張する批評家もいる。霊長類でさえ「未来」という概念を持たないのだからというのが、その理由だ。動物が未来に特定の他者と社会的かかわりを持ちたいと望むことはないし、友達からの返礼を必要としたり期待したりする未来について考えることもない。また、「友達」という概念の高度な理解も持ち合わせていないし、ましてや互いに友達であると（何らかの明白なやり方で）言明する能力もない。[65]

　しかし、友情にそれらの能力が本当に必要だろうか？　必要だと言うなら、私たちは仲間の動物たちに膨大な数の但し書きや決めつけを押しつけることになる。けれども、同じように言葉で質問に答えられない人、たとえば幼児、発達障害者、記憶障害者などにそれらを押しつけようとは決して思わないだろう。友情を結ぶ能力はほぼすべての人間にあり、ごく貧弱な将来設計しか持たない人や、友情とは何かを明確に理解していない人にさえあると、私たちはみなしている。動物の友情に対する拒絶反応には、いささか傲慢さが反映されているように思う。

　とはいえ、これはたんなる概念の問題ではない。方法論もまた大きな課題だ。研究者は、動物たちに友達どうしかをたずねればすむというわけにはいかない。そうではなく、生殖以外の社会的つながりを特定する別の方法に頼らざるをえない。動物間の絆を見極めるのが難しいのは、絆を結ぶのに時間がかかるし、多様な種類の行動がそこに含まれるからだ（動物たちはグルーミングし合うのか、食物を分け合うのか、防衛上の同盟を結ぶのか、ただ同時に同じ場所に現れるのか）。

これが、心理学者のデイヴィッド・プレマックが「ロシアの小説問題」と呼んだ事態へとつながる。つまり、二匹の動物（あるいは二人の人間）の経てきた歴史を見ても、事柄の因果関係は往々にしてわかりにくい。なぜなら、彼らは長きにわたり多様な形で交流してきたのだろうし、それぞれができごとを異なる形で記憶し、その主観的体験に従って行動してきたはずだからだ。[66]

霊長類学者のロバート・セイファースとドロシー・チェイニーと同様に、私も動物の豊かな社会生活を認めたがらない姿勢は誤りだと考える。[67] 私見だが、人が動物から距離を置きたがるのは、みずからの種の一部がどれほど動物を虐待しているかを恥じる気持ちからかもしれない。社会評論家のマシュー・スカリーも、忘れがたい著作『支配』でこう述べている。

動物を自分たちとまったく異質なものとして見下すのはたやすい。動物は欲求と本能に駆り立てられ、卑しく、理性に欠けるからだ。ペットはエサと注目を求めてよだれを垂らし、家畜は飼葉桶のところで押し合いへし合いし、野生動物は交尾の相手と、縄張りと、集団内の地位を求めて互いに争う。しかし、自分はそうした世界から切り離された高みにいると考える人に必要なのは、自身の日々の生活を見つめ、あらゆる人間の生を特徴づける肉体的な奮闘と痛みと希求をもっと直視することだけだ。[68]

私たちと同様に動物たちも、哲学者のジェレミー・ベンサムの言う「二人の君主」すなわち快楽と苦痛に支配されている。人間はさほど特別なわけではない。

実際、批評家たちの疑念をしりぞけるのはそう難しくない。たしかに、私たちは「さようなら」と言う唯一の種で、ほかの種にはいかなる別れの儀式もないように見える。[69] しかし、「こんにちは」と言ったり特定の挨拶行動をしたりする種は人間だけではない。実は、友情の絆を結び維持するのに未来の予測は必ずしも必要ではない。必要なのは「過去」を記憶する認知能力だけだ。ほかの動物における未来予測能力は解明されていないものの、多くの種に記憶があり、時間の感覚さえあることに疑いの余地はない。

そのことは私の自宅でもわかる。わが家のダックスフント、ルディは、妻が郵便物を取りに出て戻ってきただけのときは、お帰りの挨拶をおだやかにするが、午後中留守にしたあとで帰宅したときには熱狂的に出迎える。すでに述べたように、ゾウも、別れていた期間の長さに応じていろいろな挨拶をする。

次に、さまざまな動物種において友情の形成を促進する力は、行動を左右する一種の暗黙知あるいは本能であるとも考えられる。鳥が物を隠したり歌ったりする行動から、人間の六カ月児が道徳的判断を形成する能力や、八カ月児が崖からはい落ちるのを回避する能力まで、あらゆる能力はその持ち主にもはっきりとは説明できない一種の知識であると解釈できる。[70] 動物も人間と同じように友情を求める本能を持っているかもしれないのだ。

動物の友情を強く立証するさらなる根拠として、ほかの動物どうしの関係についての、いわゆる「第三者知識」を挙げることができる。これは、動物Ａは自身と動物Ｂとの関係について知っているし、自身と動物Ｃとの関係についても知っているが、ＢとＣとの関係についてもある程度知っているということだ。人間や私たちに最も近い霊長類に見られるように、この認識が最も高度に発達すると、心の理論と呼ばれるものを形成する。心の理論とは、他者の精神状態を想像し、その状態が自分自身のものと違うことを認識する能力だ。

実のところ、種のなかには心の理論のみならず、関係の理論を進化させたものもあるのは疑いない。それが進化のうえで有利だったのは、ほかの個体どうしの関係を認識すれば、その社会的行動を予測しやすくなるからだ。

そのような知識の最も基本的なものは、他者との関係におけるみずからの順位だけでなく、ほかの二個体の相対的な優勢順位についての認識だ。この大事な能力は広く存在しており、ハイエナ、ライオン、ウマ、イルカ、そしてもちろん霊長類にも見られるが、魚類と鳥類にも見られる。争いの渦中にあるオマキザルは敵よりも順位が高いとわかっている仲間や、敵よりも自分と親しい関係にあるとわかっている仲間を味方に引き入れようとする。[71] 二頭のチンパンジーが喧嘩(けんか)をしたとき、傍観者が敗者を慰めると、争っていた二頭が仲直りすることがあるが、それは傍観者が攻撃者と友達である場合だけだ。[72] 三頭とも、二頭のあいだに特別な絆があることの意味を理解しているのだ。

実際には、集団内の協力の必要性が進化の決定的推進力となり、友情が生まれたのかもしれない。野生動物は物（食物など）やサービス（グルーミング、支援、保護など）の交換を通じ、長期間にわたって助け合うことがある。残念ながら、実験室で行なう実験はたいてい取引めいたものになり、物を媒介として即時的交換が行なわれる（「この問題を解いたらバナナをあげよう」）。そのため、自然な状態での動物の友情の全容が把握できるわけではない。それでも、チンパンジーをはじめとする多くの動物が臨機応変な協力――受けたら即時に返す互恵的行為――をし、物やサービスを特定の個体と交換することがわかっている。動物の友情についてのこの説明は、「現在のニーズ」仮説と呼ばれる。

とはいえ、これで長期にわたる安定した友情が存在する理由を説明できるわけではない。今日グルーミングし合うチンパンジーたちは、数週間後に防衛的同盟を結び、数年後には食物を分け合っている可能性が非常に高い。ただ、実験室でそれを実証するのは難しい。野生動物の長期的交流におけるそうした交換を認知面から説明するのに情動が役立つのではないかという理論を、霊長類学者たちが立てている。私たちは親切にされた度合いに応じて他者に好感を抱き、その感情のバランスシートを保持し、過去の交流を記憶する。この長期的見通しによって短期的不均衡は許容され、「あなたは最近私に何をしてくれたか」と問うだけの関係を超えた交流が生まれる。そのおかげで、霊長類の社会に共通する大規模な同盟も結びやすくなる。

もちろん、「友情」という言葉をごく狭義に定義し、人間のみに当てはめることもできるだろう。しかし、それでは科学的な情報価値がないし、人間とほかの動物をへだてる壁ができて、解明されることよりもあいまいになることのほうが多くなってしまう。友情を持つという前提で動物を語ることが擬人化だとは、まったく思わない。この理念を支持する科学者はほかにもいる。霊長類学者のジョーン・シルクはこう主張している。

友情（friendship）という単語は、伏せ字にされる罵り言葉と同じくfで始まる。そのせいか、同業者間で研究対象の動物についておしゃべりするときには自由に使えるのに、多くの霊長類学者は著作にこの言葉を使いたがらない。学術的な場でこの語をあえて使うときには、イタリック体の隠れ蓑に包まざるをえないと感じてしまうのだ。あたかもそうすることによって、擬人化しているとか、厳密さを欠くとかいうそしりをまぬがれられるかのように。[73]

ほんの数年前まで、動物の社会が持つ負の側面への関心があまりにも高く、「歯と鉤爪を血で赤く染めた」動物たちの競争、衝突、支配、抑圧、欺瞞、さらには（やはり擬人化した言葉を使えば）誘拐、性的暴行、殺害、共食いといった事柄までが異常なほど注目されていたように感じられる。しかし、最近はその風潮への反動が高まってきた。愛、友情、利他精神、協力、教育も注目に値するのはたしかだ。それらの形質は社会性一式の中核に位置し、人間が種として繁栄し暗愚を遠ざけるのを可能にした。そのような社会性をほかの動物にも認めることは、人類におけるそれらの形質の進化の源と目的の解明につながる。ゾウやイルカでさえ友達を持つことができるとすれば、全人類が共通して持つものがどれほど多いかが際立つというものだ。

血縁関係の識別

私たちはこれまで、動物が社会的つながりを築く際、知り合いと血縁者の区別をつけられるのは当然だとみなしてきた。しかし彼らは、なぜ、どうやって区別するのだろう？　そして、その識別能力は、種における友情の進化と個体間の友情の絆の形成にどんな役割を果たすのだろう？

多くの動物が、みずからの種のメンバーを三つのカテゴリー――（さまざまな血縁関係の）親族、非親族の知り合い、知り合いでない他者――に分けることができる。[74]「血縁識別」（または「血縁認識」）ができるようになったのは、血縁者との交配を避け、優遇する相手を知る能力が進化にとって有用だったからだ。血縁者を好む傾向は、ほかの領域、たとえば遊び、集合、攻撃、防衛などにも反映される。血縁識別に必要なのは、動物が血縁関係についての手がかりを発現すること、その手がかりを識別して遺伝的関係の度合いを測る神経機構と認知アルゴリズムを持つことだ。続いて行なわれる「血縁差別」のプロセスは、血縁者と非血縁者を区別して扱うというさらなる行動があることを物語っている。[75]

進化の観点からすれば、血縁関係が行動を左右する根本理由の一つは「包括適応度」という古典的概念がかかわっている。この概念は進化生物学者のW・D・ハミルトンによって一九六四年に導入された。ハミルトンが取り組んだのは、ダーウィンの時代にすでに明らかになっていた難問「なぜ動物は自身に利点がないのに、危険を冒して他者を助けようとするのか?」である。そうした行為は動物界に広く見られるが、当時から存在したダーウィン適応度モデルでは説明が難しかった。このモデルは個体の生殖か生存のみにもとづいていたからだ。たとえば、捕食されている生物がわざわざエネルギーを費やして特別な化学物質をつくりだし、みずからを捕食者にとって苦く感じられるようにすることがある。嫌な味になっても利益がないのに(すでに食べられているのだから)、なぜそんなことをするのだろう? あるいは、捕食者が近づいてくるのを察知すると警戒音を発する動物についてはどうだろう? そうすることで自分自身に注意を引きつけるので、個体の生存には不利になるように見える。

さらに言えば、ゾウはなぜ同種の仲間の孤児を養育するのだろう(その実例は、野生生物を扱った涙を誘うビデオでいやというほど見ることができる)? ハミルトンが述べたように、「自然選択が古典的モデルのみに従うとすれば、異性間の接触と子の養育よりも社会性の強い行動を示す種はないはずだ」。[76]ところが、社会的交流はセックスと養育以外にも多数ある。

ハミルトンが提唱した理論的解決は、個体のダーウィン適応度の概念を拡大して「包括適応度」――個体を超えて発生する進化上の利点――とすることだった。ハミルトンの主張によれば、血縁関係のある個体どうしには共通する遺伝子が多いため、個体は血縁者を通じてみずからの遺伝子を間接的に伝えることができる。個体は、自身の生存と生殖または親族の生存と生殖をうながす行為によって、ダーウィン的利益を促進するのだ。[77]

ハミルトンの法則は、$rB - C > 0$という不等式で表される。このCは利他的行為を行なう個体にとってのコスト（自身の生存と生殖にとってのリスクを意味する）、Bは受け手にとっての恩恵、rは二個体間の関係係数を表す数値（0～1）だ。利他的行為の遺伝子は、たとえ個体にとって有害でも、親族にとっての恩恵が十分に大きければ進化するという考え方である。親族のための自己犠牲にかんする記述で、ハミルトンがこの考え方を以下のようにまとめたことはよく知られている。

> 行動が遺伝子型によって厳密に決定されるモデル生物の世界では、相手が誰であろうと、たった一人のためにみずからの命を犠牲にしようとする人間はいないだろう。だが、みずからの犠牲によって二人の兄弟、または四人の異父・異母兄弟、または八人のいとこよりも多くの人を救えるなら、誰しも命を投げうつはずだ。[78]

この基本的な考え方はさまざまに潤色されてきた。[79] その一つは援助を与える人と受ける人の生殖面における価値（繁殖価）にかかわっている。年長者が年少者のために命を犠牲にするほうが、その逆よりも合理的だということだ。実際、二〇一一年に福島原発で起きた重大事故の際、私たちはそれを痛切な形で目にした。日本人の年輩者たちが、他者の利益のために、致死的な被曝（ひばく）の恐れがある作業を買って出たのだ。[80]

進化によって血縁識別が出現したもう一つの理由は、近すぎる親族との交配を避ける必要性にある。よく知られているように、そのような配偶は生存に不利だからだ[81]。その一対の目的（血縁者の援助と近親交配の回避）から、動物には血縁者と非血縁者を区別する何らかの方法があるはずだと、長年考えられてきた。しかし、多種多様な分類群にわたってそれが実践されるメカニズムは、まだ完全には解明されていない[82]。

最も単純なメカニズムは空間分布だろう。活動範囲がそれほど広くない動物にとっては、近くにいる同種の動物と仲良くつきあうのが賢明なやり方だ。「この場にいる動物たちに親切にせよ」というルールを守るだけでいい。そこにいる動物は血縁者である可能性が高いからだ。しかし、子孫どうしがあまりに近くに留まると、近親交配が生じることになる。二つの目的のあいだに生じるこの相克を解消する方法は、種が性にもとづく分散を取り入れることだろう。ゾウとクジラで見てきたようにメスが留まってオスが去るか、あるいはチンパンジーのようにメスがオスを残して去ってもいい。その結果、すべての個体がホームグラウンド出身でない（したがって主として非血縁者の）異性と交配し、ホームグラウンドではすべての個体がほかの（うまい具合に大半が血縁者の）個体に親切にする。

この方法が動物界で広く見られるのは、このシナリオでは、動物は個体ではなく場所を識別するだけでいいからだ。鳥類学者が卵やヒナをあちこちにこっそり移動させてみてわかったとおり、鳥の多くは子供ではなく巣の場所を認識している[83]。ここから、広範囲に散らばっている種ほど利他精神が希薄になるのではないかと見当がつく。同じ種の個体と出会っても、自分と血縁関係にあるかどうかが確信しにくくなるからだ。

だが、決まった居場所を持たない動物、たとえば移動性の草食動物や営巣しない鳥はどうなるのだろう？　個体を特定するほかの手段が必要になりそうだ。鳥類のなかには、特徴的なさえずりにより、みずからが属する種だけでなく個体も特定できる種がいる。何千羽もの海鳥が羽を休めるコロニーは特色のない茫漠とした場所であることが多く、パートナーどうしが互いを（あるいは自分の巣を）見つけるのがきわめて難しい場合もある。二種のペンギン（オウサマペンギンとコウテイペンギン）にとって、問題はさらに難しい。巣というものをまったく持たないからだ。この種のペンギンは卵とヒナを足の上に乗せたまま動き回り、一平方メートルあたり一〇羽の集団が身を寄せ合って体温を保ち、南極の烈風を避ける。そのため、家族は互いをまちがいなく識別する方法を見つけなければならない。そこで、個体レベルの音響認識によって目的を達成するのだ。[84]

もちろん、各個体が信号を送ったり感知したりできるだけでは十分ではない。信号を認識し、特定の個体に結びつける方法が必要だ。この結びつきを完成させるおもな方法が、肉体的かかわり合いである。ペンギン、ゾウ、ヒツジといった多様な種で、母と子は、におい、外見、触感、音など、さまざまな感覚的手がかりを利用し、生まれたときから互いを認識する。人間の赤ん坊でさえ、出生時に母親の声を認識できる。[85]長期にわたって親しくかかわり合ったり、若いときにかかわり合い始めたりした動物たちはたいがい、互いが親しい関係にあるという確信を強める。動物のきょうだいどうしが交尾を避ける方法は、大まかに言えば、出生時から認識する相手との交尾に対して嫌悪感を育むことだ。そのため、後から生まれた子のほうが、早く生まれた子よりも巧みに血縁者を識別する。後から生まれた子のほうがきょうだいを特定する経験が多くなる。生まれたときからずっと年上のきょうだいが存在するからだ（その逆はありえない）。人間の場合、子供時代を共に過ごした人どうしも、大人になってから性的に惹かれ合う可能性はきょうだい同様に低くなる（キブツについて前述したとおりだ）。逆に、生物学的血縁関係がありながら別々に育った人たちが成人後に出会って、抑えきれないほどの（そして、普通ならひどく困惑するような）肉体的な魅力を覚える場合もあるという報告が、多少なりとも実証されている。[86]

場所や個人の特定に加え、表現型マッチングもまた血縁識別のさらに複雑なメカニズムとなる場合がある。これは、生物が他者がどのくらい自分自身に似ているかを評価するというものだ。たとえば、きょうだいや母親のにおいか音を原型として、こう判断するのかもしれない。「あなたが私の母に似たにおいか音を発すれば、あなたは私とのあいだに多少の血縁関係があるに違いない。したがって、私はあなたと交尾すべきでないが、あなたの手助けはすべきだ」。一部の種では、生物が実際にセルフマッチングを行なうこともある。それによって、同じ種のメンバーが自分自身にどのくらい似ているかを認識するのだ。[87]

人間の場合、血縁識別のための神経的・遺伝的基盤の詳細はよくわかっていない。それでも、私たちが生体にもとづいて血縁者を識別する能力を持っているのは明らかだ。大半の人が、近しい親族との性交を考えただけで困惑する。それに、人間は自分と血縁関係のない相手でも、きょうだいのペアを見た目で特定できるのが普通だ。[88]そのうえ、人間は親族関係についてよく考える。親族関係の取り違えは、ソフォクレスからシェークスピアにいたるまで、数えきれないほどの神話、戯曲、オペラ、小説、物語のテーマとなっている。

配偶者から友達へ、そして社会へ

友情は、「個体間の長期にわたる情動的絆」と定義され、夫婦の絆とよく似ている。そのような個体どうしの恒常的関係は、集団の恒常的関係に反映される。これまで見てきた社会的種の個体は、来ては去り、生まれては死ぬ。友情は始まっては終わる。それでも、その種の全体的な社会構造は変わらない。集団内の社会的絆における多少の代謝は、ネットワークが存続するためにさえあるかもしれない。[89]それは船の板材の交換に似ている。船を航行可能な状態に保つためには板材の交換が欠かせない。だが、船の設計図は社会的ネットワークの構成図と同様に一定であり、個々の板がやがてすべて交換されたとしても変化しない。[90]つまり、社会的ネットワークの構造（トポロジー）（二者間のあらゆる友情の絆と、私たちが持つあらゆる遺伝子から生み出されるもの）は、人類そのものの特徴なのだ。注目すべきことに、そうやって生まれた構造を人間はほかの社会的哺乳類と共有している。このことから、この特性が文化とは無関係に、あらゆる人間にとっていかに根源的であるかが明らかになる。

　私たちが目の構造をタコと共有できるとすれば、友情を結ぶ能力はゾウと共有できる。霊長類、ゾウ、クジラには社会性一式の要素が見られる。なぜなら、それらの動物たちは七五〇〇万年以上前に共通の祖先から枝分かれしたという事実にもかかわらず、環境が課した困難に対処するため、そうした形質を別個に、かつ収斂して進化させてきたからだ。当初、環境による困難は外的なものだった。しかし、やがて、動物たちがつくった社会的集団もまたその環境の特徴になり、彼らの社会的行動をさらに形成し強化していった。動物は社会的集団に身を置く頻度が高まるにつれて、社会的生活がうまくできるように進化していくのだ。

　それでも、友情は動物界ではめったに見られない。人間が友情を結ぶ性向は自然選択によって形成され、私たちのＤＮＡに書き込まれている。動物種の友情は、相互援助と社会的学習というきわめて有用な目的に役立つ。そして、個体を超越し、時空を超えて情報を伝える恒久的な文化を育む能力の基盤となる。人間の心理の多様な側面も、友情に関係している。たとえば、友人といるときに感じる喜びや温かい気持ち、友人に対して抱く義務感などだ。

ここから今度は、人類における友情の役割についてのより深遠な見解が示唆される。私たちが友情の絆のネットワーク内に集まることで、道徳感情が出現する土台が築かれるからだ。道徳的悔恨の核心は、他者とのつきあい方にかかわっている。ことに血縁者でない相手、血縁関係の絆や包括適応度の厳然たる働きだけに導かれるのではない相手とのつきあい方に。

私が言いたいのは、人間の美徳の大半は社会的美徳であるということだ。人は、愛、公正、親切を大切にするかぎり、それらの美徳をほかの人びとにかんしていかに実践するかを大切にする。あなたが自分自身を愛しているか、自分自身に公正であるか、自分自身に親切であるかは、誰も気にかけない。人が気にするのは、あなたがそのような資質を他人に対して示すかどうかだ。それゆえに友情は道徳の基盤となるのである。

第8章　友か、敵か

二〇一二年七月二〇日にコロラド州オーロラ市の映画館で起こった銃乱射事件で、犠牲となった一二名のうちの三名は、みずからの身を盾にして他人を銃弾から守った二〇代の青年だった。[1]

銃撃が始まった直後、とっさにジョン・ブランクは、つきあいはじめて九カ月のガールフレンドのジャンセン・ヤングを押し倒すようにして床にしゃがませ、その上に覆（おお）いかぶさった。アレックス・ティーヴズも、交際一年のガールフレンド、アマンダ・リンドグレンに対して同じことをした。そしてマット・マックウィンは、乱射を続ける犯人からガールフレンドのサマンサ・ヤウラーをかばうように自分の体を投げ出した。三人の女性は全員、助かった。

アマンダ・リンドグレンは、そのときのことをこう語った。

「最初はもう、何がなんだか全然わからなかったんですけど……でも、アレックスはためらいもしないで。私はしばらくわけもわからずしゃがみこんでいて、それでも彼が私の頭を抱え込むようにしながら『しーっ、そのままそのまま。だいじょうぶ、とにかく伏せてて』と言うから、そのとおりにしていたんです」[2]

同じように、ジョン・ブランクもジャンセン・ヤングを座席の下に押し込めた。のちに彼女が言うには、「私の前に彼が伏せて、後ろのコンクリの土台とのあいだで私の体を挟み込むようにしてくれたので、私はそこにすっぽり収まっていました」[3]。乱射が止まってから、現場を最後にあとにしたのが彼女だった。彼女が立ち上がったとき、ジョン・ブランクは「ずぶぬれ」になっていたという。目の前のできごとが信じられず、「彼女はなんとかして、誰かが水風船を投げたのに違いないと思い込もうとした」[4]。

人は、自分のパートナーや子供、あるいはほかの血縁のためなら、自分の命までも犠牲にする。[5] 進化論的な観点で見れば、すでに見てきた血縁選択などのプロセスからして、それ自体は——もちろんオーロラ事件のようなケースには深く心を動かされるとはいえ——とくに驚くことではない。しかし、人はそれだけでなく、友達のために命を捧げることもあり、こちらはもっと説明が難しい。血のつながりのない個人のために自分の命を犠牲にすることは、もちろん戦場でなら起こりうるが、この場合、兵士たちは共通の敵に対抗するための相互犠牲を叩き込まれている。驚くべきは、人がときとして友人のため、すなわち、自分と血のつながりのある相手でもなければ、そう訓練されたうえで守ろうとする相手でもない人間のためにも、そうした英雄的な自己犠牲を働く場合があるということだ。

この心情は、新約聖書にみごとに表現されている——「友のために自分の命を捨てること、これ以上に大きな愛はない」[6]。オバマ大統領は二〇一六年一月、テネシー州ノックスヴィルで三人の友達を銃撃から守るために自ら盾となった一五歳の少年ザヴィオン・ドブソンを追悼して、聖書のこの節を引用した。無差別の発砲が起こったのは、ドブソンと友人たちがポーチに座っていたときだった。友達の少女三人は助かったが、ザヴィオンは亡くなった。[7]

一般に、こうした自己犠牲的な行為を示すのは男性のほうが多い。しかし二〇一五年七月、一七歳の少女レベッカ・タウンゼンドは、車にひかれそうになった友達のベン・アーンを突き飛ばして、代わりにみずからが命を落とした。のちにベンはこう語っている。

「最後に覚えているのは、レベッカに押されて、はやく、と言われたことです[8]」

後日、レベッカの家族は、彼女が二年前につくっていた「死ぬまでにやりたいことリスト」の書き付けを見つけた――「雨の中でキス。スペイン旅行。人命救助[9]」。

友達は、命を投げ出すほかにも重大な自己犠牲的行為をしてくれる。たとえば腎臓を提供してくれたり、戦時中の捕虜収容所で乏しい食料を分けてくれたりといったことだ[10]。このように、人間は性的パートナーや血縁者だけでなく、それ以外の人に対しても、とほうもなく強い愛着を感じることができる。ハーヴァード大学の心理学教授で、『明日の幸せを科学する』(早川書房)という著作を持つ私の友人ダニエル・ギルバートなどは、友情こそが幸福の主要な決定因であり、むしろ婚姻よりも重要だと論じているぐらいだ[11]。

「友達」とは何か

前章までは、血縁関係と血縁にもとづいた利他行動、配偶関係と夫婦の絆、および厳密な取引関係をおもに取り上げてきた。そして友情は、これらに次ぐ個体間の第四の社会的関係である。

「友情」を公式に定義するならば、通常は血のつながりのない個体と個体とのあいだで結ばれる、総じて自発的に生まれる長期的な関係で、そこには互いに対する――できるだけ対称的な――好意と支援があり、とくに相手が困っているときに発動することを特徴とする、ということになるだろう。親しい友人どうしは大半の社会において、血のつながりのない個体間の取引基盤の関係に見られる多くの慣例（いわゆる「しっぺ返し」行動）にしたがわない。あからさまに条件しだいだったり返礼的だったりする取引（「あなたが私の背中を掻いてくれたら私もあなたの背中を掻きましょう」）は、ある種の協力や親切に見えるとしても、互いに対する信頼が薄く、友情関係が希薄だったり不在だったりする場合に発するものなのである。

私たちは友達が困っているから助けようとするのであって、友達が過去に何かしてくれたからとか、将来に何かしてくれそうだからといった理由で助けるわけではないはずだ。さらに言えば、真の友情は、それぞれが相手に対してできること（相互の援助や有用性）を基盤にしているのではなく、それぞれが相手に対して感じていること（相互の善意や思いやり）を基盤にしている。

友情関係は、親しみ、好意、信頼といった基本的な感情が多分にともなっていることを特徴とする。[12] 他人に対する親近感は、人がその相手を友達とみなすかどうか、助けようとするかどうかを左右する重大な要素だが、そうした感情は血縁を特定するにあたってはまるで必要ない。また、人は友達に対して特別な感情を抱くためにセックスする必要もなければ、ともに子育てをする必要もない。[13] 誰かに親近感を持つということは、本人が認識する自己の範囲に他人を含めることを意味する。相手が友達なら、他人にとっての利益が自分にとっても利益であるという認識になるわけだ。だから友達の幸せに自分の喜びを見いだせる。科学者はこのような友情の側面を、被験者に自分と友達との関係を二つの円で描写してもらうことで測定できる。その関係を表す円は、どの程度の重なり方をしているだろうか？[14]（図8・1参照）

人と人は、時間をかけての排他的なふるまいや、感情の正直な表現や、相手の弱さを受け入れることなどを通じて友情を示したり、そうした態度を友情の証拠として受けとったりする（たとえば友達がねちね

図 8.1　自己尺度での他人の包摂

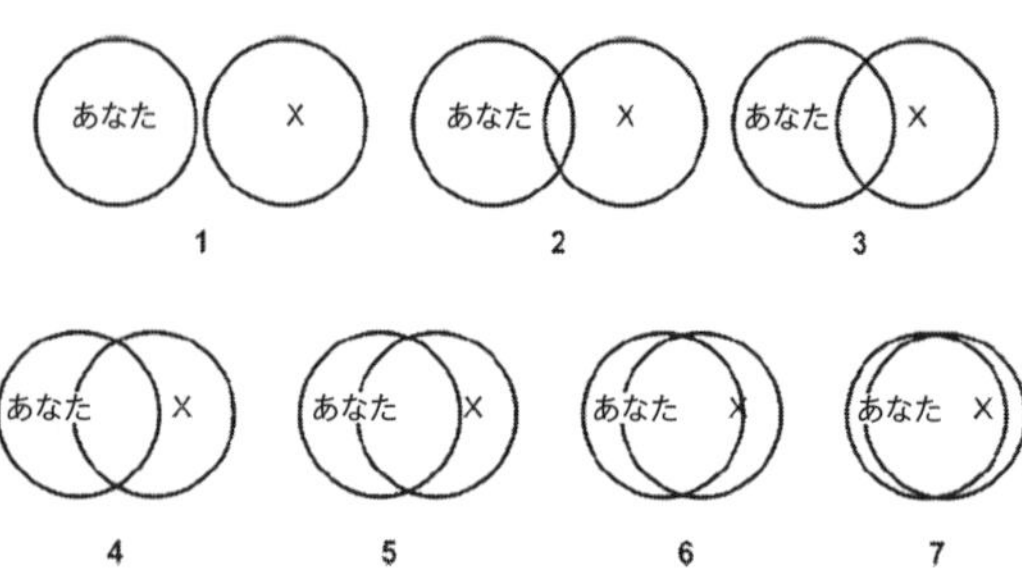

この尺度を用いて友人間の社会的親密さを測定するにあたり、被験者は自分（あなた）と誰か（X）との関係を表すのに最もふさわしい円を描くよう求められる。重なっている部分が大きければ大きいほど、その友情関係は強い。

ちと文句を言うのにじっと耐えるのもその一つで、友達が悪意でそうしているのではないとわかっているということを、黙って聞くことで示すのである）。排他的なふるまいというのは、不特定多数の人に安易に見せたりはしないような行動のことだ。たとえば友達とともに時間を過ごしたり、個人的な手紙を書いたりするのがいい例である。そうした行動は拡張性のあるものではなく、見せかけだけではできない行動だからだ。

文化ごとの「友情」の相違点と共通点

人類学者のダニエル・フルシュカは、世界各地の六〇の文化のサンプルを用いて、友情の基本的な特徴がかなり普遍的なものであることを明らかにしている。[15] その調査において、友情の概念や友情の習慣を持たない文化は一つとしてなかったのである。

さらに範囲を広げて四〇〇の文化を対象にした調査でも、友情が欠落しているように見られる文化は七つしかなかった。その例外のうちの五つでは、極端に集産主義的な社会のもと、友情は社会統合にとっての脅威と見なされ、親密な友情が育つのを積極的に阻害していた。

このような友情の阻害は、第3章で見たいくつかのコミューンにおける恋愛関係への態度を思い起こさせる。そこでは集団の結束を育むために、人々が全員とセックスすることを許されているか、もしくは誰とのセックスも許されていないかのどちらかしかなかった。同じように、全体主義的な政体のもとでは全員が同志であり、つまりは全員が友達として扱われるのだ。

念のため言っておくと、たとえばキブツ（比較的まともな共同体）でも、住民はたいてい共同体のほかのメンバーを指すのに「haverim」という言葉を使っている。これは「友達」という意味のヘブライ語だ。さらに言えば、全体主義的な社会においてさえ、友情は決して珍しいものではない。ただし注意しておきたいのは、数人の親しい友達を持ちたいという自然な衝動を抑圧するには、どうしても強力な文化的メッキが必要とされるということだ。ニューギニアのバイニング族が多大な努力を払ってまで子供どうしを遊ばせないようにしていたのがいい例である（第1章）。友情はかくも普遍的なものなのだ。

そして友情の示し方も、あらゆる文化を通じて非常に似通っているように思われる。六〇の文化をサンプルにした表8・1の結果に示されているとおり、相互援助は九三パーセントの社会、好意的な感情は七八パーセントの社会で見られており、しかもサンプルのどの社会においても、この二つの要素は否認されていない（つまり、相互援助や好意が友情関係の一要素ではないと報告された社会は一つもなかったということだ）。さらに七一パーセントの社会では、友達どうしは取引に際してしっぺ返し戦略をとらないことが明白に示されていた。もちろん、一夫一妻の場合と同じように――つまり人によっては一夫一妻はあくまでも夢見る目標で、必ずしも確固たる現実ではない、という点で――友情においてもやはり理想型と実情とのあいだに違いはある。

表 8.1　60 の社会における友情の特徴

特徴	確認された割合（%）	否認された割合（%）
行動		
相互援助	93	0
贈り物を渡す	60	0
結びつきの儀礼	40	4
自分のことを明かす	33	10
形式張らない	28	0
頻繁な交際	18	55
身体的接触	18	0
感情		
好意的な感情	78	0
嫉妬	0	0
会計		
しっぺ返し	12	71
困窮	53	0
形成と維持		
平等	30	78
自発性	18	64
プライベート性	5	66

しかし全体的に似通っているとはいえ、ほかの社会では見られているのに、アメリカではまず見られないという友情の特徴もいくつかある。たとえば持続的な身体接触や、儀礼的な誓約の作法などだ。二〇〇五年にジョージ・W・ブッシュ大統領がサウジアラビアのアブドラ皇太子と手をつないで歩いているところが映されたとき、多くのアメリカ人はそれを奇妙と感じとったが、それは二人が友達だというしるしだった。[16]

対照的に、西洋の文脈においては非常に重要な友情の証しなのに、ほかの文化においてはまず見られないものもある。たとえば個人情報をみずから友達に明かすのは、アメリカにおいては普通のことだが、サンプルの三三パーセントの社会にしか見られなかった。

そして一〇パーセントの割合で、それは友情の特徴ではないと報告されていた。頻繁な交際も、アメリカでは典型的な友情の一要素だが、このサンプルで調査された社会では一八パーセントしか示されておらず、五五パーセントははっきりと、友達だからといって多くの時間をいっしょに過ごす必要はないという見方を伝えていた。

友情の示し方には、ほかにも文化による違いがある。二八パーセントの社会では、友達どうしはときに人前でふざけあったり、互いになれなれしくすることで、自分たちの親しさを表明する。マリのボゾ族という漁民集団のあいだでは、友達どうしは相手の親の性器に絡めた卑猥(ひわい)な冗談を言いあったりする。[17] ギリシャでは、男の友達どうしが人前でえんえんと（正直に言えば、うんざりするほど）互いの自慰行為をからかいあう。

このような、弱みを見せている証しとも信頼している証しとも受け取れる人間の行動のいくつかは、ほかの霊長類に見られる行動と類似したものかもしれない。たとえばオマキザルのいくつかの集団のあいだでは、友達の口に指を入れるという遊びがある。一方が相手の口に指を一本突っ込むと、もう一方はその指をがっしりとくわえて抜き出せないようにするが、相手の指を傷つけるほど強く締めつけたりはしない。[18]

この調査を行なったフルシュカの見解によれば、友情は、不確かさに満ちた状況や変わりやすさを特徴とする環境においても、なお協力と相互援助が失われないようにさせる社会的関係の一体系として進化したのかもしれないという。[19] 規定の制度があまり整っていないところでは、友情こそが不測の事態に対する一種の保険になるというわけだ。

私の研究室では現在、この解釈が正しいのかどうかを検証している。私たちは二〇一五年から公衆衛生プロジェクトの実施に乗り出しており、ホンジュラス西部の二万四八一二人の住民を対象に、母子の健康改善を主要ターゲットとして計画を進めている。しかし一方で、私たちはこのプロジェクトを通じ、公的な制度の導入（訪問看護、診療所、警察署、信用組合など）が友情に取って代われるのかどうか、あるいは少なくとも、友情の意味と役割を軽減するのかどうかを調べてもいる。たとえば健康相談や医療処置が恒久的に、もしくは公的に提供されるようになれば、その影響として社会的な絆に変化が生じ、友情の重要性が薄まるかもしれない。中核的な友達関係はそのまま維持されるかもしれないが、周縁の何人かの友達はいなくなることもありえるだろう。実際、これは発展途上世界での公衆衛生の介入の知られざる副作用かもしれず、もっと総合的に言えば、近代化の副作用かもしれない。規定の制度の導入は、伝統的な友情の絆を弱めるかもしれないのだ。これはコミューンの成立に推進と抑制をもたらしたゲゼルシャフトとゲマインシャフトの概念である。

こうした現象は、発展途上世界に限らずとも起こりうる。アメリカでも労働者階級の人びとは、育児、精神的な助言、車の修理や家の修繕、現金の融通などにかんして実際的な助けがほしいとき、友達や隣人に頼ることが多いが、中産階級の人びとはそれほどでもないことが報告されている。こうした依存を介して、人びとは自分の属するコミュニティによりしっかりと根づき、より強い絆を育むが、もっと裕福なアメリカ人は、セラピスト、職場の同僚や師匠、法律や財政の顧問といった規定の制度からの支援を受けようとする傾向がある。コミュニティ内の友達にさほど依存していないから、それだけ地理的な移動にも制限が少ない[20]。そう考えると、やはり近代性が行き渡るほど、友達をつくろうとする人間の自然な傾向は薄まっていくのかもしれない。

友情関係を求める人間の生来的な傾向については、友情の育み方があらゆる文化を通じて似通っていることがもう一つの証拠となる。友情の第一段階は、年齢で言うと五歳から九歳に相当し、この時期の子供はもっぱら活動の共有や外面的な報酬によって友情を育む（「わたしはあの子の持っているレゴで遊ぶのが好き」[21]）。九歳前後になれば、たいていの子供は、より抽象的な――忠節や信頼といった――友情の概念に移行しており、友達としての義務と義務違反も理解している。そして青年期に相当する第三段階では、献身、共感、慈愛などを中心に、さらに抽象的なものが友情に求められるようになる。この時期の若者は友達との友情を育む理由を、その友達が大事だからというだけでなく、友情関係そのものが大事だからでもあると説明する。もちろん、これらすべてには強い文化的メッキがかかっており、スポーツチームや友愛組織、あるいは相互関係を結ぶ儀式（一部の伝統社会に見られるような）などが、それぞれの文化に特有のかたちで友情の補強や促進を果たしていることもある。

　友達をつくろうとする衝動はきわめて強いものだ。だから多くの子供は想像上の友達（イマジナリー・フレンド）をつくって、その友達との複雑な交流を楽しむ。想像上の友達の感情を傷つけないように注意しているという子供の報告まである。ある研究では、六三パーセントの子供が七歳までに想像上の友達をつくっていた[22]。これらの友達のプロフィールは、ありとあらゆる種類に及ぶ。それを創造した本人たちの説明によれば、「デレクという名前の、背丈は六〇センチほどしかないけれども『熊退治』だってできる九一歳のおじいさん」もいれば、「ベインターという名前の、『光の中に住んでいる』目に見えない少年」も、「ヘッカという名前の、とても小さいけれども『よくしゃべって』、ときどき『意地悪』もする目に見えない三歳の男の子」もいる。私の妻にとっても子供のころの想像上の友達（トクトーとR）は非常に大切だったそうで、もし私たちのあいだで意見の不一致が起こったならば、数十年の時を経て、彼らを召喚して仲裁してもらうつもりだという。

場合によると、友情は血縁と同じぐらい強い絆になりうる。たとえばある実験で、利益と引き換えに苦しい姿勢をとることを求められた被験者が、どれだけ長いあいだその求めに応じてくれるかを調べたところ、自分のためには一四〇秒間、近親者（きょうだいや親など）のためには一三二秒間、ほかの血縁のためには平均して一〇七秒間という結果が出た。子供たちの慈善活動のためならば、苦しい姿勢をとってくれるのは一〇三秒間だった。では、親友のためならどうだったか？　結果は一二三秒間である。[23]

銀行家のパラドクス

二人の人間のあいだで取引されるモノやサービスの種類がさまざまで、助けが必要になるタイミングも一定でなく、さらに相手にあげたものがすぐには返ってきそうにないのなら、しっぺ返し戦略は良策でない。しかし進化の観点から言えば、まさにそのために友情が築かれるのであり、だからこそ友情が貴重なものになっている。世界中どこででも、真の友達かどうかの試金石は、お返しが期待でき*ない*場合でも相手が何かをしてくれるかである。実際、友達だと思っていた相手からあからさまに見返りを期待していると言われれば、言われたほうは友情が*なかった*ことの証しだと受けとるだろう。もちろん、これがどこまで真実かは、個人、文化、状況によって多少のばらつきがあるのが当然だ。しかし友情は基本的に、取引においてすら期待を軽減するものでなくてはならない。[24]

私の研究室では、タンザニアやスーダンやウガンダなどの地域での社会的ネットワークをマッピングする研究をしており、私たちはこれを利用して、匿名での贈り物を指標にした友情関係を見定めてきた。たとえばハッザ族のあいだでは、ハチミツがきわめて珍重されている。わざわざ木に登ってハチに刺されながら巣を地面に叩き落とすという、たいへんな苦労をしてやっと手に入れられるものだからだ。私たちはハッザ族の回答者たちが誰に匿名の贈り物をするかを知りたかったので、彼らにハチミツを渡して、それを受け取る人を選んでもらうことにした（これによって彼らの重要な社会的関係がマッピングできたのだが、その関係のほとんどは非血縁者が相手だった）。ただし、ハチがうようよしている木にはしごをかけるのはさすがに遠慮したかったので、代わりにコストコでストローに入ったハチミツを購入し、それをスーツケースに詰めてタンザニアに持ち込んだ。

人間は友達を持ち、あわせて、その友情関係を支える感情的機構（人間の性的関係に愛着や愛情といった感情をともなわせているのと同じようなもの）も持っているという事実からして、しっぺ返しの単純なモデルでは、社会生活における利他行動や友情の完全な説明にはならないし、また、なりえないのも明らかだ。

しかし、人間はまたどうしてそのような感情的機構を進化させたのだろう？　進化心理学者のジョン・トゥービーとレダ・コスミデスに言わせれば、この友情を育む能力は、一種の「銀行家のパラドクス」に対して、人類が長い進化のあいだに出した答えのあらわれだ。銀行家のパラドクスとは、「資源を最も必要としている人間こそ、銀行家が最もお金を貸したがらない人間である」という皮肉を言い表した概念だ。[25] 同じように、狩猟採集民だった私たちの祖先が最も助けを必要としていたときにも、最もその助けを与えてくれそうにない人がいただろう。それは返報がなかった場合を恐れているからだ。友情はまさにこうした状況に対処するために進化したのかもしれない。

困難な状況下で誰を助けるかについての判断をくだすのに必要な認知的適応は、つまるところ先方が将来的に借りを返せるのかどうか、返すつもりがあるのかどうかに集約される。言い換えれば、先方が信用リスクの低い人かどうかを確定できる必要があるというわけだ。その人は本当に自分の友達なのか？　もしも支援した対象が永久に返済能力を失ってしまったり、雲がくれしてしまったり、あるいは死んでしまったりすれば、その人に投資した分はすべてふいになる。だが、もしも問題が一時的なものなら――たとえば溺（おぼ）れかけている人に、岸の安全なところから枝を差し伸べる必要に迫られたような場合なら――相手はいい投資先であろうし、いい友達にもなるだろう。

このような取引のための心理的計算をすらすらと実行させてくれるシステムがあれば、それはたいへん貴重なものだ。進化の観点から言えば、誰かが助けを求めているときに、助けるコストがそれほど高くなければ求めに応じて助けてやれる能力を進化させ、あわせて、そこで生まれた関係をあとあとまで追跡できる能力を進化させることは、関係者全員にとって有益なことだったに違いない。

トゥービーとコスミデスの説によれば、狩猟採集社会では、感染症、負傷、食料不足、悪天候、不運、および他集団からの襲撃が、進化に多大な影響を与える恒常的な脅威だった。彼らはこう述べている。

> 孤立無援がそのまま死につながるような、危険な逆境のさなかに援助を呼び込む能力は……健康で、安全で、栄養も十分なときに……社会的取引関係を育む能力より、よほど重大な影響を自然選択に及ぼしただろう。それでも自然選択は、まさしく援助の必要性が最大なときに他人にその求めを見捨てさせる決定則を好むのではないだろうか。この繰り返し起こる苦境は、私たちの祖先にとって適応にかかわる深刻な問題の一端だった。ゆえに、もしも見つかるものなら、その問題の解決策がぜひとも好まれたはずである。[26]

この苦境から抜け出す道が、各個人で友達を持つこと、とくに自分に対して献身的な友達を持つことだった。取引さえも不可能になる逆境の時期にあって、なお役に立てる力を持つのが友情なのだから、これは人類という種の適応として非常に貴重なものだ。さらに言えば、収支決算を容易にさせる便法としての友情を考えた場合、人間の進化した心理は各人に、自分が誰にも置き換えられない存在であるという意識を備えさせただろう。これに不可欠なのが個別性だ。見知らぬ他人にとってはどうということのない人間でも、友達にとってはかけがえのない人間になる。これはすなわち、個別性——社会性一式のもう一つの重要な要素——と友情とのあいだに深いつながりがあることを示している。

だが、苦しいときの支援はそれこそ血縁に頼ればよさそうなものだが、なぜそうならなかったのか？これにはいくつかの理由がある。

まず、血縁はときとして、家族内の資源を奪いあう競争相手になる（たとえば親の関心とか相続資産とか）。こういうことは友達の場合には起こりえない。そしてもっと重要なのが、大型の獲物を狙ったり、長距離を安全に移動したりといった団体での作業には、往々にしてある程度の大きな集団規模が必要になり、その規模は血縁だけではとてもまかなえそうにないということだ。また、近親者だけの集団では、ある特定の状況に対処するのに必要な技術や、知識や、能力が欠落している可能性もあるだろう。とくに、その血縁集団が非常に似通った遺伝子と特徴を共有しているのならなおさらだ。非血縁者とのつながりは、新しい発想や、その他さまざまな資源を手に入れるための唯一の道であるのかもしれない。だとすれば、血のつながりにとらわれない絆は、文化を生み出して保持するという人類ならではの能力が出現するにあたって、とくに重要だったと考えられる。この能力は人類の生存にとって不可欠なものであり、あとの第11章で見るように、社会性一式の一部でもある。

「銀行家のパラドクス」というジレンマが人類の進化の流れの一貫した特徴だったとするなら、より信用を得られるようにするための多様な適応が進化したと見るのが当然だろう。友情と相前後して、人間は自分個人を認められたい、評価されたいという願望も持ったかもしれない。社会生活の発達によって自分の特別な立場が脅かされれば、妬みを感じたくもなったかもしれない（そしておそらくは、復讐的な行為を果たしたくもなっただろう）。誰かを「かけがえがない」とみなすことは、ありふれたかたちの賞賛だ。そして人間に見られる多くの心理的現象は、社会的に替えが利くということの恐ろしさを反映している。だから私たちは一般に、一人ひとりの個別性がきちんと認識される程度の小さめな集団を形成したがるようなのだ。つまり皮肉にも、社会集団の形成には個別性が不可欠なのであり、個別性が認められてこそ部分から全体が生じられるのだ。

この観点から見れば、近代市場経済に生きる人びとの多くが疎外感を覚えるのもうなずける。人はたいてい、正式な制度や官僚社会が生み出す匿名性の感覚に不満を覚える。見知らぬ他人とのあからさまな条件しだいの取引が、人類の進化的過去にはなかったような頻度と規模で毎日の生活に満ち満ちているなら、それは悲しくなっても当然だろう。人類の進化した心理は、こうした取引を、自分たちが周囲の人びとといかに外面的に、もっと言えば無意味にかかわっているか、そして自分たちが突然の運命の逆転に対していかに無防備であるかのしるしだと解釈する。友達がいなければ、私たちは丸裸も同然のように思うのだ。

友情の遺伝学

図 8.2　一卵性双生児と二卵性双生児の社会的ネットワークの構造

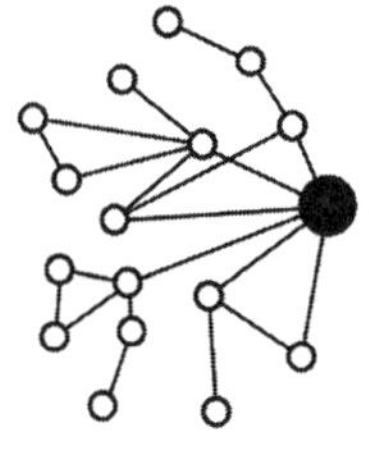
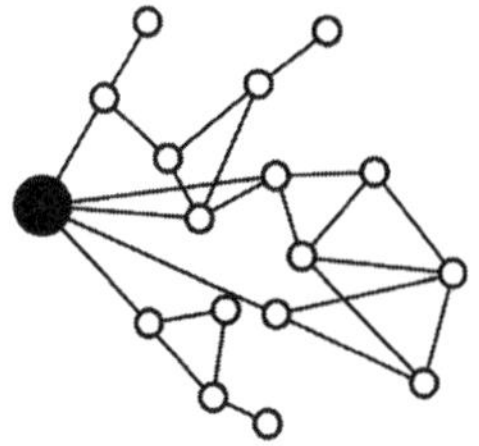
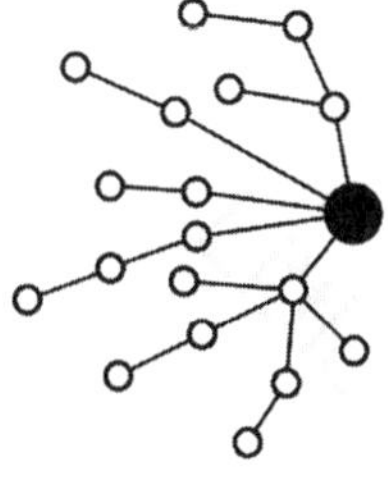
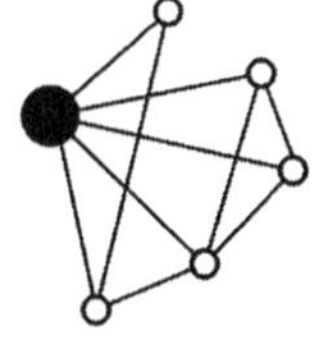

上の二つは一卵性双生児のペアの社会的ネットワークを、下の二つは二卵性双生児（同性）のペアの社会的ネットワークを図式化したもの。黒丸で示してあるのが双生児で、その友達は白丸で示してある。個人間に友達関係がある場合は直線で結ばれている。一卵性双生児のネットワーク（上）が二卵性双生児のネットワーク（下）よりも似通っている（視覚的にも量的にも）のは明白で、交友ネットワークに部分的に遺伝的基盤があるという見方と一致する。遺伝子がまったく関与していないのであれば、一卵性双生児のネットワークも、二卵性双生児のネットワークと同じぐらい見た目の違うものになっているだろう。

友情を欲する生来的な傾向にかんしては、それを示唆する決定的な――それこそ各文化を通じての普遍性、発達過程の一致、進化上の合理性を上回るほどの――証拠が、近年の社会的交流の遺伝研究からもたらされている。友情の絆の形成、特質、構造には、遺伝子が関与しているのだ。[27]

私の研究室はある調査で、三〇七組の一卵性双生児の交友パターンを調べ、それを二四八組の二卵性双生児のパターンと比較してみた。図８・２に示されているように、一卵性双生児のネットワークは、二卵性双生児のそれにくらべてずっと構造的に似通っている。これはすなわち、私たちが自発的に築く社会的ネットワークに遺伝子がかかわっていることを例証するものだ。[28]

考えてみれば、これはさして驚くことでもない。ある人は生まれつき内気で、ある人は生まれつき社交的なのである。私たちの調査の結果、友達の人数における差異の四六パーセントは遺伝子で説明できた。しかし同時に、各人の推移性における差異の四七パーセントも遺伝子で説明できることがわかった。たとえばAさんとBさんとCさんの三人からなる集団で、BがCと友達であるかどうかは、Bの遺伝子とCの遺伝子に依存するだけでなく、Aの遺伝子にも依存していたのだ。これはどういうことか。二人の人間のあいだの友達関係の有無が、なぜ第三者の遺伝子によって決められるのか。私たちはその理由をこう考えている。人が自分の友達を他人に紹介する傾向の強さには個人差があるから、ひょっとするとAは、自分のまわりにまとまった社会的編成をつくりあげるタイプの人なのかもしれない。

これは刺激的な発見だった。これを受けて、私は同僚の政治学者のジェームズ・ファウラーとともに、人びとが自分のまわりの社会的環境にどう働きかけて社会的ニッチを構築するかを考えてみることにした。そうしたニッチ構築にかんしては、長期にわたって積み上げられた文献が生物学の分野にあった。たとえば巣穴を掘るウサギ、巣を組み立てる鳥、周囲の土壌を改良するミミズ、化学物質を分泌して住環境をより快適にしようとするバクテリアなどについての研究だ。しかし私たちはまず、人がやろうとする社会的ニッチ構築には、自分のいる社会環境を自分のためになるように改変することも含まれるのかどうか、そして実際、過去にはそうした改変によって私たちの祖先の進化に影響を与えたこともあったのかどうか（これについては第10章で詳しく検討するが）を考えてみた。

類は友を呼ぶ

遺伝子はネットワーク構造だけでなく、友達の選び方にも影響を及ぼしているかもしれない。私たちの祖先がどういう配偶者を好むかを、進化が形成したのと同じようにだ。

進化の観点から見れば、この選り好みは、自分がすでに持っている友達によっても形成されるが、同時にほかの要因も働いているだろう。たとえば人は、自分の要望や意向を正しく見定めてくれるかどうかにもとづいて友達を選ぶかもしれないし、自分を特別な個人として見てくれるどうかを基準にするかもしれない。あるいはまた、自分が求めるものと同じものを求める友達や、自分にとっての利益を付随的にもたらしてくれるような友達を選ぶかもしれない。たとえば進む道を見つけるのがうまいとか、食べ物のありかをつきとめるのが得意だとかいった人だ。

トゥービーとコスミデスはこう論じる。

あなたがよいと思うものを同じくよいと思う人は、あなたたちのまわりの局地的な世界をその人自身にとって望ましいものにしようと行動することの副産物として、絶えずその世界をあなたの利益になるように変える働きをしていることになる。現代のちょっとした事例で言うとわかりやすいだろう。たとえばそれがルームメイトなら、あなたと同じ音楽が好きな人や、サーモスタットの温度設定をいつもあなたにとって不快な温度にセットしたりはしないような人のことだ。あるいは……あなたの敵が恐れている人や、とても相手にしきれない数の求婚者を引きつけるような人のほうが、しっかり返礼はしてくれても好みがあなたと大きくかけ離れている人よりも、よほど貴重な仲間かもしれない。[29]

自分と似たような友達を選ぶことには、また別の理由づけもできる。ある環境が生き延びやすいかどうかを判断するときにはリスクがつきものだ（たとえば、ある環境が致命的に悪かったとしても、それがわかったときにはすでに遅すぎるかもしれない）。そこで人間は、この機能を効率的に果たす方法として、似たような個体とつきあいたがる心理を進化させてきた。種々雑多な環境で生きる種にとって、これはとくに有益なことである。

しかしながら、この戦略に制限を加えるのが、それぞれの環境の収容能力だ。資源がいたって限られているところでは、そこに住む全員が同じことをするわけにはいかない（たとえば樹木がほとんど生えていないところなら、全員が樹上にすみかを設けることはできないし、マンゴーの供給が不足しているところなら、全員がマンゴーだけを主食として生きていくことはできない）。したがって、ときには同種のうちの似たようなメンバーを避けるのが合理的な戦略になることもある。

これらの理由から、人間は一般的には「ホモフィリー」（「似たもの好き」を意味するギリシャ語）を志向し、自分に類似した人を仲間にしたがるが、この傾向と並んで、ある属性においては「ヘテロフィリー」（基本的な意味は「逆のものに引きつけられる」）への志向が生じることもある。[30] ルームメイトには音楽の趣味や室温の好みが自分と同じであってほしいと思うかもしれないが、数学の宿題を手伝ってほしいときには、自分とまったく違った誰かがいてくれたほうがいいかもしれない。

友達どうしは、明白な表現型にまではあらわれなくとも、それ未満の微妙さで似ていることがある。心理学者のタリア・ウィートリーは、同僚とともに、ある重要な研究を行なっている。二七九名の大学院生のあいだに自然に形成された社会的ネットワークから、四二名の友達どうしの一群を抜き出して、その脳反応を調べたのだ。被験者はそれぞれ機能的MRI装置に入れられて、一四種類のビデオクリップ（感傷的なミュージックビデオやら、どたばたコメディの一場面やら、政治的討論やら）を見せられ、そのクリップを見ているときの脳のさまざまな領域への血流を個別に測定された。[31]

その結果、友達どうしは刺激に対して非常に似通った反応を示していた。つまり神経学的に言って、友達どうしは自分のまわりの世界に対して同じように認識し、解釈し、反応するのだ。この映像見本に反応しているときの脳内の血流パターンから、誰と誰とが友達どうしかを予測することまでできたのである！友達どうしは表現型だけでなく、遺伝子型のレベルでも似ていることがある。[32]これには四つの理由がある。

第一に、遺伝子型が類似しているのは、友達どうしの出身地がたいてい同じであることの単純なあらわれなのかもしれない。ギリシャ人が別のギリシャ人を友達に選んでいるなら、このギリシャ人の友達どうしが同じような遺伝子変異を共有していたとしても何も驚くにはあたらない。彼らはこの世界の同じ片隅の生まれだからだ。

第二に、人は自分と似たような遺伝子型を持つ友達を積極的に選んでいる可能性もある。たとえば運動の得意な人がやはり運動の得意な人と好んでつるんでいる場合だ。彼らがともに、ある種の「運動遺伝子」変異――速収縮性の筋繊維とか、持久力に関係するACE遺伝子の変異体とか――を持っていたとしても、なんら不思議ではないだろう。[33]

第三に、遺伝子に共通性がある人たちは、同様の環境を好むかもしれない。高地でマラソンを走るのが好きで、それができるだけの肉体を持っている人は、その山で同じことを楽しんでいる人に出会う可能性が高いだろう。この新しい友達どうしが、血流内の乏しい酸素を結合する能力を高める遺伝子変異を共有していたとしても、やはり不思議ではない。

そして第四に、同じような特徴を共有する人たちは、第三者から選ばれて同じところに住むようになることがある。たとえば音楽学校は、音楽的才能に秀(ひい)でた人たちを入学させ、生徒はそこで別の生徒と友達になるわけだから、この生徒たちが音楽的能力に関係する遺伝子変異――音楽記憶と関連づけられ、聖歌隊員が持っているとされたSLC6A4遺伝子のようなもの――を同じように持っていたとしても当然なのだ。[34] もちろん、これら四つの理由のいくつかが重複していることも十分にありうる。

一方、友達どうしの遺伝子型が類似しない理由も、数は少ないがいくつかある。まず考えられるのは、ある特定の環境が、異なる形質を持つ個人間の交流を育む場合があるということだ。たとえば集団のリーダーは、異質の技能を持った人びとを積極的に集めてチームにすることがある。ギリシャ神話に出てくるイアソンとアルゴ船の乗組員がいい例だ。イアソンは船員を選ぶにあたり、少なくとも一人は船の舵(かじ)取りを任せられるぐらいに目のいい人間を、そして残りは櫂(かい)を漕(こ)ぐのにぴったりの人間を確保したのである。

そしてもう一つの可能性として、人はときに、自分と違うタイプの人と友達になるのを積極的に選ぶこともあるのかもしれない。先史時代を考えれば、大型草食獣を狩るのに多種多様な技能の持ち主が求められたことだろう。獣に負けないほどの俊足も、がっしりした槍(やり)の使い手も、追走に長けた持久力自慢も必要だったのだ。

重要なのは、これらすべてのプロセスが同時に起こりうるということであり、人間はホモフィリーとヘテロフィリーのあいだを行き来しながら、さまざまな程度の相乗作用や特化を生じさせる多種多様な形質にもとづいて、友達と環境を選んでいるのかもしれない。しかし全体として見れば、バランスはホモフィリーのほうに傾いており、まさしく「類は友を呼ぶ」ものであるらしい。[35]

私の研究室では、その定量化を行なった。友達どうしが遺伝的にどこまで似ているかを評価するために、一三六七組の友達ペアの一つ以上に属する一九三二名の被験者の、四六万六六〇八の遺伝子座を分析したのだ。[36]その結果、第6章で論じた配偶者ペアの分析をしたときと同様に、同じ母集団から抽出した無関係の他人どうしにくらべて、友達どうしは遺伝的にかなり相似する傾向があることがわかった。

一つのベンチマークとして、この効果の大きさは四従兄弟姉妹に相当すると見られる血縁度にほぼ一致する。ようするに、実際の血縁関係にない人びとのなかから自由に友達を選んでいいとなったとき、人はわずかながらも識別できる程度には、自分と遺伝的に似た人間への好みを示すのである。私たちは任意の二人の遺伝子型の類似性という尺度を利用して、その二人が最初から友達になりそうかどうかを予想できる友情スコアまで作成できた。[37]

これらのプロセスからわかることはなんだろう？　これらは言うなれば、人間が持っている血縁検出機能の拡大版なのかもしれない。[38]別の言い方をするならば、友達は（血縁の場合のような）「実際の類縁」ではないにせよ、「機能上の類縁」とみなせるのかもしれない。このように機能面でつながった、自分と同じような感覚で環境に対処してくれそうな他人と社会的な絆を形成することは、結果的に双方の利益につながるだろう。意図的にせよ偶然にせよ、互いが互いのためになることをするからだ。同じ状況にいる二人のうちの片方が寒いと感じて火をおこしたならば、それは本人だけでなく、もう片方のためにもなっている。したがって友達の選り好みにかんしても、自然選択が働きはじめる。誰を友達に選ぶかによって、生存の見込みに変化が生じるからだ。

遺伝子によって導かれる友達選好が、もとをたどれば遠い昔、人間が赤の他人よりも特定の血縁を好むよう進化したことから発したとしても不思議ではない。たとえばあなたに一〇人のいとこがいるとして、いっしょに過ごせるのはそのうちの数人だけだとしてみよう。そのうえで、集団を形成することがあなたの生存にとって有利だと考えてみる。あなたが最も自分と遺伝子を共有しているいとこたちを選ぶのは、理にかなったことではないだろうか。したがって人間は、遺伝子レベルでできるだけ自分と似ているいとこを特定できるように進化しただろう。

　このように、一部のいとこたちを別のいとこたちより好むようにさせるために進化したのと同じ手順が、前に論じた外適応のプロセスにより、まったく血縁ではない人びとに対してまで拡大されるようになったのかもしれない。[39]ある人口集団のなかからあなたが友達を選ぶとしたら、あなたは自然と遠縁のいとこのような人を選ぶだろう。

　私たちの分析からは、友情に生存上の利点があることを示唆するもう一つの補完的な洞察も得られた。突然変異率にもとづくゲノム技法を用いて調べたところ、全ゲノムを通じて、人間が友達と共有する傾向のある遺伝子型は、ほかの遺伝子型よりも、総じて最近の（ここ三万年の）自然選択の作用を受けていることがわかったのだ。

　一例として、仮説上で発話能力に関連づけられている遺伝子（たとえば関与が推論されているFOXP2のような遺伝子）について考えてみよう。最初の初期人類の誰かに突然変異が生じて、その突然変異により、ただうなるだけでなく、しっかりと言葉を発せられる能力が備わったと想像してほしい。発話の進化上の利点――これはかなり大きい――は、その誰かが同じような突然変異を持っている誰かと友達になって、互いに会話できるようになれば、いっそう強化されるだろう。さもなければ、この突然変異はほとんど用無しかもしれないから、いずれその個体群から消滅してしまう。ほかの遺伝子変異（たとえば感染症の回避や相互協力などに関連する変異）にかんしても、それが適応度の面で有利であるかどうかは、その持ち主がつながっている別の個体に同様の変異が存在しているか（あるいは存在していないか）で変わってくるかもしれない。

このように、友達どうしのあいだに相関性を持つ遺伝子型が正の選択を受けている（つまり、その遺伝子型を持つ個体が増えている）らしいということは、ある個人の遺伝子の適応度における有利さが、他人の遺伝子によって変えられる場合もあるということだ。人間の進化環境は、物理学的状況（太陽、高度）や生物学的状況（捕食者、病原菌）だけで語られるのではない。そこには人間の社会的状況も含まれるのである。[40]これらの結果は、社会的交流が人類の進化を誘導することのさらなる証拠だ。

逆説的にも、人間が友情におけるホモフィリー志向を進化させたのは、まさしく人間が血縁以外の個人と頻繁な社会的交流をしはじめたとき——たとえば集団(バンド)の規模が大きくなって血のつながった類縁が相対的に少なくなったとき、あるいは人間がもっと広範に拡散しはじめて、生まれついた集団を離れ、見知らぬ他人と交流することが多くなったとき——だというのは、十分にありえることだ。[41]もともと人間が交流していた相手は必然的に自分の血縁だったが、ひとたびその血縁に頼れなくなった時点で、人間は別の方法で、自分と遺伝的に似た誰かとつながれるようにしなければならなかっただろう。進化の観点から言えば、そうした遺伝的に似た個体どうしこそ、互いに利益をもたらして、互いの適応度を高められると考えられるからである。

友情と、それに関連する個人間の遺伝的な好みと効用は、ハミルトンの血縁選択の考えを拡張し、友情を基盤にした個人集団に自然選択が働く仕組みを与えることができる。[42]遺伝子の五〇パーセントを自分と共有している二人のきょうだいのために命を捧げるのなら、遺伝子の五パーセントを自分と共有している二〇人の友達のために命を捧げてもよいではないか。前に論じた血縁選択の原理は、あくまでも個人間の遺伝的類似性がどこまであるかに関係しているのであって、その類似性がどこから生じているかには関係がなく、個人間に実際の血縁関係があろうとなかろうとかまわないのである。

社会的(ソーシャル)ネットワーク

友情についてのここまでの話は、二人の人間がどのようにして互いを選ぶか、友達どうしがどのような交流をするか、友情の普遍性に自然選択がどうかかわっているかを中心にしてきた。だが、ある集団の各人がそれぞれ友達を選ぶと、その時点で集団は一つの社会的ネットワークに転じる。これは人間のどの集団でも同じだ。そして注目するべきは、そうして生まれた社会的ネットワークが、世界中どこにおいても非常に似通っていることである。普遍的なのは友達の好みだけでなく、もっと広いネットワークに自然と組織されるときの人間の動向も、やはり普遍的なのだ。自然に生まれたネットワークには、人工的なネットワーク(軍隊の指揮系統や企業の組織図といったもの)には見られない複雑さと純然たる美しさがある。

そしてそこから、いくつかの疑問が生じる。その複雑さや美しさはどこから出てくるのか? どういう規則にしたがっているのか? そして、どんな目的を果たしているのか?

動物のネットワークを調べたときと同様に、人間の社会的ネットワークをマッピングするにあたっても、該当する社会的つながりがどう認定されているかをはっきりさせる必要がある。該当する社会的接点とみなされるのは誰なのか? 性行為をする相手だろうか? お金を貸す相手だろうか? アドバイスをもらう相手だろうか？　尊敬する相手だろうか？

たいていの場合、これは単純に、いわゆるネーム・ジェネレーター式の質問をすることでつきとめられる。標準的な質問は、たとえば次のようなものだ。「1、あなたが個人的なことや内密のことを話せるような信頼できる相手は誰ですか？」「2、あなたが自由時間をいっしょに過ごす相手は誰ですか？」「3、パートナー、両親、きょうだいのほかに、あなたが最も親しい友だと思う相手は誰ですか？」[43]

私たちが二〇〇九年に、全米のサンプル世帯にネーム・ジェネレーターの二つの主要な質問（上記の1と2）をしたところ、アメリカ人は平均四・四人の親しい社会的接点を持ち、大半の人の接点は二・六人から六・二人の幅に収まっているとわかった。平均的な回答者の答えに挙がったのは、友達が二・二人、配偶者が〇・七六人、きょうだいが〇・二八人、職場の同僚が〇・四四人、隣人が〇・三〇人だった。

これらの数字は、何十年という期間で見ても大きく変わってはおらず、しかも世界中で同じような結果が見られる。[44]人びとは平均して四つか五つ程度の密接な社会的絆を持ち、一般にはそこに配偶者と、場合によっては一人か二人のきょうだいが含まれ、さらにたいていは一人か二人の親友も含まれている。これらの数字はそれぞれの人生の途中で多かれ少なかれ変わりうる（たとえば配偶者を亡くしたときなど）。

私の研究室では数年前から、世界各地のネットワークデータを収集するための「トレリス」というタブレット仕様のソフトウェアを開発してきた。私たちはこれを使って、アメリカ、インド、ホンジュラス、タンザニア、ウガンダ、スーダンなどの国の一定の人口集団における直接的な社会的交流をマッピングしている。そうして調べたネットワークのいくつかを示したのが口絵3だ。[45]人びとが築いている社会的ネットワークの構造は、視覚的にも数学的にも、明らかに世界中で似通っている。といっても、私たち人間のネットワークがほかの社会的動物のネットワークと類似していること、および私たちの遺伝子が友情に関与していることを考えれば、これは意外でもなんでもない。[46] 近代化されたネットワークが狩猟採集社会に見られるネットワークと似ているのは、その生来の本質からして当然のことだ。[47] 社会的ネットワークは社会性一式の基本的な要素であり、「青写真」に決定的な役割を果たしているのである。

「敵」とは誰か

友をつくれる能力には、もれなく敵をつくれる能力がついてくる。哲学者も科学者も、人間がたやすく敵意や憎悪を抱けるという明らかな才能について長いあいだ考えてきたが、友情と並行して敵対的な関係のマッピングが実際になされたのは最近になってからで、それでもまだ数は絶対的に足りない。

ある研究では、第3章で論じた都市部のコミューンの一二九人のあいだでの敵対的な絆が調べられた。[48] 一八名の見習い修道士について調べた一九六九年の古典的な研究では、集団内の誰が嫌われているかのデータが集められた。[49] その他の研究には、学校内のいじめの加害者と被害者や、職場内の協力的な同僚と意地悪な同僚とのつながりをマッピングしたものなどがある。[50] また別の研究では、多数のプレーヤーが参加する大規模なオンラインゲームを素材にして、仮想の敵の首にかける賞金をネガティブな関係の尺度として用い、ゲーム内での交流を調査した。[51]

ネガティブな関係も社会構造に重要な役割を果たしている可能性があるにもかかわらず、敵対的なネットワークのデータが不足していることにかんがみて、私の研究室は二〇〇三年に、このテーマに包括的かつ大々的に取り組むことにした。ネガティブな関係の構造を評価するにあたって、発展途上世界の村はとりわけ魅力的な天然の実験室になってくれる。それらの村はどちらかというと閉じた社会システムで、住民が自分の嫌いな相手をたやすく避けられるようにはなっていないからだ。

そこで私たちは、フィールドワークが行なわれているホンジュラス西部の一七六の村で、合計二万四八一二名の成人の社会的ネットワークをマッピングした。前述のソフトウェア「トレリス」を利用して、回答者に「この村であなたが仲良くしていない人」を特定してもらったのである。[52]

当初、私はもっと突っ込んだ設問にしようと思っていた。「あなたが嫌いな人は誰ですか？」もしくは「あなたの敵は誰ですか？」といった類のものだ。しかし、それは現地の専門家でもあるプロジェクトマネジャーから止められた。彼が言うには、ホンジュラスは年間殺人率が世界で最も高いところで（殺人犯の割合が一〇万人につき八六・一人）、回答者はそのような質問に答えるリスクを冒したがらないだろうということだった。[53]

私たちは一七六の村をそれぞれマッピングして、村内の社会的なつながりをポジティブなものもネガティブなものもすべて含めて特定した。そうして得られたのが、かつてなく大規模で詳細な、直接の敵対的関係についての調査結果である。村の規模の範囲は、成人の数にして四二名から五一二名にわたった。例の標準的なネーム・ジェネレーターの三つの質問を使って測定した結果、人々が特定した友の数は平均四・三人で（これにはきょうだいや配偶者などの親族関係も含まれる）、その範囲は〇人から二九人にわたっていた（ただし大半の人は、友の数が一人から七人の範囲に収まっていた）[54]。この測定基準で一人も友がいないと報告したのは全体の二・四パーセントだった。

喜ばしいことに、敵対関係は友好関係にくらべてずっと希少だった。人びとが好きでないとみなした相手の数は平均〇・七人である（これにも親族が含まれることはあった）[55]。全体の六五パーセントは、嫌いな相手は一人もいないと報告していた。これは男性に限れば七一パーセント、女性に限れば六一パーセントだったので、女性のほうが気難しいのか（女性は全般に男性よりも深い関係を報告してもいるので）、あるいは単に（私の女きょうだいのカトリーナが言い張るように）、女性のほうが以前の交流をよく覚えているかのどちらかということだろう。なかには非常にじれったい人もいて、たとえばある女性は、仲良くしていない相手として一四人を挙げていた。彼女は住民三一二名の村に住んでおり、そのなかで彼女を好きでないという人は四人だった。しかし一方、彼女が友として挙げたのは一一人で、彼女を友として挙げていた人は一三人いた。

また、視点を逆にして見ても、ある人を嫌っている人の数は平均〇・六人で、大半の人（六四パーセント）は誰からも嫌われていなかった[56]。最も嫌われていた人は、住民一四九名の村に住む女性で、彼女はそのうち二五人から敵と認定されていた。彼女自身は四人を友に挙げ、敵として挙げたのはたった二人だった。悲しいかな、彼女を友として挙げていたのは一人しかいなかった。

友好関係のパターンがどの村でも明らかに一致していたのとは対照的に、敵対関係のパターンには大きな幅があった。ネガティブな関係の割合は全体では一五・六パーセントだったが、ある村では一・一パーセントにしかならず、逆に四〇パーセントにものぼる村もあったのだ。ポジティブな関係の形成にかかわる環境的、社会的、生物学的な影響力は、ネガティブな関係の形成にかかわる影響力よりも、大きな類似を生む。さまざまな村の現在の局所的な環境と文化は、友情よりもはるかに敵意を育んでいるように思われた。私たちが調べた村のうち、四つの村のネットワークの図式化を、口絵4に示してある。

友は友情に友情で返す傾向があり、同じように敵は敵意に敵意で返す傾向があったが、それぞれの応酬率はずいぶんと異なっていた。前者が三四パーセントで、後者はわずか五パーセントだ。つまり、あなたが誰かを友として挙げれば、その人もあなたを友として挙げる見込みが高いが、もしあなたが誰かを敵として挙げても、その人があなたを敵として挙げる見込みはそれほど高くないということだ。この差から、人にはひそかな友達は少なくても、ひそかな敵は少なくないことが明らかになる。人は互いへの友情ならば高らかに宣言するが、敵に対しては敵とは言わない可能性が高いのである。

これらの詳細なデータから、私たちは社会的つながりにかんする古くからの仮説（および常識的な考え）を量的に検証できることになった。すなわち、次の四つの原理が成り立つという考えだ。

友の友は友である
友の敵は敵である
敵の友は敵である
敵の敵は友である

これらの社会的規則から、もう一つの原理が浮かび上がる。それは一九世紀末に社会学者のゲオルク・ジンメルが最初に言ったことで、のちの一九四六年に心理学者のフリッツ・ハイダーが体系化し、さらに一九五六年に心理学者のドーウィン・カートライトと数学者のフランク・ハラリーが定式化した[57]。この原理はバランス理論と呼ばれる。ある種の三者間関係はバランスがとれている、すなわち安定しているとみなされるが、そうはならずにバランスが悪く、不安定とみなされる三者間関係もある（図8・3を参照）。時間が経つうちに、バランスの悪い三者間関係は崩壊する（一人が関係を断ち切る）か、もしくは関係のどれかが変化する（たとえば友だった人が敵の友になれば、あなたはその人を敵とみなすようになる）[58]。社会的ネットワークの内部において、友好と敵対は絶えず移り変わっていく。

図 8.3　三者による社会システムのバランス

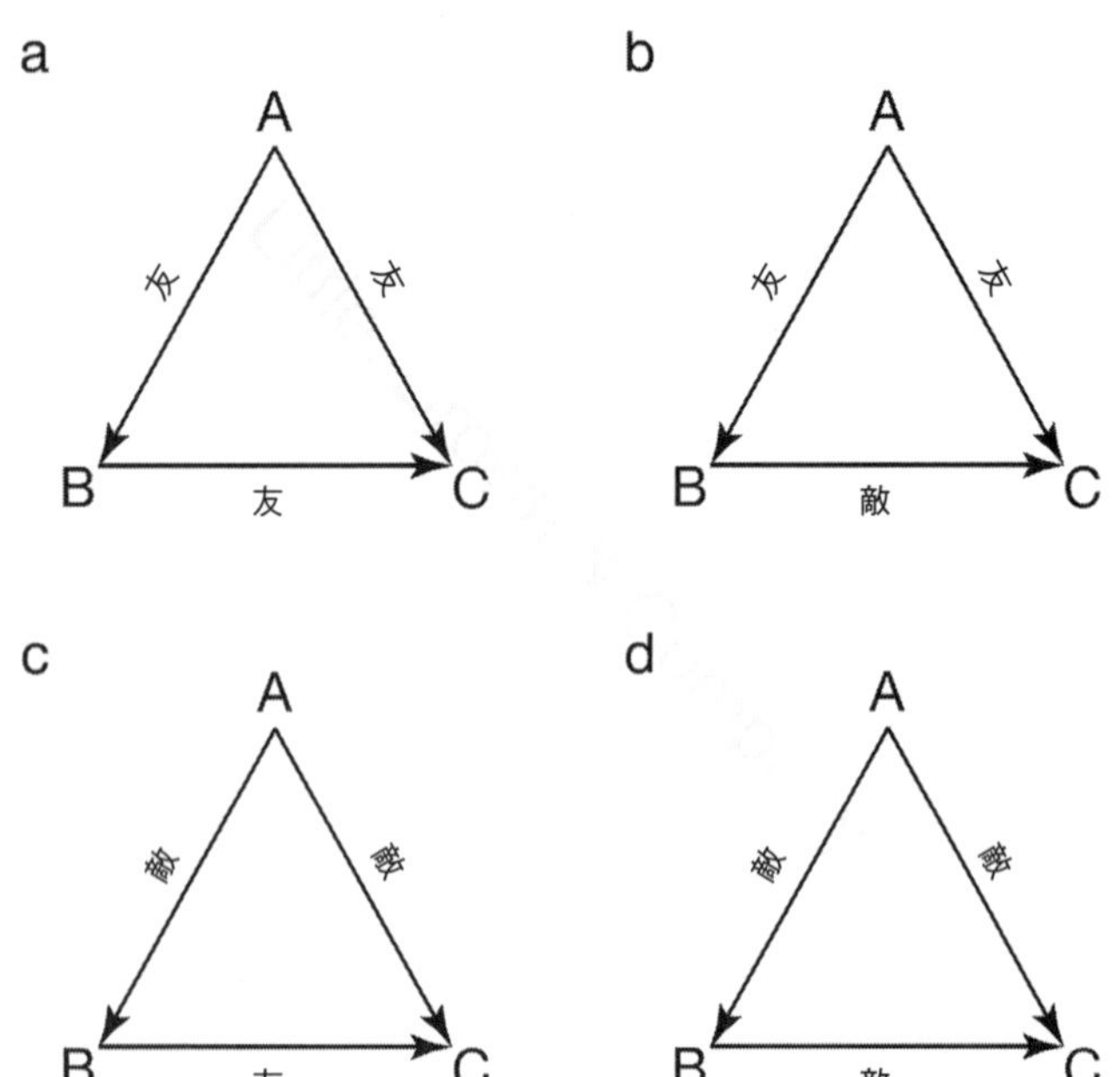

三者（各三角形のA、B、C）のあいだに考えられる四つの関係。二者間の各関係はネガティブにもポジティブにもなり、友好も敵対もありうる（この図においては「友」と「敵」）。たとえばAの視点から見ると、aとcの三角形はバランスがとれているが、bとdはそうでない。バランスの悪い三角形の場合、必然的に関係が壊れるか、もしくはバランスを回復するために評価が切り替えられる（友が敵に変わるか、逆に、敵が友に変わる）。

この規模での全住民データを使って初めて定量化できたことだが、友の友が友である見込みは敵である見込みより四倍近く高い。この私たちのデータからは、前述の二番目と三番目の規則も確認できた。しかしながら四番目の規則にかんしては、これを認める証拠が見つからなかった。敵の敵が友であるという規則は論理的であり、まさに真ではないかと思えるのだが。

しかし、それはちょっとした錯覚だ。敵の

敵が友である見込みが高い理由は単純で、普通の集団ではどこでも友のほうが圧倒的に多いからにすぎない。これは言ってみれば、ある場所ではほかの場所にくらべて黒い鳥が赤い鳥よりたくさんいるのかどうかを確かめようとするのと同じことだ。黒い鳥は総じて赤い鳥よりたくさんいるのだから、この背景を考慮に入れてからでないと、その特定の場所で黒い鳥が赤い鳥よりたくさんいるのかどうかの結論を出すことはできない。総じて友好関係のほうがずっと頻度が高いことを考慮に入れてみると、敵の敵が友である見込みは高くないとわかる。むしろ、敵の敵は実際には敵であることのほうが多いのだ。

　これは、敵にしろ友にしろ、たいていネットワーク内の共同体の内部で寄り集まっていることと関連しているように思われる。私たちの分析では、そのどちらとも別の、第三の可能性も見えてきた。つまり、人と人とが単に「見知らぬ他人」どうしであるという場合だ。そして人は、自分が知っている人の敵であることはあっても、知らない人の敵であることはめったになかった。人が誰かの友か敵であるためには、その誰かを知っていなくてはならないのだ。

　この単純な事実から、敵をつくる過程には接触と熟知が必要になることがわかるだけでなく、人にとっての敵はたいがい自分の属する集団の内部にいるのであって、ほかの集団にいるわけではないこともわかる。さらにこの調査からは、友の数が多い人ほど、敵の数も多い傾向があり、友が一〇人多くなるごとに敵も一人ずつ多くなるようだとわかった。結局のところ、全体に通底する類似の社会的プロセスは、繰り返される交流から発生して、ポジティブな関係にもネガティブな関係にもなりうるのだった。

自分の属する集団を好む

人はまず友達を選び、それから集団を形成し、ネットワークを形成する。そしてそれらの集団が、ほかの集団とポジティブにもネガティブにも相互交流する。このような、ある集団に属する個人と別の集団に属する個人との交流が、長い進化の過程を通じて、人間にまた別の資質を備えつけてきた。その一つが、社会性一式の一部である内集団バイアスの傾向だ。しかしあらためて考えると、そもそも人はどうして部外者に対して別の感情を抱くのだろう？　なぜ人間は全員を好きにならないのだろうか？　別の集団を憎まずして、自分の集団を好きになることはできないのだろうか？　この一対の傾向——自民族中心主義（エスノセントリズム）と外国人嫌悪（ゼノフォビア）——は、同じ過程の一端として共進化して、だからつねにいっしょに現れるのか、それとも別々の理由からそれぞれ独自に生まれたのだろうか？

自分の属する内集団を好むのは文化的な普遍性の一つである。第1章で見たように、二歳の幼児でも、自分と同じ色のTシャツを無作為に割り当てられた幼児をとくに好むほどなのだ。内集団バイアスはかくも広く浸透しているもので、これに着目した二〇世紀の実験心理学者たちは、この感情がいかにたやすく呼び起こされるか、「われわれ」と「かれら」との違いがいかに些細（ささい）であってもかまわないかに驚愕を覚えたほどだった。ある種、人間はどこまで愚かになれるのかを徹底的に解明しようとするなかで、今で言うところの「最小条件集団パラダイム」を導く新しい方向性の実験も始まった。その先鞭（せんべん）をつけたのが、一九七〇年代に心理学者のヘンリ・タジフェルが行なった一連の実験である。[59]

説き伏せられたり、なだめすかされたりといった外からの操作をまるで受けていないにもかかわらず、被験者となった人間たちは、人為的かつ任意につくられた集団に割り当てられたほかの人間に、異なる扱いをすることがわかっている。この集団分けは、きわめてどうでもいいような特徴にもとづいて形成される。たとえば被験者がパウル・クレーの抽象画を好むか、カンディンスキーの抽象画を好むかといったようなことだ。

こうした無意味な組み入れによっても内集団バイアスを引き出せてしまうというのは、恐るべき発見だった。なぜ人間はそんなつまらない社会的カテゴリーをもとにして、ある人びとを別の人びとよりひいきするのか？

たしかにその二人の芸術家のあいだには、きちんとした違いがあるのだろう（ある批評家によれば、クレーの「皮肉に屈折したリアリズムはカンディンスキーの理想主義とは相容れなかった」のだそうだ）[60]。しかし、大半の人は（この心理学実験の被験者たちも含め）そんな違いなどわかっていなかった。いずれにしても、それがはたして重要なことだったのか？　しかしどうやら、それが重要だったようなのである。この最小条件集団実験の核心は、たとえ論理的な理由がなくても人間は外集団のメンバーを差別するのだということであり、また、それは二つの集団のあいだに過去の因縁がなくとも、さらにはコミュニケーションさえなかったとしてもそうなるということなのだ。

こうしてタジフェルは、カテゴリーごとに類別をするだけで、それがどれほどつまらない類別でも、十分に自民族中心主義と外国人嫌悪を出現させられることを明らかにした。当初、タジフェルはこの行動を社会的アイデンティティの概念で説明できると論じていた[61]。人間はおのずと自分の属する集団を、ほかの集団と区別してポジティブに認識するようにできている。この原初の衝動は、自分自身に満足する必要性だとみなせるが、それはすなわち——個人の自尊心はある部分、集団への所属意識から生じているため

——自分の属する集団に満足できるということだ。自分の属する集団のメンバーをひいきすることは、その集団をよりよく見せるのに資するのである。

だが、これらの実験はまた別のことも明らかにした。それは私からすると、そもそもの外国人嫌悪の存在よりもいっそうがっくりする事実である。別の実験で、被験者たちは内集団のメンバーと外集団のメンバーに報酬を割りふる機会を与えられた。すると被験者たちは、内集団が得る総額を最大限にするよりも、内集団と外集団それぞれの総額の「差」を最大限にするほうを優先した。これはつまり、一方の集団の利得がそのままもう一方の集団の損失であるというゼロサム思考の反映だ。[62] 人びとにとって重要なのは、自分の集団のメンバーがほかの集団のメンバーにくらべてどれだけ多く得ているかであって、自分の集団がどれだけの利得を持っているかではないようなのである。

これは単なる集合的アイデンティティへの忠誠だけでは説明がつかない。自分の集団の豊かさだけが重要なのだったら、ほかの集団にくらべての立場などどうでもよいことになるからだ。しかし実際、人びとにとっては絶対的な立場も相対的な立場もともに重要なのである。自分の集団はたくさん持っていなければならないが、それと同時に、ほかの集団よりたくさん持っていることも必要なのだ。

内集団バイアスには、また別の説明もつけられる。内集団バイアスは自尊心に加え、自己利益も強化できるのだ。自分が自分の内集団に報酬を割りふれば、それだけ自分も内集団のメンバーからひいきしてもらえるだろうと期待できるのだから、これは単に自分の内集団が優れていると思うのとはわけが違う。[63] 内集団バイアスを実践することが、自分のための実際的な利益を得ることにつながるのだ。

人が自分の属する集団のメンバーをよく思うのは実験が示しているとおりだが、その集団のメンバーを厚遇する理由は、自分がほかのメンバーから同じように厚遇されるのを期待しているからにほかならない。集団のメンバーは、自分たちが「同じ運命を共有している」という感覚を持っている。

この一体感と「相互援助への期待」こそが、自分の集団のポジティブな特別さを確立する必要性を上回って、内集団をより高く評価することにつながっている。したがって、内集団バイアスは戦略的なものだと言えなくもない。内集団のメンバーを厚遇するのは、自分も同じように扱われることを期待するからだ。これは「相互運命統制」と呼ばれ、そのもとでは、たとえ各自が他者に特定の行動をとらせることも、そういう意向を伝えることさえできなくても、集団内の全メンバーが互いの運命に影響を与えあう。[64]内集団は、部外者からの影響が全体に及ぶがゆえに運命共同体となるだけではない。メンバー全員が同じ集団の一部であるがゆえに、互いの運命を左右しあうことにもなるのだ。

集団アイデンティティは、持続的な友情と同様に、協力関係に返礼がなかった場合のリスクに対する解決をもたらす。自分の利他行動は相手しだいとしても、それが同じ集団のメンバーであるなら（これは友達とは異なるが）、その相手が進んで返礼してくれる確率は高まるだろう。[65]したがって相互支援の規範が共有されている集団の一員であるということは、協力関係を円滑にする役に立つ。たとえ相手が見知らぬ他人であっても、その他人が「われわれの一員」であるかぎり、人は互いに協力できるのだ。[66]

ロバーズ・ケイヴ実験

内集団バイアスのもう一つの説明は——進化的に言っても、日常の経験からしても——集団間の「対立」に関係している。限られた資源（土地、食料、金銭、名声）をめぐっての対立と競争は、集団間の敵意や、外集団への偏見と差別を生むことがある。資源をめぐる競争で一つの集団しか勝者になれない場合には、とくに恨みが生じやすい。各種の実験が示しているように、競合する集団のあいだでポジティブな関係が復活できるとすれば、それは全集団にとっての関心事となる「上位」のゴールが設定されているときだけだ。

一九五四年の夏、心理学者のムザファー・シェリフらは、互いに面識のない二二名の少年を集めて、オクラホマ州のロバーズ・ケイヴ州立公園でのキャンプに行かせた。少年たちは意図的に周囲から隔離されたが、何も知らずに楽しい刺激的な毎日を送っていた彼らからすると、そこが常時監視されている世界であるとは夢にも思わないことだった。キャンプの指導員たちでさえ、実は心理学実験の参加観察者だったのだ。

このとき選ばれた少年たちは、ちょうど小学校の五学年を終えたところで、全員が同じような下位中流階級のプロテスタント家庭の出身だった。そのほか知能の程度も、家族構成も、学力も似たようなものだった。調査者はこの少年たちを二つの集団に分け、それぞれの集団があらゆる面で同等になるように——人数でも、運動能力やその他の能力でも、人気度でも、過去のキャンプ経験でも、さらには気質でも——慎重に配慮した。[67] もちろん調査者は、この被験者たちが野生児などではないことをわかっていた。難破した船乗りや南極の科学者と同様に、少年たちもまた、すでに一定の文化の一員だった。たとえば彼らは全員、野球のやり方を知っている。

実験は三週間にわたって、注意深く設定された三つの段階を踏んで進められた。第一段階では、二つの集団がそれぞれ別のエリアで結成され、どちらの集団ももう一つ別の集団があることを知らされなかった。二つの集団はともに自分たちの集団に名前を——「イーグルス」に「ラトラーズ」と——つけ、内集団の連帯感と帰属意識を育むさまざまな活動に手をつけた。みんなでチームTシャツをデザインしたり、食堂への補給品を選んだり、昨今の親を震えあがらせそうな、ほとんど監督の行き届いていないアウトドア活動（たとえばカヌーを水辺まで運ぶのに、ガラガラヘビがうようよしている一帯を通っていくとか）にいそしんだり、といったことだ。

少年たちは集団独自の規範を定め（起床の合図など）、共同活動を好んで行ない（隠れ家探しなど）、そのすべての過程で内集団の結束を大いに高めた。私が幼少期に出会ったブユークアダ島の少年たちのように（第1章参照）、松ぼっくり合戦まで始めていた。最初の一週間のあいだに、集団のメンバーは特定のものや場所（旗や水泳スポットなど）を「俺たちの」と呼ぶようになっていった。どちらの集団も自分たちのシンボルや好きな歌を決め、さらに集団の内部にリーダーとフォロワーからなる地位のヒエラルキーを発達させていった。

やがてラトラーズもイーグルスも競いあうゲームをやりたくなってきたようだったので、調査者は実験の第二段階として、二つの集団を対立の構図に置くことにした。それぞれの集団の指導員はそのメンバーたちに、たまたま近くに別の少年たちのグループがいると話した。イーグルスの一人は最初、たいそう素直に、「たぶんその子たちと友達になれるだろうし、誰かが怒りだしたり恨みを持ったりすることもないだろう」と考えていた。

しかし残念ながら、彼の優しい気持ちは長くは続かなかった。翌日、いよいよ二つの集団が初めて顔をあわせると、たちまち集団間で侮蔑（ぶべつ）的なあだ名つけが始まり、先ほどああ言っていたのと同じ少年が、ラトラーズの一人のことを「汚ねえシャツ」と呼んでいた。[68]

二つの集団は、野球、綱引き、サッカー、テント張り競争、そしてクライマックスの宝探しといった、ゼロサムゲームで競いあった。どちらかというと弱いのはイーグルスだったが、科学者はそちらが勝者となるように操作を加えた。ご褒美にはトロフィーやメダルに加え、ポケットナイフ（男の子が欲しくてたまらないもの）も与えられた。

これらの競争の過程で、両集団はますます相手を嫌うようになり、悪口を浴びせもすれば、仲間うちで外集団のことを話すときの馬鹿にした口ぶりもいっそうひどくなった（これは指導員に扮した科学者が、小屋の奥からこっそり少年たちの会話を聞いての報告である）。彼らの意識を測る方法として、調査者は少年たちに、内集団と外集団がそれぞれ好ましい資質（勇敢、不屈、親切など）や好ましくない資質（ずるい、「気取り屋」、「嫌なやつ」など）をどれだけ示したかを評価させた。どちらの集団のメンバーも、もう一方の集団のメンバーとはかかわりたがらず、相手のことを悪く言った。

この第二段階の終了までに、調査者は目的を達していた。「いまや二つの異なる集団が、まぎれもない不和の状態に入っていた」[69]。実験を主導したシェリフはこう述べている。

この、お互いへの軽蔑的な態度は、被験者たちが実験現場に来たときから持っていた感情や態度があらわれた結果ではない。被験者たちのあいだに民族、宗教、教育など、なんらかの背景的な区別があったゆえの結果でもない。また、被験者個人の生活史になんらかの突出したフラストレーションがあった結果でもなければ、被験者たちの運動能力や知的能力や各種の心理的能力、あるいは性格に、顕著な差異があった結果でもない[70]。

実際、それぞれの集団の内部においても口論や不和はあったのだが、それを考慮してもなお集団間の敵意は顕著だった。

実験の締めくくりとなる第三段階は、現段階で敵対している集団どうしが、必要とあらば外集団へのネガティブな態度を消し去って、協力態勢に入れるのかどうかを確認できるように設計された。

科学者がもくろんだのは、キャンプ場全体に水を供給している巨大な貯水タンクの破壊工作だった。このタンクは平地から一マイルほど坂を登ったところに設置されていた。科学者はまず、タンクの側面についている蛇口を詰まらせた。これは少年たち全員の飲み水を流していた蛇口だ。それからタンクの元栓を締め、その位置を大きな岩で隠した。少年たちは班に分けられ、配管系統を探るべくキャンプ場からタンクに向かわせられた。タンクに到着した時点で、ずっと水を飲んでいなかった少年たちは、実験者のもくろみどおり、非常にのどが渇いていた。そこでさっそく蛇口をひねったが、水は一滴も出てこなかった。

ここにきて一同は、力を合わせはじめた。近くで見つけたはしご（破壊工作犯の心理学者が置いておいたもの）をかけてタンクのてっぺんに上がり、中身が満杯になっているのを確認すると、今度はどうにかして水を流そうと、あらためて協力してことにあたった。その努力が実ったころには、いつしか少年たちのあいだにそれまでのへだたりがなくなっており、ラトラーズとイーグルスのメンバーが混ざりあってトカゲを捕まえたり、木の笛を作ったりするようになっていた。

貯水タンクの一件のあと、科学者は少年たちに協力して映画を選ばせたり（『宝島』が選ばれた）、泥濘にはまったトラックを救出させたりした（トラックにはその晩の一同の夕食が積まれていた）。少年の一人が「二〇人でかかれば引っぱりあげられるよ」とほかの少年たちに言い、その言葉のとおりに全員でそれを果たすと、ふたたび少年たちは互いに背中を叩きあい、優しい言葉をかけあった。

数日後についにキャンプ体験が終わったとき、少年たちの大多数は二台のバスでなく、一台のバスで帰ることを希望した。バスの座席もグループごとにはならなかった。そして集団間の友情をもっと正式に測定してみると、外集団への決まりきったネガティブな見方は薄れており、集団間の友情が高まっていた。

この実験が証明したように、共通の敵を前にして複数の集団がまとまると、ネガティブな態度は減退していく。ＳＦでおなじみの、エイリアンの侵略や隕石衝突の危険が差し迫るとともに民族対立が地球規模で弱まっていく筋書きと同じである[71]。

実際、今日のアメリカで政治的な分極化が進行し、それぞれの党派が互いを悪魔のようにみなして、どぎつい極端な言葉遣いをますますひどくさせているのも、部分的には、ソ連が崩壊して冷戦が終結したことの反映なのかもしれない。国民が共通の敵を持っていたときには、国全体にもっと非公式な連帯感が育まれ、国内政治にもっと礼儀正しさが広まっていた。これは一般原則だ。集団の境界線とそれにともなう内集団バイアスは、なんらかの課題を共有することによって広げられる。その広がりが、もっと大きな規模での協力をうながすのである。

利他行動と自民族中心主義

ロバーズ・ケイヴ実験は、ほかのさまざまな同種の実験とともに、集団アイデンティティが対立の原因になりうることを示している。だが、それはもしかしたら逆なのかもしれない。集団間の対立は集団アイデンティティの結果なのではなく、原因なのではないだろうか？

すでに一九〇六年の時点で、社会学者のウィリアム・グラハム・サムナーは、内集団と外集団の内部での愛憎関係と、集団間での愛憎関係は絡みあっているのだと論じていた。

部外者との戦いという緊急事態は、内部に和解をもたらすものである。戦いに向かう「われわれ集団」を内部の不和が弱めてしまってはならないからだ。……このように戦争と平和は互いに反応しながら、互いを育ててきた。一方は集団の内部において、もう一方は集団間の関係において増強されていく。……集団への忠誠、集団のための犠牲、部外者への憎悪と軽蔑、内部での兄弟愛、外部に対する好戦性——これらすべてが同じ状況の産物として、ともに育っていくのである。[72]

そして一世紀後には、進化論を研究するサミュエル・ボウルズと崔晶奎が、人類の進化的過去において利他行動が生じるには乏しい資源をめぐる集団間の対立がたしかに必要だったことを、数理モデルを用いて主張した。ただしもちろん、もはや今日ではそのような対立が利他行動の前提条件になっていることはない。ともあれ、これらの異なる特徴——利他行動と自民族中心主義、協力と内集団バイアス——は、ともに人類の進化した心理の一部に組み込まれてきた。

命さえ落とすような極端に激しい集団間対立は、私たち人間のあいだには——まさしく全面戦争というかたちで——見られるが、動物界ではきわめてまれである。[73] したがって、人間がいたって友好的で親切な人にもなれるのに、いたって忌々しい暴力的な人にもなれるというのは一種の謎だ。この二元性に近いものを持つ種はチンパンジーしかいない。そう考えると、実は親愛と憎悪にはなんらかの結びつきがあるのかもしれない。人間の進化モデルの数理解析が示すところでは、かつては利他行動と自民族中心主義の両方が出現する条件が整っていた。だが、その場合は——ここに落とし穴があって——つねに両方が出てきていた。[74] この二つは互いに互いを必要としたのだ。

自分の命を犠牲にしてでも内集団のメンバーを助けるのが利他行動であり、一方、外集団のメンバーに対して敵意を向けるのが自民族中心主義（あるいは区域内至上主義(パロキアリズム)）である。定期的な資源欠乏——たとえば旱魃(かんばつ)や洪水による——は、現代の狩猟採集集団における主要な対立予測因子だ（そして原油などの資源の欠乏は、現代世界においてもいまだ有効な戦争予測因子である）。更新世のあいだ（約二五八万年前から一万年前まで）、気候は絶えず変動していたことがわかっているから、私たちの祖先が生きていた環境は、乏しい資源をめぐる争いがときどき起こって、その争いが勇敢で自己犠牲的なメンバーのいる集団を選り好みする環境だったということになる。外集団との対立に勝つために内集団の利他行動を育むことが有益だったのだ。

　ボウルズと崔がつくったモデルでは、利他行動も自民族中心主義も、ともに単独では進化していなかっただろうと示唆されている。これらはおそらく、二つあわせてでないと進化しなかったのだ。人間が他者に対して親切であるためには、「われわれ」と「かれら」を区別していなくてはならないらしい。

　政治学者のロス・ハモンドとロバート・アクセルロッドによる研究も、「あなたが私の背中を掻(か)いてくれたら私もあなたの背中を掻きましょう」式の互恵主義とは別に、自民族中心主義が個人間の協力をうながすことを（やはり単純な数理モデルを用いて）明らかにした。[75] ハモンドとアクセルロッドによれば、各自がそれまでの協力の歴史を何も知らず、ただ集団のメンバーであるかどうかだけが認識できている場合でも、その個体群のなかで最も数を増やした個体は、選択的に自分の属する集団と協力し、他の集団とは協力しない個体だったという。このモデル解析においては、単純に人びとに視覚的な集団マーカーを持たせるだけで、内集団バイアスと選択的協力が生じたのだ。

　このように、内集団バイアスと利他行動と競争との関係を示す証拠はたくさんある。だが、私と共同研究者たち（数理生物学者のフェン・フーとマルティン・ノヴァクを含む）は数理モデルを使って、他集団との競争がない場合でも内集団バイアスと協力が生じるのかどうかを評価してみた。[76] これが実現するためのカギは、個人が自分の帰属する集団を変えられるかどうかに尽きる。流動的な社会的ダイナミクスは、昨日の敵を今日の友に変えることができる。南北戦争時の南軍の将軍だったルイス・アーミステッドの例を考えてみればいい。彼はゲティスバーグの戦いで致命傷を負い、瀕死の状態で、戦場からフリーメイソンだけにわかる秘密の合図を送った。フリーメイソンの誰かがそれに気づいてくれれば、という彼の望みはかなえられ、ヘンリー・ビンガムという北軍の兵士がその合図を受けとった。ビンガムはアーミステッドを介抱し、北軍の野戦病院に送る手はずを整えた。[77] 共通の敵がいなくても、ある集団から別の集団に転じる可能性があるだけで、特定の集団に対する重視の度合いや、その集団の境界線に対する関心の度合いに変化が生じることは十分にありえるのだ。

進化の観点から言えば、流動的な集団帰属は、自分の属する集団を好む傾向が出現する手段をもたらせる。集団アイデンティティへの関心は、集団間対立からでなくても生じうる。他の集団に見られる成功行動を採用できて、その集団に加わることができればいい。逆説的だが、集団のメンバーが自分の属する集団を好み、他の集団を嫌うのに——そして集団の境界線と集団のメンバーであることを大事にするのに——必要なのは、人びとが集団を乗り換えられること、ただそれだけなのだ。

なぜ差別や偏見がなくならないのか

外集団の敵視がごく幼いうちから始まって、年齢を重ねてもほとんど変わらないようであることから察するに、人間の集団間認知の能力は生来的なものであるらしい[78]。これについての追加証拠は、脳スキャン研究から得られる。研究によれば、人間の脳には社会的カテゴリー化をするのに割り当てられた専用の領域があるそうなのだ[79]。すでに見てきたように、どれほど小さな集団でも、集団が存在するだけで内集団バイアスは引き出せる。外国人嫌悪は対立がなくても生じるが、集団間対立は他集団に対する嫌悪を確実に悪化させられる。

だが、他集団に対して強いネガティブな感情を持たずとも、自分の集団にポジティブな感情を持つことは可能である。資源はゼロサムかもしれないが、態度は必ずしもそうではない。研究実験のみならず、いくつかの意識調査でも、人類が今日にいたるまでにたどってきた進化の道のりとは関係なく、内集団バイアスと外集団嫌悪が必ずしも相関してはいないことが示されている[80]。

社会心理学者の山岸俊男らが言うように、「[たとえば]肌の色の異なる人びとをガス室送りにすることとはまったく違う[81]」。心理学者のゴードン・オールポートも一九五四年の名著『偏見の心理』（培風館）において、外集団への態度の幅広さについて同様のことを述べている。

「極端な見方をとれば、外集団は内集団を守るため、そして内集団の内部での忠誠を高めるために打倒しなくてはならない敵とみなされるかもしれない。しかし逆の極端な見方をとれば、外集団はその存在を尊重され、許容され、ことによっては、その相違のゆえに好まれるかもしれない[82]」

とはいえ、内集団の親和性が外集団の敵意をうながせるような仕組みもあるにはある。その一つが倫理的な優越感だ。いくつかの点で、人はつねに自分の属する集団がほかのどの集団よりも親切で、信頼できると感じるため、内集団のメンバーは自分たちのほうが全般的にすぐれているとたやすく信じ込みやすい。集団どうしは相互にさげすみあい、嫌いあう状態のままでも生きていけるから、互いに触れようとしないことで直接の衝突が軽減されるなら、それによって結果的に平和が維持されるかもしれない。

だが、ひとたび接触や交わりが不可避になれば、倫理的優越感を強く持っている集団ほど、激しい憎悪、他集団の奴隷化、植民地主義、民族浄化戦争などに、するりと陥りやすい。権力欲の強い指導者は、内集団のアイデンティティ形成によってもたらされる豊かな土壌を利用して外集団への敵意を積極的に育み、この外国人嫌悪を深めることができる。形勢を傾けるのに多くは要らず、群衆はおのずと進化的に内集団バイアスに傾くだろうから、悪意ある指導者はただ別の集団を指差して、どんなことでも好きにその集団のせいにすればいい。

多くの場合、人種差別や偏見の最悪のあらわれは、外集団憎悪の極端な結果であって、内集団の仲良しの結果ではない。とはいえ、偏見はもっと微妙なかたちでもあらわれる。その場合、問題なのは外集団に対しての強いネガティブな見方が存在していることではなく、ポジティブな見方が存在していないことだ。差別や偏見がいつまでもなくならないのは、思いやりのある寛大な感情――敬慕、共感、信頼、友情など――が内集団のメンバーだけに向けられていて、外集団には向けられていないからなのかもしれない。[83]

観察されてきたこれらの事実から、ある種の逆説も浮かび上がる。独自性と個別性を強調し、個人的な特定の関係にもとづいて友情を育める豊かな土壌を提供している社会ほど、実際には、人間ならではの共通の属性が容易に認められる社会になっているのかもしれないということだ。啓蒙主義の哲学者たちが個人一人ひとりの特別な価値を力説しながらも、それと並行して、人間の普遍的な尊厳という概念も強調したのは、ただの偶然ではない（ただし後者は――少なくとも最初においては――すべての階級の人間に適用されたわけではなかったが)。

実際、比較文化研究の成果から、内集団バイアスも、「われわれ」と「かれら」との区別の重視も、集団帰属の重要性を強調して個人を集団に組み込もうとする集産主義社会(共産主義社会も含めて)においてのほうが、自主性を重んじる(そして社会的相互依存が比較的少ない)個人主義社会においてより、顕著に見られることがわかっている。[84] 同じように、個人がみずからのアイデンティティをしっかりと身にとえて、なおかつ一定の枠にとらわれずにいられる社会ほど(たとえば宗教面で相容れない人々が同一の政党に所属できるなど)、それだけ部外者を、ひいては誰をも許容できる社会になるのだ。

普遍的なバイアス

人間はしばしば自然界を二項対立で解釈する(これ自体が生来的な傾向なのかもしれない)。人類学者のクロード・レヴィ＝ストロースは二項対立的な捉え方のことを(男性/女性、善/悪、熱い/冷たい、保守/リベラル、人間/動物、肉体/魂、生まれ/育ち、等々)、人間が自然界の複雑さと折り合いをつけるための最も単純で、最も広く行き渡った方法の一つであると論じていた。[85] 当然ながら、このカテゴライズ傾向は社会生活にも適用されて、われわれとかれら、友と敵とが、はっきりと区別されることになる。

友情関係は基本的なカテゴリーであり、哲学者のラルフ・ウォルドー・エマソンなどはいみじくも、「友は自然のつくった最高傑作とみなせるだろう」と述べている。[86]

しかしながら、これまで科学者は、人類という種の生活に友が果たしてきた役割をないがしろにしがちだった。血縁関係と婚姻関係に注意が集まりすぎて、それらよりもずっと数が多いにもかかわらず、血のつながりのない友との関係がぼやけてしまっていたのだ。だが、そもそもこれらの友達は、私たちが形成し、そのなかで暮らす社会集団の主要メンバーなのである。[87]

実際、友情と内集団バイアスは普遍的なものだ。友情関係は、その性質においても数においても、世界中を通じて似通っている。したがって、人間がつくる社会的ネットワークも結果的に似通っている。友情には明らかな遺伝的履歴があり、その発達経路も世界中で一定だ。そして世界のどこででも、人は集団を形成しては、たとえそこに自分の嫌いな人が含まれていようとも、その集団をほかの集団より好ましく思うようになる。

こうした人間の普遍的な要素（ヒューマン・ユニバーサル）は、おもに、私たちが種として共有する進化的過去の結果として生じている。遠い昔に働いていた力と環境が、ある一定の思考と行動に向かう人間の心理を形成してきたように、人間の交流も同様の力によって、ある一定の型に向かいやすくさせられてきた。もちろん、どういう友の選り好みがふさわしく、どういう内集団が適切なのか（そして内集団のメンバーたるためには何が必要なのか）は、絶えず文化によって定められる。

これまで見てきたように、この普遍性の起源を理解するには、集団間の比較や競争を呼び起こす進化的枠組みを考慮しなくてはならない。それを抜きにしたら、内集団バイアスについての解釈は、ただの同意反復的（トートロジー）な、ある種の自己満足的な予言と変わらないものになってしまうだろう。つまり、内集団バイアスは人びとに自分の集団のメンバーに対して親切にふるまわせるから、それがひるがえって内集団の優越性の裏づけとなり、友達を得るなら内集団からが望ましいとなる、という考えだ。

しかし進化的な視点を採用すれば、普遍的な感情のすぐそばにある直接の原因でなく、最も遠いところにある究極の原因を見つけられる。他集団のメンバーが脅威を及ぼすのなら、彼らが何者なのかを見抜けるようになるのは理にかなったことだろう。その結果、集団所属を見分けるための認知ツールを好む進化が働いて、やがてはそのプロセスが本能的なものになる。「かれら」よりも「われわれ」のほうがよい友達である公算が少しでもあるならば、「われわれ」と「かれら」を区別できる能力を進化させるのが有利なことだったはずだ。

集団で生きることには、単独で生きる場合とはもちろん、一夫一妻で生きる場合ともまた違った難しさがある。人間は生存戦略として集団生活を採用した。そして、その（社会的）環境でできるだけうまく生きていけるように、たくさんの適応を（身体的形質や本能的行動も含めて）果たす一方で、単独生活に適した適応は放棄した。このトレードオフにより、人間は地理的にとてつもない範囲に広まって、地球上の支配的な種になることができた。

自分の生きる物理的環境をそっくり背負って移動するカタツムリと同じように、人間もまた、友達と集団からなる社会的な生息環境をどこに行くときでも保持している。この社会的な保護殻に包まれていればこそ、私たちはとんでもなく多種多様な条件下で生存できるのだ。つまり私たち人類という種は、友情、協力、社会的学習に依存するよう進化したわけである――たとえこれらの麗（うるわ）しい資質が、烈火のような競争と暴力から生まれたのだとしても。

人類という種に見られるこれらの形質がまさしく普遍的であることは、第7章で見たように、これらが霊長類からゾウにいたるまで、ほかのさまざまな社会的動物に遍在していることからも証明される。連携を築いたり認識したりする能力は、社会的動物にとって必須のものであり、ある個体を友か敵か、自分の集団の部内者か部外者かに類別する能力は、正しく連携をとるのに絶対に欠かせない認知技能なのだ。

そう考えれば、人間に存在するバイアスと偏見は、この有益な能力の別方向に進化した一形態だとみなせるだろう。この見方はあらためて、自然なものはなべて必然的に善であるという誤謬(ごびゅう)にだまされてはならないことを教えてくれる。外集団憎悪は自然なものかもしれないが、それでも正しいとは言えないだろう。私たち人類は、連携をすばやく感知して維持するための認知システムを進化させた。だが、このシステムが乗っ取られ、卑劣な行動の基盤を形成するのに使われることもある。

たしかに私たちは全般に、自分に似ていない人よりも似ている人を好む傾向がある。友を愛し、敵を憎む傾向がある。そして自分の属する集団を大事にし、他の集団を悪(あ)しざまに言う傾向もある。

だが、ここで見るべきは、それらを含めての、もっと広い全体像だ。私たちは友好的で、親切であり、そうなるように自然選択が私たちの心理を形成したのだ。社会性一式の一部であるこれらの特徴は、協調して働いている。これらを土台にして、私たちは他人と協力し、互いに教え、教わることができるようになる。

私たち人間は、個々の区別がつかなくてもかまわないウシの群れのような集団で生きるよう進化したのではなく、ネットワークのなかで生きるよう進化した。そこではつねに個人が他の個人と特定のつながりを持ち、その他人を知り、愛し、好きになっていくのだ。

第9章　社会性への一本道

一九六〇年まで、リウマチ熱などが原因で心臓弁が機能しなくなってしまった患者には治療の選択肢がいっさいなく、そうなったら死ぬしかなかった。人間の心臓には四つの弁があるが、罹患すると、これらが過度にきつくなるか、もしくは過度にゆるくなる。どちらにしても、かつては医者にできることはほとんどなく、せいぜい弁がふさがれているなら患者の胸を切開して、指でやみくもに開口部を広げるくらいしかできなかった。この処置にしても、効果はといえば、ケーブル接続の悪いテレビを叩いて直すのと同程度のものだった。

したがって、ついに一九六〇年、外科医のアルバート・スターと航空宇宙工学者のローウェル・エドワーズによって機械式の心臓弁が発明されたのは大きな前進だった。彼らの最初の患者は三三歳の女性だったが、人工心臓弁を装着してから一〇時間足らずで死亡した。気泡が血流に入り込んだためだった。しかし、次の患者となった五二歳のトラック配車係は、自宅のペンキ塗りをしている最中にはしごから落ちて亡くなるまで、一〇年以上も人工心臓弁で生きながらえた。[1] 数年のうちに、何千何万という患者が人工心臓弁によって症状を改善され、命を救われた。この種の弁は（さまざまな改良を重ねて）今でも広く利用されている。

ただし、スターとエドワーズが発明した弁には、一つ問題があった。患者の血流に異物を挿入すると血液の凝固が誘発され、そうしてできた血栓が心臓から抜け出して、動脈を通って脳や腎臓（じんぞう）に移動し、脳卒中や腎不全を引き起こすことがあったのだ。それを防ぐには、患者に生涯にわたって抗凝血剤を投与しなくてはならない。だが、この投薬によって患者は深刻な内出血を起こしやすくなり、そもそもの血栓や、おおもとの心臓病が原因で亡くなるのと変わらない確率で死にいたる可能性があった。

そこで一九六四年、フランスの若い外科医アラン・カルパンティエが、もっと自然なものを機械弁の代わりにできないものかと研究に乗り出した。人間の死骸から持ってくるのでは得られる弁の数が少なすぎるため、カルパンティエはさまざまな動物の解剖学的構造を調べた結果、ブタの心臓弁を利用することに決めた。それは大きさと形態構造が、人間の心臓弁によく似ていたからだ。しかし動物の組織を人間に移植するとなると、また別の問題が生じた。そのような異物は激しい免疫反応を呼び起こしたのだ。そのため、ブタの心臓弁をどうにかして免疫学的に不活性にしなくてはならなかった。

カルパンティエは最初、水銀を利用してこれを試してみたが、最終的に、グルタルアルデヒドという化合物を使うとブタの組織をうまく固定させられることがわかった（この技法は現在でも使われている）。さらにカルパンティエは、移植前のブタの心臓弁を滑り込ませるテフロン加工の金属フレームも考案した（この金属は血流の通りを邪魔しないため、問題を起こすことはなかった）。カルパンティエはこの異種人工器官を生体弁と称した。

一九六五年、カルパンティエらは人間の大動脈弁をブタの弁と置換することに初めて成功し、それから一カ月のうちに、さらに四人の患者がこの外科手術を受けた。[2] いまでは毎年何万人もの患者に普通にブタの弁が移植されている。それはひとえに人間の心臓の構造が、われらのドナーたるブタのそれに非常によく似ているからなのだ。[3]

動物界との連続性

ほとんどの動物は、人間も含めて、左右対称の体制(ボディプラン)〔訳注：動物の身体の基本構造〕を持っている。それはいたって普通のことなので、いまさらそれをすごいとは誰も思わない。

また、ほとんどの脊椎(せきつい)動物は、人間のものと驚くほどよく似た心臓や肺などの器官を持っている。これらがあまりにもそっくりなものだから、ときに動物は人間の身代わりとして使われることがある。たとえば人体構造を学ぶのにカエルを解剖したり、調合薬の試験をマウスで行なったり、人間の糖尿病を治療するのにウシのインスリンを利用したり、機能障害のある人間の心臓弁をブタの心臓弁に置換したりするのである。

私がまだ医学部の学生だった一九八五年、学部では生体構造や麻酔や外科手術を学ぶのにイヌを使っていた。それから三〇年以上が経った現在では、適切なことに、もはや医学部でイヌを手術することはなくなった。しかし当時の私たちは不器用な手つきでそうしたことをやっていた。私は今でも――猛烈な申し訳なさとともに――思い出す。廃棄物用コンテナにイヌの死骸を落としたときの、どすん、というあの音を。私たちはそのイヌで、指示された脾臓(ひぞう)切除手術をやったのだ。そしてもちろん、そこでへまをやらかした。

だが、人間と動物が似ているところは、こうした身体の構造と生理だけではない。昨今では世界中の研究所が（人道的に）イヌを使って動物の認知や情動を調べている。その知見から、人間の認知や情動について洞察を得ようというわけだ。人間は動物とは違うのだという従来の二項対立的な見方が、徐々にではあるが着実に、人間と同様の行動が人間以外にも無数に見られるという認識に変わりつつある。イヌはもちろん、ネズミでさえも共感を知っている。カラスとワニとハチは道具を使う。ゴリラは言語を使う。チンパンジーとゾウは友情を育む。

　これらの能力は、人間の能力とまったく同じではないにしろ、やはり私たちはこれに驚き、たじろいでしまう。自分たちが動物界とまったくもって地続きであることに気づかされるからだ。この連続性に気づいてしまうと、動物の筋肉も脳によって動かされていること、その筋肉を私たちは食べていて、その脳には思考も感情もあるのだということを無視するのはますます難しくなる。私たち人間と動物界とをへだてる障壁が崩れた時点で、人間は動物と違うどころか、人間のほうがすぐれていて支配的なのだという言い分もがらがらと瓦解する。

　人間の社会的行動と動物のそれとが似ているという考えは、とくに目新しいものではない。たとえば人間の社会とアリの社会の類似性は、古代から言われてきたことだ。ホメロスの『イリアス』でアキレウスが指揮する獰猛な戦士たちは、ミュルミドンと呼ばれていたが、これはギリシャ語で「アリ」を意味する。その後もアリ社会はずっと科学的な研究と大衆的な関心の的になってきて、とくに一九六〇年代に生物学者のE・O・ウィルソンが画期的な研究を行なってからは、いちだんとその関心が高まった。[4]

　ただし人間の社会性は、昆虫のそれとはかなり違っている。[5]アリ、ミツバチ、スズメバチ、シロアリのような社会性昆虫の組織は、極端な分業制をとっている点や、コロニー内のほぼすべての個体が不妊であるという（何より重要な）点において、人間の組織とは異なっている。加えて、社会性昆虫のコロニーのメンバーはみなクローンであり、したがって遺伝的に同一である。[6] 前にも見たように、ＳＦ作家は昆虫社会を人間社会と対比して、不穏な鏡像のように描いたりもする。

人間の社会的行動との共通点ということなら、もちろん昆虫よりも、初期人類や霊長類のいとこたちのほうがずっとたくさん持っている。だが、すでに見てきたように、霊長類以外の哺乳類――ゾウやクジラなど――も、友達を持つなどの似たような行動を独自に進化させてきた。このような遠く離れた系統の種が、同じ基本的な社会性のありかたに収斂してきたのなら、それこそこの形質パターン――社会性一式――が適応的で、一貫していることの証明だろう。

人間の眼とタコの眼が似ている理由――収斂（しゅうれん）進化

人間とチンパンジーの最終共通祖先が生きていたのは約六〇〇万年前だが、人間とクジラの最終共通祖先が生きていたのは約七五〇〇万年前で、人間とゾウの最終共通祖先が生きていたのは約八五〇〇万年前だ（つまり私たちはゾウよりもクジラと近い類縁関係にある）。[7]

しかし、人間とゾウやクジラの共通の祖先だった哺乳類は社会的な生活をしていなかったのだから、これらの種はどれも集団生活の課題に対し、独立して同じような解答にいたったということになる。前にも触れたが、これは「収斂進化」といって、まったく異なる種において似たような構造や行動戦略が発達することだ。この過程は、たとえば空を飛べるといった――コウモリと鳥類に見られるような――一般的な能力にあらわれることもあれば、アルマジロやセンザンコウに見られる防御のための鱗（うろこ）や、体を丸めるくせなど、もっと限定的な生体構造や行動特徴にあらわれることもある。さらに、収斂進化はきわめて微細なレベルでも起こる。視覚にかかわる細胞内タンパク質がミバエにも人間にも同様に見られるといったケースだ。

通常、収斂進化とは、似たような進化的ニッチを占めている動植物に似たようなボディプランが進化することをいう。アリクイとツチブタは、穴やシロアリ塚にもぐりこませるための並外れて長い舌を進化させた。反響定位はコウモリやイルカ、さらにはある種のトガリネズミなどにおいて、何度も独立して進化している。[8] オーストラリアの有袋類は、穿孔動物や草食動物や肉食動物に適したおなじみの生態的ニッチを埋めるための体形と行動を進化させた。結果として、シカの代わりにカンガルーが、キツネの代わりにタスマニアデビル（フクロアナグマ）が、ウサギの代わりにワラビーが、ウッドチャックの代わりにウォンバットがその地位を占めるようになった。ニュージーランドの象徴的な鳥であるキーウィは、毛皮のような羽と、太い骨と、穴を掘って棲む生活様式を進化させ、世界のほかの地域では齧歯類によって占められている生態的役割を果たしている。

おそらく収斂進化の最もよく知られる例は、カメラ眼だろう（図9・1を参照）。人間の眼は構造的にタコの眼に似ているが、人間とタコの最終共通祖先が生きていたのは七億五〇〇〇万年前で、おそらくその祖先は体表面にきわめて単純な一片の組織を持っていただけで、せいぜい光の有無ぐらいしか感知できなかったと思われる。

当然ながら、このように独立して進化した構造が、まったく同じであるわけはない。たとえばタコの眼には、人間の眼にある盲点がない。これはタコの網膜のほうが鋭敏に進化したためで、タコにおいては光を検出する細胞が網膜の最上層にあり、しかも前向きになっているが、人間の場合はその細胞が網膜の下層に収まっている。また、タコの眼には角膜もない。これは一つには、脊椎動物の眼が脳の露出部として

図 9.1　脊椎動物の眼とタコの眼

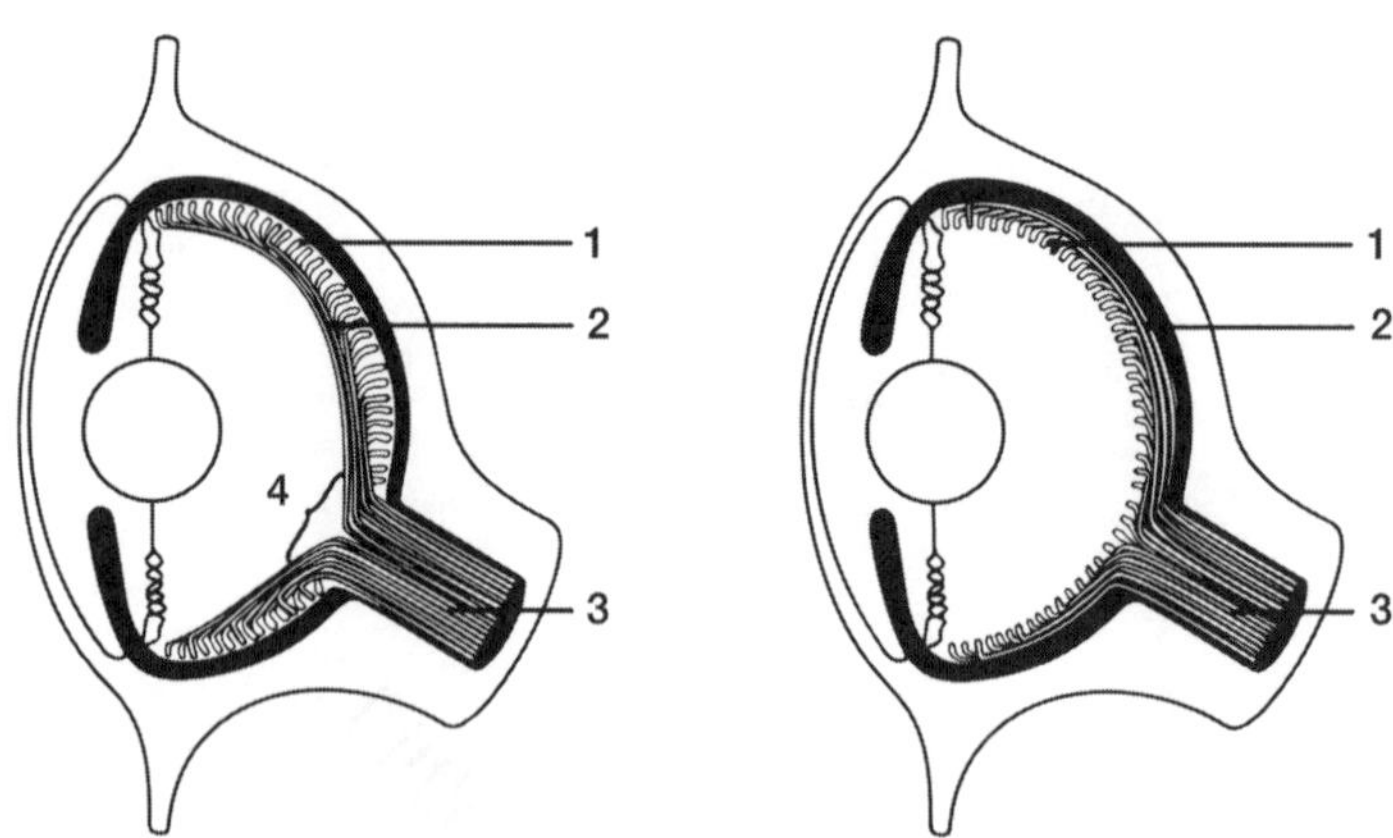

脊椎動物の眼（左）とタコの眼（右）は、構造の特徴に多くの共通点を持つが、それぞれはまったく独自に進化したものである。いくつか違うところもあり、たとえばタコの眼には視神経乳頭（左側の4）がない。これは網膜の層（1と2）の位置が異なっているためだ。3は視神経をあらわす。タコには角膜もない（図には示されていない）。

進化したのに対し、頭足類の眼は皮膚から押し込まれているためだろう。

独立しての眼の進化は、異なる種において少なくとも五〇回は起こっている。まるで生物は光を見ずにはいられないとでも言っているかのようだ。この不気味な収斂を前にして、一部の科学者はそこに「つねに背後からのぞきこんでくる目的論の亡霊」を見る。進化にはなんらかの目的があるのか、あるいはひょっとするとデザイナーがいるのか、というおなじみの問題のことである。[9] 科学的に言えば、進化はなんの「思惑」もなく展開する。偶然の突然変異と予測不能な環境の変動にただ反応するだけだ。

とはいえ、収斂進化は別の奥深い疑問に光を当てる。たとえば、そもそもなぜ動物は知能を持っているのか？

古生物学者のサイモン・コンウェイ・モリスによれば、生命はひとたび出現すると、いずれ必ず知能までのぼりつめる。いかなる環境においても、それが必然的な解答であるからだ[10]。モリスはこう述べている。

「大きな脳は、少なくともある種の状況下では、おそらく適応として有益なのだろうし、単にたまたま一瞬だけ輝かしく現れて、いずれおのずと混沌とした進化のるつぼに帰してしまうようなものではない[11]」

知能は――そしておそらくは意識も――いつか生じるのが必然なのである。

さまざまなところに見られる収斂進化の証拠からして、もし私たちが地球上での生命の始まりに逆戻りし、あらゆる激動をもう一度初めから経験できたとしても、おそらく今と同じ特徴をかなりの割合で備えることになるのだろう。それどころかモリスに言わせれば、どこか遠くの恒星のまわりを回っている、地球によく似た環境の惑星の生物に、同じような特徴が見られる可能性さえあるという。手足とカメラ眼を持っていて、コミュニケーション技能と知能を備え、さらには社会的組織も有している、そんなおなじみの生物がうようよしている系外惑星も、ひょっとしたらあるのかもしれない。

ただ、すべての科学者がそう思っているわけではない。有名なところでは進化生物学者のスティーヴン・ジェイ・グールドが、もし進化の歴史を最初からやりなおしたら、結果はまったく違うものになるだろうと主張した。グールドの見方では、歴史の偶然性と無作為のできごとが、とうてい無視できないほど大きな役割を占めていた（たとえば大量絶滅は、およそ六〇〇〇万年ごとに地球に衝突する巨大隕石のせいで起こるというような[12]）。

この件について意見が分かれるのは、問題にしているのがどの程度の収斂なのかに関係しているからでもある。たしかに収斂進化の結果として、まったく同一の構造が現れるなんてことはありえない。しかし基本的に重要なのは、生きていくうえで同じような課題――たとえば社会的に生活するという課題――に直面した場合、動物の種はそれなりに同じように進化するだろうということだ。そう考えれば、類人猿とゾウとクジラの社会的生活がとても似通っていることの説明がつく。

もちろん第4章で貝殻の形状を例にして見たように、実際に生じる進化の結果は限られている。進化の軌跡は環境そのものに制約を受ける。どんなところにでも光があれば、生物は何度でも眼をつくる方法を見つけるだろう。逆に、もし暗闇しかないのであれば、眼がつくられることはない。

環境は明らかに自然選択に決定的な影響を及ぼしている。この事実に関連して私がいつも思い出すのは、生まれ育ったギリシャの漁村のことだ。成長して故郷の外にいろいろと足を伸ばすようになってから、私は思いもかけないところにギリシャの漁村によく似たものを発見しては、そのたびに首をかしげた。カナダのノヴァスコシアにも、香港にも、ブラジルにも、カリフォルニアにもそれがあった。明るく彩色された家屋が立ち並び、居住区のすぐ隣に舟や網や仕掛け罠があって、波止場の付近には小さなタベルナがあり、道路は細く、曲がりくねっている——すべて見知った懐かしいものだった。世の人びとはみんなギリシャの漁村を築きたがるのかと思ったほどだ。

しかし考えてみれば、漁村の果たす機能はどこでも同じわけだから、どこの漁村も同じような形態に収斂するのは当然なのだ。漁民ができるだけ容易に舟で海に出ていけて、獲物といっしょに安全に陸に戻れて、塩気と風と湿気の強い条件のもとで用具を維持できて、海のそばに住むという危険と折り合いをつけられる——こういうことを可能にするように漁村はできている。

ほかの側面と同様に、生物の社会的行動も現れるべくして現れて、類似した方向に収斂していく。だが、似たような形態の社会生活が繰り返し進化してきたのだとすると、この類似性はどのようにして生じたのだろう?

社会生活の出現は、また別のことの基盤になっている。つまり、ある生物種が社会的であればあるほど、その種はいっそう社会的になっていくのだ。動物の社会的交流がその動物のいる環境の重要な特徴であるかぎり（通常そうであるように）、非社会的な生活から社会的な生活へと進化的に移行していくなかで、フィードバック・ループが生じる。社会的な動物は社会的な環境を（社会性一式のもろもろの特徴とともに）生み出すようプログラムされており、そこへさらに自然選択が働いて、その特定の環境に対処するのに最適化された認知などの形質を選び取っていく。このフィードバック・ループが働きだすことで、最適な解答への急速な収斂が起こりうる。

これは言うなれば、カタツムリにとって最も適応的に見合った環境がカタツムリ自身の殻であるようなものだ。カタツムリはその殻を自分でつくってもいるわけだから、みずからの未来への種をみずからの内部に持っている。カタツムリは殻を形成するが、進化の過程では、殻がカタツムリを形成するとも言えるのだ。

言い換えれば、ひとたび社会的になる道を進ませられた時点で、異なる動物の種は似たような社会生活へのプランに収斂していった。ある意味で、こうなった理由は、あらゆる社会性動物がまったく同じ環境に適応するからである。その同じ環境とは、自分の種のほかのメンバーが存在しているということだ。動物は自分と同じようなほかのメンバーのことを考慮しながら、ほかのメンバーといっしょに生きていかなくてはならない。私たち人間がゾウと共通して持っている環境とは、人間が巨大な草食性のサバンナの住人であるということではなく、人間が同じ種のほかのメンバーと個人的に交流しながらいっしょに生きているということである。

さらに言えば、私たちはこの非常に重要な社会環境をどこへ行くにも持ち歩いている。そのため、この環境がつねに私たちに影響を与え、つねに人間という種の進化を形成している。最も関係のある進化圧が社会環境であるのなら、その進化圧は霊長類にもゾウにもクジラにも、ほかの哺乳類にも同じように作用して、同じような結果を生み出すだろう。

第7章と第8章では、友達をつくる能力がどのようにして、さまざまな種やさまざまな社会に共通する一定の数学的性質を持った社会ネットワーク構造を生み出すことになるのかを見てきた。そこで今度は、社会性一式のほかの側面——個人的アイデンティティ、協力、階層性、社会的学習——がどのように組み合わさって、よい社会の核心をなす青写真を形成したのかを考えていこう。

人間の「顔」が進化した理由

自分を他人と区別できて、違いを見分けられるのは当たり前のことと思うかもしれないが、自分の個人的アイデンティティを持ち、他人の（とくに自分の配偶者や子孫以外の）個人的アイデンティティを認識できる能力というのは、実は動物界ではほぼ見られないものである。動物としては外見に差異などなくてもよく、ましてや個性の区別も要らないし、違いを見分けられなくたっていっこうにかまわないのだ。[13]

顔の認識は、人間の社会的、性的な交流において重要な部分を担っている。[14] 医学的には顔を認識できない症状を相貌失認（そうぼうしつにん）というが、これは深刻なハンディキャップである。[15] どこかのバーでかつての恋人とばったり出くわして、前にお会いしたことがありましたっけ、と訊かなくてはならない状況を想像してほしい。相貌失認を抱えた人にとっては、そんなことが日常茶飯事なのだ。なかには自分の親さえ認識するのに苦労する人もいる。ある患者は顔を見ることを、夢を見ているような感じだと表現する。

「瞬間的にはものすごく鮮明なんですが、目をそらしたとたん、ものの数秒でふわっとぼやけていくんで

図9.2　人間とペンギンにおける外見の差異と個人的アイデンティティ

人間の顔立ちは実にさまざまで、フィンランド人のような遺伝的に均質な集団においても、その多様性は顕著に示されている。左の図（A）はフィンランド人の男性兵士６名の肖像で、一人ひとり明らかに見分けがつく。対照的に、たとえばオウサマペンギンなどは、見かけがはるかに均一だ。オウサマペンギンは視覚的な信号を使って個体を認識してはいないものと見られるが、その代わりに、声の出し方がそれぞれの個体ではっきりと異なっている。

す[16]」

しかし顔を認識できることは、ここで論じる問題の片面にすぎない。もう一方の片面は、顔が一人ずつ違っていなければならないということだ。人間の体のほかの部位とくらべると、人間の顔はめっぽう変化に富んでいて、見分けがつきやすい。友達の手やひざの写真を見ても、それが友達だとはなかなか認識できないだろうが、顔の写真なら認識に困ることはまずないだろう[17]（図９・２）。

個別性を表現したり認識したりする能力は、その能力が有益なときに進化する。動物が他者のアイデンティティを認識するのに利用する特徴は、二つのタイプに類別される。一つは「手がかり」で、もう一つは「信号」だ。

アイデンティティの手がかりは、それによってある個体をほかの個体と区別できるようにする表現型（外面的形質）だが、それ自体が持ち主に生存上の有利さを与えることはない。たとえば人間の指紋は唯一無二のもので、個人を特定するのに利用できるが、それを知らせるために進化したわけではなく、人間は普通、指紋の模様を頼りにして人を見分けたりはしない。[18] したがって指紋はいざというときの手がかりにすぎず、あらゆる人の眼のなかにある微小血管の唯一無二の模様にしても同じである。

一方、アイデンティティの信号は、個人の認識を容易にする役割を持つかたわら、動物の生存の後押しもしている表現型である。誰かに人違いで攻撃されたくないとき、自分がほどこした親切にきちんと報いてもらいたいとき、自分とセックスしたことを忘れないでもらいたいとき、親に自分が子供であることをしっかり認識してほしいとき、人はなんとかして「これは私です、ほかの誰かではありません」ということを示す必要がある。[19] そのためには、これに関連する表現型が多種多様にわたっていなくてはならない。さもないと違いが明確にわからず、記憶にも残りにくくなる。

だから実際、人間の顔の形質は、体のほかのどんな部位より多様性に富んでいる。また、顔の細かい造作はすべて個人のアイデンティティを伝えるのに役立つだろうから、できるだけたくさんの形質の取り合わせを持っていたほうが、あらゆる顔が唯一無二になりやすくなるという点で有利である。それこそ目と目の離れ具合から、耳の形状、髪の生え際の位置、ほお骨の高さにいたるまで、顔のあらゆる側面をできるだけ多くのパターンで組み合わせられれば、個人を唯一無二の人物として特定できる。そしてだからこそ、これらのさまざまな顔の特徴は、互いに関連づけられるものであってはならないことになる。[20]

例として、目と目の距離と、鼻の太さという二つの形質で考えてみよう。たとえば右目と左目の離れている人がつねに幅広の鼻を持っているとすると、この二つの特徴それぞれの伝える情報が冗長になり、選択肢が二つしかなくなる。離れた両目に太い鼻、もしくは寄った両目に細い鼻だ。

顔を識別しやすくするために選択肢を増やすという観点で見れば、これらの特徴は相関していないほう

図9.3　顔の特徴(鼻など)と顔以外の特徴(手など)における寸法の相関

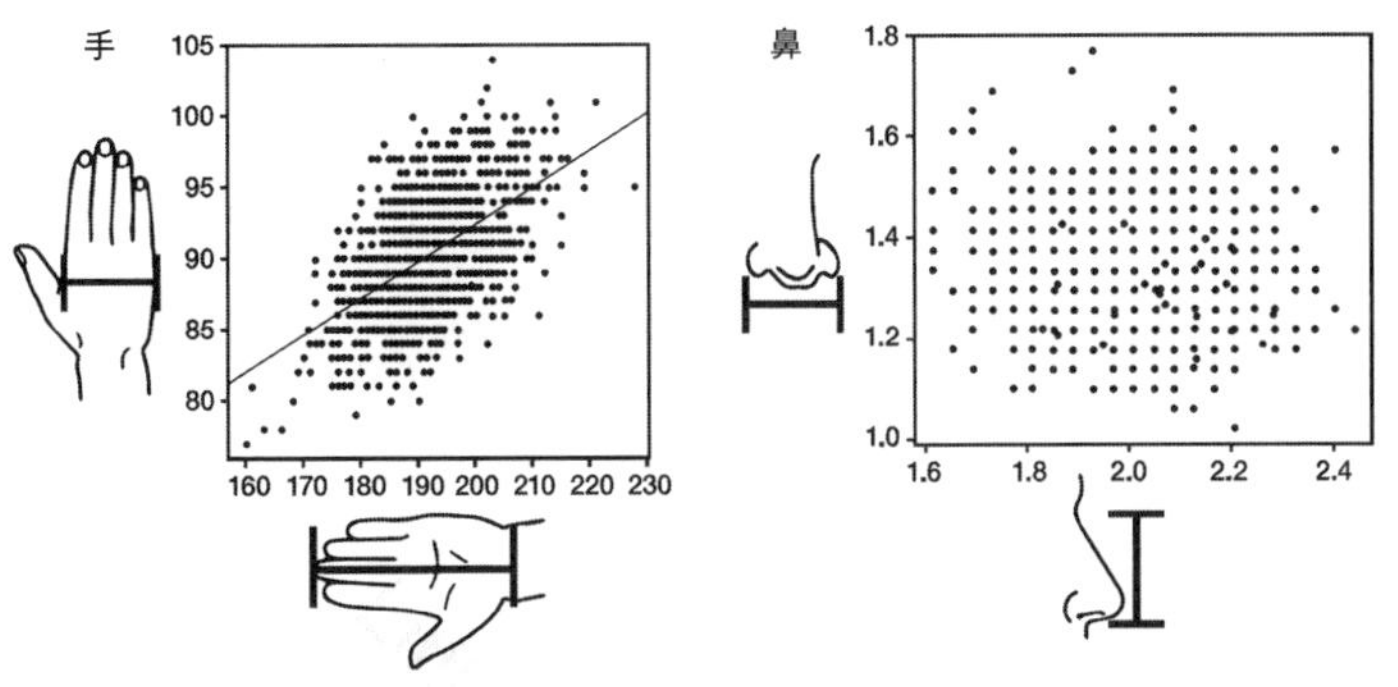

人間のサンプルの手と鼻それぞれの長さと幅の測定値を比較したもの。アメリカ男性軍人の部位の測定寸法が散布図で示されている。手を含めて、大半の身体部位は大柄な人ほど寸法が大きく、妥当なことに、個人の手の幅と長さは相関している。左の図の直線は、相関関係が有意で正であることを示す。つまり幅の大きい手ほど、長さも大きい。対照的に、右の図では鼻の幅と長さが相関していない（右の図には直線もない）。

がいい。相関していなければ、ありうるタイプは四つになる。離れた両目に太い鼻、離れた両目に細い鼻、寄った両目に太い鼻、寄った両目に細い鼻だ。検討すべき形質がこの二つだけでなく、もっとたくさんあるとすれば、人間の顔の細部はまさしく果てしない数の配置に組み合わされるはずだ[21]（図9・3を参照）。

人間の顔のバリエーションはかくも重要なわけだから、個人を特別に見せる希少な表現型は、自然選択に好まれるのが筋である。したがって、顔の特徴をコードする遺伝子には実際に豊富なバリエーションがある。対照的に、たとえば膵(すい)酵素のような、たいして違いのいらない形質をコードする遺伝子にはバリエーションが少ない。どんな膵臓も理想的にはすべて同じ働きをするべきなのに対し、顔の場合、理想的にはすべてが違って見えるべきなのである[22]。ただし誤解のないように言っておくが、生物における個別性は（それが顔であろうと、性格であろうと、ほかのどの特質であろうと）、遺伝子以外の理由でも生じうる。[23]

人間の顔は男性と女性とでも違うし、若者と老人とでも違う。ということは、顔の違いが進化したのには複数の目的があったのだろう。たとえば母親が自分の子供の顔を認識できることが、子供が赤ん坊のときには非常に重要でも、成長してしまえばそれほど重要でなくなるのなら、人間は発達の初期段階では区別のつく顔を持っていて、成長とともに均一な大人の顔に変化するよう進化していてもよかったはずだ。あるいは同じように、顔の違いは個人の繁殖期のあいだ、すなわちパートナーが相手を認識できることが重要な時期にだけ現れるように進化してもよかっただろう。ところが、実際はそうでない。個人を認識することは人間の生涯を通じ、多くの状況で必要となる大切なことなのだ。[24]

顔立ちの豊富なバリエーション、顔のさまざまな特徴のあいだでの相関関係のなさ、顔の特徴をコードする遺伝子に確認されている多様性——これらすべてが、アイデンティティの信号として顔が使われていることを示している。人間の顔は生存上の有利さをもたらしているからだ。

これは、もう一つの重要な考えの補強にもなっている。人が人とどう交流するかが、最終的に遺伝子に影響を及ぼすという考えだ。人間の社会的交流は、人それぞれの顔の特異性を必要とし、その特異性から利を得ている。この社会的交流が、顔立ちをコードするゲノム領域に多様性を維持することにより、人がどのような遺伝的差異を持つかに影響を及ぼしうる。進化の期間を通じて、人間の社会的交流は私たちの心理だけでなく、私たちの体まで形成してきたのである。

自己と他者

血縁以外との協力関係から利を得ている種であれば、個別性を認識できることはとくに有益だ。誰が誰なのかわからなければ、過去に自分に親切にしてくれた人を覚えていられないし、未来に自分と協力してくれそうな人を察することもできない。前に食べ物を分けてくれなかった人や、勘定が来たとたんにこっそりテーブルから立ち去ってしまった人とのつきあいを絶つこともできないだろう。もし自分の血縁としか交流しないのであれば、その相手は自分と遺伝子を共有しているわけだから、こういう問題は生じないかもしれない。たとえ相手が返礼をしない人であろうとも、第7章で見た血縁選択の原理にしたがって、選り好みをせずに全員を助けてやればいいだけだ。しかし、血縁以外の人びととの協力を円滑に進めようとするならば、アイデンティティは非常に大事だ。それがずるいことを減らすための一手段となるからである。

社会的な複雑さが増すにしたがって、種のメンバーを個別に認識し、記憶することの利点はますます際立ってくる。友情関係や同盟関係を維持して、敵対関係を認識し、階層構造に注意を払う――こうしたことが必須となるのだ。[25]ジェーン・グドールは若いころ、ゴンベ国立公園のチンパンジーの研究で、こうした認識能力を何度となく目撃した。チンパンジーは互いの発声によって個体をしっかり識別できていたのだ。[26]その後の実験室環境での研究でも、類人猿がさまざまな信号を利用して個体を識別することが確認されている。[27]

ある巧妙な実験では、五頭のチンパンジーと四頭のアカゲザルに、面識のない同種の仲間の顔写真をいくつも見せて、そのなかから同じ個体を見つけさせた。チンパンジーもアカゲザルもこの課題を達成できて、チンパンジーにいたっては、二度目の顔写真テストで八二パーセントの正答率を挙げた。もう一つの実験では、動物たちを自然環境にいるときと同様に、視覚的にさまざまな方位、さまざまな配置に並べたが、それでも動物たちは同種のメンバーそれぞれを見分けられた[28]。リスザルを使ったある研究では、見せられたサル（もしくは人間）の顔になじみがあるかどうか、また、その顔の社会的地位が高いか低いかによって、脳の電気活動の強弱に差があることが明らかにされた[29]。一部の霊長類は、互いに面識のない血縁二体をかなりの精度で合致させることまでできた。これは私たち人間が、一度も会ったことのない二人の男性を兄弟であると看破できるのと同じだろう[30]。

個体の識別能力はゾウにもある。ゾウは低周波音を使って、数キロメートルの距離に散らばる家族や仲間どうしのあいだで行動を協調させられる。ときに、これらの音は——オス・メスともに、繁殖の準備ができていることを知らせる音など——非常にけたたましいが（一一六デシベル）、周波数が低すぎるため人間の耳には聞こえない（一二～三五ヘルツ）。ゾウは超低周波音を使った「コンタクトコール」という独自の方法で互いを特定することもできる（これは倍音が混じるので人間の可聴範囲まで届く）。高齢の家母長的なメスともなると、前に交流したことのある個体を一〇〇以上も特定できるという独特の能力を持つ[31]。

クジラ目の個体識別については不明な点が多いのだが、ある研究によれば、スコットランドのあるバンドウイルカの群れは、全員が自分の標識となる特有の鳴き声（シグネチャーホイッスル）、すなわち名前のようなものを発達させていたという[32]。イルカは自分のシグネチャーホイッスルを聞くと、それに反応して鳴き返していた。このホイッスルは言うなれば、飛行機の操縦士が発するコールサインのようなものだ（「デルタ８１１から管制塔へ、どうぞ」）。こうした鳴き声が名前の機能を果たしていることを示すさらなる証拠は、各イルカがコミュニケーション手段として発しているたくさんの音が、自分のシグネチャーホイッスルであることだ。これは人間が大量の短いメールをやりとりしながらも、そのメールにはつねに自分のメールアドレスが含まれているのと同じようなものだろう。また、イルカがひときわ真似して繰り返すことが多いのは、自分の社会的パートナーの名前だった。これもまた、人間のコミュニケーションにおいて親しい友人ほどひんぱんに名前が出てくるのとそっくりだ。[33]

ミラーテスト

社会性動物は、ほかの個体のアイデンティティを認識し、自分のアイデンティティを信号で伝えることができる。だが、自己を認識し、自分で自分のアイデンティティを知ることもできるのだろうか？

私たちは毎朝起きて鏡で見る顔が、自分であることになんの疑いも持たないかもしれない。人間は生後一年半から二年ほどで、この芸当を当たり前のようにできるようになるが、実は、これができる社会性動物はきわめて限られている。[34]

これまでのところ、鏡像自己認知が一貫して実証されている動物は、人間と類人猿、ゾウ、およびイルカぐらいだ。[35] 鏡に映った自分の像を見て自分だと認識できる動物は、全般にいくつかの段階を経て、その段階ごとに好奇心と認識力を高めていく。しかし一部の種は、最終段階のマークテストにも合格できる。これは動物が鏡を使わないと見られない体の部位にマークをつけられたとき、そのマークをわざわざ触ってみたり調べてみたりするかどうかで、鏡像を自分と認識しているかどうかを確認するテストである（一般的には動物に麻酔をかけて、そうと知らないうちにマークをつける）。

一九七〇年、霊長類学者のゴードン・ギャラップ・ジュニアは、もしチンパンジーが鏡に映った自己を認識できているなら、鏡像に対する社会的な反応（声を出したり、威嚇（いかく）したり、おじぎをしたり）が減って、自己に向けての反応（自分の身体を調べたり）が多くなるだろうと論じた。そして実際、ギャラップの観察結果では、そうした自己に向けての行動が鏡の前でとられていた。

鏡がなければ見えないであろう体の部位を毛づくろいしたり、鏡像を見ながら歯のあいだに挟まった食べ物をほじくったり、鏡を使って肛門や性器のまわりを探り当てていじったり、鏡像を頼りに鼻から異物をほじりだしたり、鏡に向かって表情をつくったり、シャボン玉を吹いたり、鏡像を見ながら唇で食べ物を丸めたり、といった行動だ[36]。

その後の研究で、チンパンジーに自己認知があることは学術的に裏づけられ、さらに、ほかの大型類人猿のオランウータンやボノボやゴリラでも確認された（前述したように、いくつかのサルの種も同種のほかのメンバーなら個別に認識できるが、鏡像自己認知テストにはサルのほぼすべての種が失敗している[37]）。鏡像自己認知の能力は、矛盾するようだが、早いうちにどれだけ他者との社会的接触があるかによって決まるように見える。実験室で生まれ、孤立して育てられたチンパンジーは、総じて自己認知のしるしを示さない[38]。自己意識を育み、自他の区別をつけられるようになるには、幼少期からの他者の存在が必要なのかもしれない[39]。

ゴリラのココは、手話を教えられていたことで知られる。動物心理学者のフランシーヌ・パターソンと共同研究者のロナルド・コーンは、ココのコミュニケーション能力を利用して自己認知の問題を探った。右上の歯肉に黒い顔料を塗られたココは、鏡がないときには二回しかそこを触らなかったが、鏡があるときは一四回も触った。そして決定的だったのは、パターソンが鏡に映ったココに向かって、身ぶりで「これは誰？」と質問したときに、ココがこう答えたことだ。
「わたし、あそこ、ココ、よい歯、よい[40]」

さらに驚くべきは、ココの遊び仲間のマイケルというゴリラにミラーテストでひたいにピンク色のマークをつけてみると、それを見たマイケルが、顔に傷を負ったと思っているしぐさを見せ、さらにストレス症状を示したことだ。マイケルは手話を使って、自分の母親が密猟者に殺された様子を、自分の目撃したとおりに描写しはじめた。自己認知はたしかに存在していた[41]。

とはいえ、動物が鏡像を自己と認知できてはいても、そこに本当の意味での自己意識はない、という可能性も排除はできない。たとえばそれは、運動感覚マッチングという現象を通じてなされているとも考えられるからだ。ひょっとすると鏡を見ているときの動物は、自分が身体を動かせば鏡像も動くが、鏡に映っているほかの物体は動かないことに気づいているだけなのかもしれない[42]。

この仮説の証明は、ニコと名づけられた非常に単純な人間型ロボットから得られる。ニコは鏡に映った自分を見て、単純な数理計画法から自己と他者の違いを学習することができる。そこに社会的な理解はいっさい必要とされない。ニコは自分が動くと同時に、自分の鏡像だけが動き、鏡に映っているほかのものは何も動かないことを「学習」した。それでもこのロボットは、マークテストに成功することができた。視覚刺激を運動作用に一致させるのと同じくらい簡単なことなら、たとえイヌやネコがミラーテストに成功したって不思議ではないだろう[43]。

二〇〇六年、動物の社会的交流の解明にいち早く取り組んできたフランス・ドゥ・ヴァールと、共同研究者のジョシュア・プロトニク、ダイアナ・ライスは、世界で初めてゾウに鏡像自己認知ができるかどうかを試してみた。

彼らが調べたのはブロンクス動物園の三頭のゾウ、ハッピーとマキシンとパティである。[44] ゾウの区画の内側に巨大な鏡が設置された。鏡に覆いがかけられているあいだ、ゾウは鏡を無視していた。しかし覆いが外されると、一転して興味をそそられた。たとえばパティは鏡がむきだしになっているときは、自由時間の半分近くを鏡の前で過ごしたが、覆いがかけられているときは自由時間の三パーセントしか鏡の前にいなかった。ゾウたちは鏡の表面や背後を探ろうとして、長い鼻を鏡の上や下に伸ばした。鏡の向こうを見るために区画の壁によじのぼろうとまでした。飼育係はそれまでゾウが壁の上や下をのぞこうとするところなど見たことがなかったから、明らかに鏡は異質なものだった。そして鏡を見はじめてから四日も経つと、ゾウはしだいに学習したようだった――鏡のなかに像が見えても、それは別の動物がそこにいるわけではないのだと。

ゾウは人間の子供がよくやるように、鏡の前で上下左右に身体を動かしながら、自分の像が同じことをするのを見ていたり、自分の像を相手にいないいないばあをしているのか、鏡の縁の内外に頭を行き来させたりしていた。また、チンパンジーがやったように、ゾウも鏡を使って、そうしなければ見えない体の部位を探っていた。マキシンは鏡像を見ながら口のなかを探り、鼻を使って耳をゆっくり前に引っぱった。しかし、マークテストに成功したのはハッピーだけだった。鏡に映っているのはハッピーで、ハッピーはそれをわかっていた。

この段階まで進めたのが三頭のうちの一頭だけだったのは残念に思えるかもしれないが、科学者が調べているのはある生物種の能力の上限であって、すべての動物に必然的にあらわれる行動ではないことを断っておきたい。すべての人間がすばらしい抽象画を描けたり、レーザー物理学を理解できたり、多数の言語を話せたりするわけではないにしろ、それでも一部の人ができるということは注目に値するだろう。これはそういう話だと思ってもらいたい。[45]

二〇〇一年には、ブルックリンのニューヨーク水族館で、二頭のイルカに自己認知が確認された。イルカの場合、自分の体を触ったり指し示したりすることはできないので、科学者はイルカが鏡の前で体をひねって方向転換しては、繰り返し鏡に近づいてマークをつけられた箇所を調べようとする様子をていねいに観察した。[46]その後のテストでも、イルカは鏡の前で、口を開けたり、泡を吹いたり、自分が逆さまになって泳いでいる姿を眺めたりして遊んでいた。

このように、類人猿、ゾウ、イルカのあいだに明らかな類似点が見られることは、自己認識という認知能力にも収斂進化が働いていることの強力な証拠だ。イルカの脳の神経構造は、人間のそれとはまったく違っている。にもかかわらず、イルカも同じようにこの能力を進化させていた。[47]個人的アイデンティティはやはり社会性一式の欠かせない一部なのだ。

「悲しみ」の進化論的説明

アイデンティティと個別性については、「悲嘆（グリーフ）」の表出を通じて理解することもできる。人間以外の霊長類にしろゾウにしろ、自分にとって近しい存在だった動物が死ねば深く嘆き悲しむが、特別の愛着がない動物が死んでもそのような嘆きを見せることはない。

私にとって、悲嘆はなじみのないものではない。それは私がホスピスの医師という仕事をしてきたからでもあり、もう一つには、私が二五歳のときに、ホジキンリンパ腫（しゅ）で一九年も闘病していた母が四七歳で亡くなって、私自身が喪失を経験したからでもある。悲嘆はめったにない、特別な感情だ。これは特定の、誰であるかを識別できる人の喪失に結びついているからである。人は見知らぬ他人に対して怒りを抱くことはあっても、通常、見知らぬ他人の死に対して悲嘆を感じることはない。強烈で、とてもつらく、なかなか消えてくれない悲嘆は、ある種の身体的な感覚として多くの人が表現してきた。胸を押しつぶすような感情がこみあげ、肩がうずき、顔が痛くなるぐらいに大量の涙が出る。[48]

実際、悲嘆が生理学的に有害で、その後の死亡リスクを高めさえすることについては多くの証拠がある。ならば私たちの祖先において、悲嘆を感じない人のほうが感じる人よりも生存しやすかったに違いない。それなのに、なぜこの感情が進化したのだろう?

ある仮説では、悲嘆は人びとに、その痛みをやわらげるために他人とつながろうとする動機を与えると説明される。社会的な種である人間を孤独にさせないようにしているのが悲嘆であり、だから悲嘆は適応的なのだという見方である。熱い鍋(なべ)を触ったときに感じる痛みが、そのいやな刺激からとっさに手を離させる効果があるという理由で適応的であるというのと同じことだ。

これにくらべると妥当性には乏しいが、予想される悲嘆の到来が、人びとにいっそう必死に愛する人を生かそうとさせるから、それが利点になっているという説もある。また別の仮説では、悲嘆は苦しんでいる人からの信号で、助けを求める嘆願のようなものだという。

しかし私の見るところ、悲嘆にかんして最もそれらしいと思われるのは、生きている血縁と引き離されると気分が悪くなるように進化した人間の心理体系の副産物だという考えである。つまり、おそらくは人びとが「いっしょにいること」が適応的だったのだ。この場合、悲嘆は社会的一体性に関係しており、社会的な親密さの代償として払わなくてはならないものだということになる。

人は昔から、個人的な関係にあった人に死なれたときには強く反応し、なかなか消えない思いを抱える。これは考古学的証拠からも裏づけられており、たとえば六〇〇〇〇年以上前にさかのぼる、有名なエジプトの埋葬処置にもそれがあらわれている。[49]

考古学の世界でM9と呼ばれている、四〇〇〇年前にベトナムで死んだ三〇歳の男性は、体に麻痺を生じさせるクリッペル・ファイル症候群という先天性の疾患を持っていた。彼の骨格を数千年後に発掘した考古学者の見解では、この男性の障害の「重さからして、献身的な介護者（たち）による長期にわたる世話がなければ、生きていくのは非常に難しかった」だろうという。[50] 彼の手足は萎縮しており、あごも正常に機能していなかった。ここには使役動物はいなかったから、彼がまわりの人たちに支えられて移動していたのは確実で、飲食も自力ではままならなかっただろう。彼の遺骸に虐待やネグレクトを示唆するものはいっさいなく、床ずれや、関連する感染症の痕跡も骨に残っていなかったから、ほかの誰かがつねに彼を清潔にしてやっていたのだろう。こうした人は、世話人の「コミュニティ」に支えられていなければ、とうてい生きていけない。仲間が狩猟に出ているあいだも誰かが残って彼を保護する。彼を抱えて移動する際は、疲れたら交互に運搬役を代わる。きっと彼は愛されていたのに違いない——と少なくとも私は思う。だから、きっと亡くなったときも、彼は集団内の大切な一人として悼まれ、丁重に埋葬されたのではないだろうか。

このほかにも、障害を抱えた人が明らかに長きにわたって支援を得ていた例はいくつもある。四万七〇〇〇年前にイラクで死んだ、右腕の切断痕といくつかの傷跡を持っていた四〇歳のネアンデルタール人。[51] 一万一〇〇〇年前にイタリアで死んだ、考古学で「ロミート2」と呼ばれる、重い小人症をわずらっていた一七歳の少年。[52] 七五〇〇年前にフロリダで死んだ、脊椎披裂という神経疾患による麻痺を起こしていた一五歳の少年[53]（この疾患は、今では容易に予防できる。子供を身ごもった女性が朝食に葉酸入りのシリアルを食べるだけでいい）。彼らが生きていくには愛情のこもった世話が終生にわたって必要だっただろうが、それはおそらく彼らの死後にもなされただろう。実際、こうして亡くなった人の多くが特別の埋葬をされており、彼らに対して並々ならぬ愛着があったことをうかがわせる。

ただし、もちろん逆のケースも多かったことは断っておかねばならない。無数に残されている古代の埋葬塚は、そこに特別な感情など何もなかったかのように、乳幼児、とくに女児の棄てられた死骸でいっぱいになっている。

動物の悲しみ

そして悲嘆についても、人間以外の社会的な種に同じようなものが見られている。最もよく知られるいくつかの例は、ジェーン・グドールの研究から得られたものだ。

フリント［若いチンパンジー］は……立ち尽くしたまま、からっぽのねぐらを見下ろしていた。……そこは彼と、生前のフロー［フリントの母親］がしばらく暮らしていたところだった。……フリントはそれまでしばらく兄のフィガンといっしょに移動していて、兄がいる前では、憂うつも少しはふり払えているように見えた。だが、フリントは急に群れを離れ、フローが死んだ場所に駆け戻ってきて、さらに深い憂うつに沈んだ。フィフィがやってきたころには、フリントはすっかり病みやつれており、フィフィが毛づくろいをしてやって、いっしょに出かける気になるのを待ったにもかかわらず、もはやついていく体力も気力もなくなっていた。フリントはますます無気力になり、食事もほと

> んどしなくなって、そんな調子だから免疫系が弱まるとともに、本当に病気になった。彼が生きているのを最後に私が見たとき、彼は落ちくぼんだ目をして、痩せ衰え、完全に落ち込んだ様子で、フローが死んだ場所に程近い草むらにうずくまっていた。……彼は最後に少しばかりの移動をした。何歩か進むごとに休みながら、ようやくたどりついたその先は、まさにフローの遺体が横たわっていた場所だった。彼はそこに数時間とどまっていた。……それからなんとかもう少し先まで歩を進めたが、そこでしゃがみこんで体を丸め――あとはもう二度と動かなかった。[54]

母に三日遅れて、フリントは死んだ。

もちろん、喪失に対する霊長類の深い感情的反応や身体的反応を目撃し、記録しているのはグドールだけではない。[55] ある研究では、ボツワナの八頭以上のヒヒの群れから採取した糞便のサンプルを使って、グルココルチコイド濃度（ヒヒにおいても人間においてもストレスの指標にされるホルモン）がひときわ高かったのは死んだヒヒに最も近い類縁のメスだったことを確認した。[56] さらに興味深いことに、これらのメスのストレスは、毛づくろいの回数を増やし、毛づくろいをする相手の数を増やすことで軽減されているようだった。これはヒヒのあいだでは人間の通夜のようなものにあたるのかもしれない。

それで思い出すのだが、人間の多くの文化では、身内と死別した女性が髪型を変える（髪を切り落としたり、引き抜いたりする）儀式に臨んでいる。嘆き悲しむメスのヒヒは、毛づくろいのネットワークを拡大すると、そうしないメスにくらべて大幅にグルココルチコイド濃度が下がっていた。

クジラ類、霊長類、ゾウもまた、人間と同じように、愛するものの遺体を丁寧に取り扱うように見受けられる。彼らにとっても、それはただの動かない物体ではないのだろう。あるシャチの母親は、群れの仲間に支えられて、死んだ赤ん坊を三日のあいだ水に浮かせているところを観察された。そのときの様子を、ある専門家はこう描写する。

「幼獣が死んでいることは彼らも知っている。私が思うに、これは母親が行なう追悼とか葬式の類なのだろう。……母親は手放したくないのだ」[57]

霊長類学者は、チンパンジーやゴリラやシシバナザルのおとなのメスが死んだ幼児を（類縁でもそうでなくても）ずっと放さず、遺体が腐りはじめてからも長いこと抱えているのを目にしてきた。[58]チンパンジーが死体の歯を掃除する、葬儀のような行動を記録した映像もある。[59]これらを見ると、シバと呼ばれる七日間の喪に服すユダヤ教の伝統や、埋葬前の準備として遺体を洗い清めるイスラム教の（および、ほかの多くの宗教での）慣例など、人間の追悼儀式になんとよく似ているものかと驚かされる。

死に対するゾウの反応を研究してきた動物学者のシンシア・モスは、あるゾウの群れが、死んだ家母長エミリーの遺骨を訪ねたところを鮮明に描いている。

ゾウたちは一歩近づいて、鼻先でそっと遺骸に触れはじめた。最初は軽く叩きながら、においと感触を確かめ、それから大きめの骨に沿ってあちこちを撫でた。エミリーの娘のユードラと孫娘のエルスペスが、前に進み出て骨を調べはじめた。……ほかのゾウはみな押し黙って、はっきりとわかる緊張を漂わせていた。ユードラはエミリーの頭蓋骨だけに集中し、すべすべの骨を優しく撫で、その隙間にも鼻を滑り込ませた。[60]

ゾウ研究者のジョイス・プールは、自身の回顧録『ゾウといっしょにおとなになる』において、あるゾウの母親が死んだ新生児に対して同じように通夜の行為をしたことを描いている。「彼女のあらゆる部分が悲嘆を物語っていた[61]」

プールは「ゾウが意識的な思考と自意識を持っていることは疑いない」と述べ[62]、また別の場面でのゾウの悲嘆をこう綴っている。

一家は［ジェゼベルの］遺骸に近寄ったところで急に立ち止まり、押し黙ると……それから一時間にわたって、頭骨、顎骨、長骨を、何度も引っくり返した。ゾウたちは、ある種のトランス状態に入っているかのようで、互いを見向きもしなければ鳴き声もあげず、ひたすら死んだゾウだけに集中しているようだった。ジェゼベルの娘のジョリーンが、群れのなかでいちばん無心になっているように見えた。……もしなんらかの思考を――意識的な思考を持っていないのだったら、どうしてゾウが一時間も黙ったままで類縁の骨の前に立ち尽くしているだろう。もしかしたらゾウには記憶だってあるのかもしれない[63]。

チンパンジーのフリントとフローの場合と同じように、ゾウも心痛のあまり死ぬことがあるという報告がされている。ある捕獲された家母長のゾウは、自分の保護下にあったメスが出産で死ぬと、ものを食べなくなって、ついには餓死したという[64]。

人間のあいだでは集団全体に嘆きが広まることがあるが、もしかしたらゾウのあいだでも同じようなことが起こるのかもしれない。ゾウが大集団で悲嘆に関連した徴候を示すことは実際に確認されている。異常にぎくりとしたり、ふさぎこんだり、極端な攻撃性を見せたりするのだ[65]。

こうした個体群レベルでの精神病理学的な症状は、密猟の広まりと生息環境の喪失により、アフリカ全土で大量にゾウが死んだことと関係しているように思われる。一九〇〇年から二〇〇五年までに、ゾウの個体数は一〇〇〇万頭から、たった五〇万頭にまで激減した。人間の場合、メンタルヘルスの専門家が「歴史的」トラウマ、「世代間」トラウマなどと称するように、戦争や奴隷化や飢饉による大量死が、のちの世代に根深い集合的な心労を負わせることがある。これにならえば、ゾウ社会における仲間の喪失と、それがもたらす悲嘆の規模と程度が、暴力によって荒廃した地域で生き残った人間のあいだに見られるPTSDの異常なほど高い割合と比べても遜色なかったとしても不思議ではない。[66]

動物の協力行動

類人猿の社会的行動を観察したほぼすべての記録には、協力行動の証拠がたくさん含まれている。

この点で、最も影響力の大きかった調査実験は、一九三七年に霊長類学者のメレディス・ピューレン・クロフォードが行なった、二頭のチンパンジーを檻に入れ、少し離れたところにエサの入った箱を置いてみるというものだろう。[67] 箱にはロープがつなげられていて、その両端を片方ずつ二頭のチンパンジーがつかめるようになっている。ただし、箱は一頭のチンパンジーが引っぱっただけでは動かない重さに設定されており、これを動かすには二頭が協調して引っぱらなくてはならない。首尾よくエサをたぐりよせるため、チンパンジーは二頭で同時に作業する必要があったが、彼らはこれを外部からの誘導なしに成功させた。

クロフォードの実験モデル――協力行動が互いにとって望ましい結果を生むような状況を設定したもの

――は、このあと何度も再現されてきた。ある実験では、一つの試験室のなかに網目の仕切りでへだてただけの隣接した二つの区画をつくり、二頭のオマキザルを一頭ずつその区画に入れた。それぞれのサルの前にはエサの入ったカップが置かれ、あわせて、その二つのカップを引き寄せるための引っぱり棒も用意された。[68] ここでも装置の重さが問題となって、二頭のオマキザルは同時にそれぞれの棒を引っぱる必要があった。すると、両者の高度な協力行動が観察された。

この協力行動が単なる偶然のできごとでないことを確認するために、研究者がさらに調べると、オマキザルは仕切りを通じて互いが見えているときに成績を大幅に上げることがわかった。つまり、サルはこの課題における相手の役割をともに理解していて、視覚的なコミュニケーションを通じてこの協力行動を維持していたということだ。

フランス・ドゥ・ヴァールらは、クロフォードの古典的な実験設定を応用して、二頭のゾウにこれをやらせてみた。ゾウは二本のレーンをそれぞれ進んで前方のテーブルに近づき、協力してロープを引っぱって、報酬のエサが入った二つのボウルを引き寄せるという仕組みだ[69]（図9・4）。二頭のゾウは、これを成功させるためには双方が同時にロープを引っぱらなければならないことをすぐに理解した。

しかし、協力が必要なことをゾウが本当に理解していると、科学者はどうして確信できたのだろう？ ひょっとしたら、ゾウたちはただ「ロープが見えたら、ロープを引っぱれば、エサが手に入る」ことを知り、たまたま同時にそうしただけで、共同作業が必要だという認識などまったく持っていなかったのではないか？

そこで第二の実験として、ゾウを解放してレーンを進ませるタイミングをずらす試みが行なわれた。もしゾウがロープを引っぱることだけを学習していて、もう一頭のゾウが傍らにいて同時にロープを引っぱ

図 9.4　ゾウに協力行動ができるかどうかを試験する実験装置

ゾウの協力行動の評価装置を三つの視点から示した図。1は、テーブルの背後から地表面の高さで見た図。報酬のエサが入ったボウルはこのテーブルの端にとりつけられている。2は、上からの鳥瞰図。実験にあたり、2頭のゾウはテーブルの10メートル手前に設置された解放点から、ロープで区切られた2本のレーンをそれぞれ進んできた（1と2の破線で示されているのがレーンの区切り）。3は、柵の底辺から横向きに見た図。テーブルはスライド式で、ロープを引っぱると動くようになっている。ただし設計上、ロープの両端を2頭のゾウが協調して同時に引っぱらないとテーブルがゾウのほうに近づいてこないため、エサも得られない。ロープを片方の端だけ引っぱっても、ロープは滑車を通って抜けてしまう。

らなければならないことをわかっていなかったら、最初にレーンに進み出たゾウはテーブルが見えたとたんにロープを引っぱりはじめるだろう。ところが実際にやらせてみると、最初のゾウは相棒がやってくるのをしっかり待って、協力行動が可能になってからロープを引きはじめた。

だが、ゾウはもう一頭のゾウの隣にいるときだけロープを引っぱることを学習したにすぎず、この成功にパートナーの協力が果たしている役割を認識してはいないとしたらどうだろう。そこで研究者は、第三の実験を思いついた。今度は二頭のうちの一頭だけがロープをつかめるようにしたのである。このゾウのパートナーにつかませるほうのロープの端をコイル状に巻き取ってしまい、それがあるのはどちらのゾウにも見えるものの、鼻を伸ばしても届かないようにする。これでエサを手に入れるのは不可能になった。目的を達するためには共同作業がどうしても必要なことをゾウたちがわかっているのだったら、もはやあえてロープを引くようなことはしないだろう。そして実際、パートナーにロープをつかむすべがなくなった時点で、つかめるほうのゾウもロープの端を引っぱることはなかったのである。

むしろ、報酬を得るためにゾウが独自の斬新（ざんしん）な戦略を考え出すことまであった。ある若いメスのゾウは、自分の側のロープの端を引っぱるのではなく、そこに近づいて、ぐっと踏みつけることで、九七パーセントの成功率をあげた。こうするとロープが引っぱられて抜けてしまうことがなくなるばかりか、引っぱる仕事をすべてパートナーにおしつけることができるのである！

人間の世界では、この搾取的な戦略を「裏切り」と呼んでいる。これは協力的なパートナーをいいように利用することになるからだ。実際、ゾウたちが採用した戦略の多彩さは、彼らがこの課題の本質をきちんと理解しており、単なる機械的な学習をしていたのではないことを示している。

そしてゾウは、別の意味でも抜群に協力的だった。食べ物が不公平に配分されていても（つまり、片方のボウルにもう片方より多くエサが入っていても）気にしないのである。ゾウはかまわず互いに対して協力行動を続けた。これにくらべて霊長類は、と考えると、いささか気恥ずかしくなる。同じ状況に置かれたら、私たちはきっとひどく怒りだすだろうから。

なぜ人間は、安全な今日でも利己的ではないのか

私たち人類は、もともと数百人単位の集団で世界各地に散らばって、その集団内でさらに小さな単位に分かれ、互いに協力しながらさまざまな役目をこなしてきた。しかしこんにちでは、何十億もの数の人間が、網の目のようにお互いに接続しながら生きている。それでも狩猟採集社会から国民国家にいたるまで、協力はつねに人間の生活の中心を貫く組織原理である。現代の人間が投票を通じて政府を形成するのも、税金を払って貧者の面倒を見るのも、大々的な宗教儀式に参加するのも、みな、私たちがみずからすすんで赤の他人に協力しようとするからだ。

協力行動と利他行動は、長いあいだ科学者の頭を悩ませてきた。どうして人間が協力行動を進化させたのか、単純な説明ではとうてい答えにならない。なにしろ普通なら、自然選択は利己的な行動を好むはずだからだ。[70] 集団のメンバー全員が集団に貢献すれば、メンバー全員でいい思いをできるかもしれないが、個人レベルでは、貢献しないでいたほうが自分だけいい思いができるかもしれない。結果的に、おそらく集団は成り立たなくなると予想される。誰もが他人の努力にただ乗り(フリーライド)しようという動機を持っているからだ。にもかかわらず、現代においても古代においても、人間社会は動物界にはおよそ見られないレベルで協力行動に依存している。

正式に定義するなら、「協力」とは、集団全員（たとえそれが一組のペアでも）に利益をもたらす結果に貢献することだ。そして、集団のほかのメンバーがその結果に貢献したかどうかは関係ないとされる。貢献する人（協力者）は貢献した分だけコストを払い、貢献しない人（裏切り者／フリーライダー）は、

ちょうど前述のずるがしこいゾウのように、まったくコストを払わない。裏切り者は協力者より多く利益を得るから、もしその利益が生存や繁殖の見込みを高めるのに使われるなら、裏切り者のほうが進化的に有利になる。だからこそ、なぜこんなに多くの協力行動がいたるところに見られるのか不思議なのである。これは人間においても、ほかの種においてもそうなのだ。

協力をめぐる決断は、私たちの祖先の生存と繁殖に決定的な影響を及ぼしていたに違いない。食べ物を持ち帰るためなら危険な狩猟隊にも加わるべきか？　自分の取り分を減らしてでも収穫を分けあうべきか？　野営地が襲われたら自分の命を危険にさらしてでも防衛するべきか？　こうした問題に対する答えが、何万年も先まで影響する進化的な意味合いを持っていただろう。とはいえ、近代化された社会でいまだにこのロジックが通用するのだろうか、といぶかしむ人もいるかもしれない。もはや人間の繁殖能力は、物質的な利得と密接に関連してはいないのだ。

しかし、もう一度考えてみてほしい。人間という種は、つい二〇〇年ほど前まで、つまりその歴史の大半において、ずっと死と隣りあわせで生きてきた。進化的に言えば、私たちはいまだにこの歴史を背負っている。だから疑問が生じるのだ――なぜ利己的な裏切り者がこの個体群を乗っ取って、協力者を駆逐してしまわなかったのか？　言い換えれば、なぜ私たちは今も利己的ではないのだろうか？

一つの仮説は、家族に関係している。わが子を救うために冷たい川に飛び込む母親は、個人的なコストを払って（みずからの命さえもかけて）自分の子供に利益をもたらすが、そうした英雄的な母親が一人死ぬごとに、そのような行動は――その行動に寄与する遺伝子とあわせて――いっそう希少になる方向に進んだだろう。しかし、たとえ母親が死んだとしても、その遺伝子は彼女の子供のなかで生きつづける。第7章でも見たように、これが血縁選択というプロセスである。

しかし実際、人間の交流のほとんどは、血縁とではなく、血のつながりのない個人とのあいだでなされている。経済学者がよく例にとる問題で、ひとりぼっちのトラック運転手がなぜ遠い出先のトラックサービスエリアでウェイターにチップを渡すのか、というものがある。おそらく二度と会うことのない相手であろうに、それでもトラック運転手はほぼつねにチップを渡すのだ。[71] このように、匿名的な近代都市における他人どうしでも、人はたいてい協力的で、礼儀正しく、さらに自然災害などの危機に際しては、並々ならぬ結束を固めたりもする。

場合によっては、そうした衝動が劇的なかたちをとってあらわれることもある。二〇〇一年九月一一日のあと、全米各地の消防士がニューヨークに駆けつけたのも、二〇〇五年のハリケーン・カトリーナの襲来のあと、多くの一般市民が家をあとにしてルイジアナ州やテキサス州に車を走らせたのも、ただ見知らぬ他人を助けたいがための行動だった。[72]

したがって、人間の協力傾向を血縁選択の結果として説明するなら、人類は遠い昔、おもに少数の家族集団で生活していたころに協力行動を進化させたのであり、私たちの遺伝子がたまたまその協力的な痕跡をいまだ保持しているのだと考えるしかない。しかしそうなると、ハッザ族のような狩猟採集民の社会的ネットワークをどう説明すればよいのかわからなくなる。研究者によれば、彼らは確実に私たちの祖先に近い生き方をしているのだが、すでに見てきたとおり、彼らの生活には遺伝的に類縁関係のない個人どうしの交流と友情関係がしっかりと組み込まれている。もちろん家族は重要だが、ハッザ族が家族と過ごしている時間は毎日のほんの一部でしかない。[73] 血縁選択のほかにも、何か別のメカニズムが働いているに違いない。

協力の進化にかんするもう一つの仮説は、「直接互恵性」と呼ばれる。これは証拠もたくさん得られている説で、長期にわたっての反復的な交流に関係している。その基本的な考えは、明日の協力の約束が今日の協力の呼び水になる、というものだ。誰かと知り合いになって相互協力の関係を築けば、両者にとって利得がある。これが互いの信頼を強化して、その関係が今後もずっと利をもたらすだろうとの期待を高める。

そしてこのとき、相手が血縁であるかどうかは関係ない。実際、ゲームにおいて最善の戦略とは、まず自分から相手に協力し、次は相手がどう反応しようと、それと同じ反応を返すことなのだ[74]。もし向こうが協力すれば、こちらも返礼として次のラウンドで協力する。もし向こうが裏切れば、こちらも罰として次のラウンドで裏切る。このしっぺ返し戦略は、汎用的で、効果的でもある。さらに言えば、協力の応酬は時間の間隔が大きく開いていても成り立つし、交換に使える品物もきわめて幅広い。

しかし大きな規模での人間どうしの協力の仮説として見た場合、直接互恵性には問題点がある。私たちはときに（とくに現代生活においては）、相手と一回しか交流しない場合があるということだ。トラック運転手のチップは直接互恵性では説明がつかないし、歩道で見知らぬ他人を通すためになぜ自分がよけるのか、ホームレスの人に恵んでやることでなぜ満足感（いわゆる「温情効果」）が得られるのかについても同様だ。考えられるとしたら、単にこうした親切は、ふだん繰り返し交流する人に対してよくふるまおうとする本能がこぼれでたもので、この本能は、あらゆる交流が本当に反復的で継続的だったころに人間が進化させたものなのだろう。

だが、このような協力にはもう一つ別の説明も考えられる。それは、人間が集団で生活していることにもとづいた説明だ。この「間接互恵性」という考えでは、交流はたいてい集団内の誰かに見られているものので、その誰かが集団内のまた別の誰かに見たことを伝えるものと想定される。言い換えれば、これは他人についてのうわさ話だ。いい話であれ悪い話であれ、それが集団のメンバーに共有されるとなれば、人びとの会話は多かれ少なかれ他人の評判に影響を与えるだろう。ある人が別の人に優しくするのは、それがめぐりめぐって、また誰か別の人から自分が優しくされるかもしれないからだ。数学者がこうしたプロセスの抽象モデルをつくってみると、たしかに自然選択は、他人に協力するかしないかを決めるツールとして評判を利用することを好むようだった。[75]

直接互恵性にしろ間接互恵性にしろ、これらがうまくいくのは、人びとに互いを利用させないようにするからだ。裏切る人とはいつでもつきあいをやめられるし、いっそ最初からつきあわないこともできる。どちらの場合でも、二人の人間の出会いだけにもとづいた社会なら、非常に高度な協力を維持するよう進化できただろう。しかし、どちらのメカニズムも、集団規模が大きくなればなるほど効果が薄れていく。直接互恵性は、裏切り者が裏切るだけ裏切って、また新たな犠牲者へと移っていけるから破綻する。大きな集団にはそれだけ多くの獲物がいるのだ。間接互恵性は、社会の全員についての動向をつかむのも、情報を伝達するのも難しくなるから破綻する。集団が大きくなれば、裏切り者はそれだけ容易に雲がくれできるのだ。

そもそも、人間にとってとりわけ重要な行動の多くには、集団全体が必要とされる。総勢一〇人でかからないとヌーを打ち倒したり、野営地を侵略から守ったりすることはできないかもしれない。そしてこうした協力行動が、いわゆる公共財、つまり全員で享受されるものを生む。大型動物をしとめれば、仲間の全員に十分な肉を行き渡らせられるかもしれない。ライバルと戦って撃退すれば、多くの仲間を守れるかもしれない——たとえ一部の仲間が防衛の手助けを何もしなかったとしてもだ。こうして利益はコミュニティ全体に向けて発生するが、費用（コスト）はあくまでも個人が負う——みずからの命を危険にさらしてでも公共財に貢献しようと決めた個人が負うのである。

また、個人のインセンティブと集団のインセンティブが対立することもある。この種の問題にはさまざまな呼び名がついていて、公共財問題とも、共有資源問題とも、集合行為問題とも呼ばれる。たとえば各人の所有する家畜を共有の牧草地に放しているときに、そこをみんなで協力して守ることは可能だろうか？　人間はみな根っから利己的であるという前提に即した古典的なモデルでは、草地は食い荒らされ、海の魚は獲り尽くされ、大気は汚染されると予言される。なぜなら個人のインセンティブが、集団にとっての最善とは逆だからである。

生態学者のギャレット・ハーディンがこの状態を指して言ったのが、有名な「共有地（コモンズ）の悲劇」だ。[76]個人が利己的に行動するのは、その行動の利益が自分自身に発生するのに対し、費用のほうは集団全体で分割されるからである。このような集団規模での交流と集合的努力にかんしては、これまで見てきたような互恵と協力の概念ではなかなか対処できない。

フリーライダーを罰する

集団規模が大きくなっても協力を維持したままでいるのは難しい。[77]協力にあたっての個人の重要性が薄れていくからだ。小屋を建てるのに二人の人間が必要だとすれば、二人のうちのどちらかが関与しないと決めたら、それは小屋が建つかどうかに大きな影響を与えるし、裏切り者がばれずに裏切ることも不可能だ。しかし、ダムを建設するのに一〇〇人が必要な場合だと、一人が裏切ろうと決めても大勢に影響はまずないだろう。フリーライダーもこっそり匿名のまま、コストを払わずして、ほかのみんなが建てたダムの恩恵を得られることになりそうだ。したがって、集団が大きくなればなるほど、進化の過程でフリーライダーが増えていく傾向が生じる。

この難題を解決する一つの方法は、人びとを社会的ネットワークに組み入れることだ。この場合、各自が自分の所属する大きな人口集団の全員と交流することはない。これは、人口集団に構造を付加するということでもある。協力をうながすためには、人びとのあいだにもっと小規模な意識を育んで、大きな集団のなかから選び取った特定の友人を一人ひとりに持たせることが非常に役に立つ。広い社会集団のなかにも一対一の強い絆が存在していれば、協力にあたっての匿名性が弱まって、協力の拡散もとどめられ、結果として協力がうまくいく。[78] これもまたゲマインシャフト、すなわち共同社会の力である。

この問題の第二の解決策は、あらゆるフリーライダーへの「罰」を認めることである。だが、その罰を与えるのは誰なのか？　近代社会では、第三者が複雑な制度を通じて協力を実行させる。貢献（たとえば納税）を命じる法律があり、法律を守らせる警察があり、罰金を取り立てる裁判所がある。対照的に、私たちの祖先の時代の環境では、こうした公的な制度が皆無であって、あるのは社会的な規範と仲間からの圧力だけだった。

人間の進化をふり返ると、ときには小集団のなかに強力な指導者が現れて、集団を代表して決定をくだし、罰を与えていたこともたしかにあった。だが、おそらくこれは常態ではない。人間は、過度に権威主義的な差配には反発するし、処罰の権限を一手に握るような支配的な個人を排斥する能力も進化させてきた。だからこそ、ほかの霊長類の社会にくらべ、自然な人間社会は階層性がたいそう薄いのだ（たとえば非常に平等主義的なハッザ族の事例で見たように[79]）。

人間社会では、今も昔も、フリーライダーを罰する責任がもっと平等に分配されている。そして、やられたらやり返したいという思いを誰もが普通に持っている。飛行機の搭乗を待つ列に誰かが割り込んでくるのを目にしたら、あなたはどのように感じるだろう。たとえ自分が並んでいたのは別の列でも、おそらくむっとするはずだ。割り込むような人間は罰せられるべきだと考えて、みずから行動に出たりするかもしれない。

だが、なぜあなたはそんなリスクをとるのだろう？　進化的な観点から見れば、その人物の行動に自分が直接被害を受けるわけでもないのに、わざわざ自分から巻き込まれるのは意味をなさない。このような、第三者を傷つける誰かを罰するために進んで個人的コストを支払おうとすることを「利他的罰」という。[80]

最後通牒ゲームと「マチゲンガの外れ値」

協力行動と処罰行動を定量化できないものかと考えて、研究者はいくつかの巧妙で、かつ単純なゲームを考案している。これらは実験室だけでなく、現実世界の状況でも通用するゲームだ。たとえばその一つが、匿名の二人一組でやってもらう「最後通牒（つうちょう）ゲーム」である（一九八二年に経済学者のヴェルナー・ギュートらが考案した[81]）。

このゲームは、思いがけない授かりもの（たとえば一〇ドル）がプレーヤー１（提案者）に与えられるところから始まる。プレーヤー１はこれを受けて、そのうちいくらを自分が取り、いくらを匿名のパートナー、すなわちプレーヤー２（受領者／応答者）にあげるかを決めさせられる。一方、プレーヤー２は、その提案を受けるか受けないかを決めることができる。受けた場合は、プレーヤー１の提案どおりの配分で両者にお金が分けられることになっている。しかし受けなかった場合には、1も2も、ともに一銭ももらえない。

このゲームにおいてプレーヤー1の行動――すなわち、お金をどう分配するかについての提案――は、利他行動や協力の尺度として使うことができる。かたやプレーヤー2の行動は、人がどれだけ進んで利他的罰を実行するかの尺度になりうる。なぜなら提案を断れば、プレーヤー2は個人的コスト(一銭も得られない)を負ってでも、フェアとみなせる提案をしてこないような非協力的な他人を罰していることになるからだ。[82] このゲームは本物の賭け金を使って行なわれるが、匿名なので評判効果は働かないから、プレーヤーが将来の関係を気にする必要はない。また、通常は一回限りのゲームとして行なわれるので、互恵が期待されることもない(当然ながら、反復してゲームをするときには協力の度合いが高まる)。

この単純なゲームが考案されたのをきっかけに、さまざまな類似のゲームが続々と生まれた。いわゆる「独裁者ゲーム」は最後通牒ゲームから、応答者側が何かをする能力をいっさい排除したものだ。一番目のプレーヤーがもらいものの何割を赤の他人にあげるか決める、ただそれだけのゲームである。ここでもまた、利己的なプレーヤーはめったにおらず、ほとんどのプレーヤーは自分のお金の何割かを分配する。しかし最後通牒ゲームとは対照的に、独裁者ゲームでは、提案者がフェア意識から提案をしているのか、それとも拒絶される恐怖から提案をしているのかを区別することができる。こちらでは拒絶される可能性がそもそもないからだ。

これらのゲームで見られた行動は、どれも古典的な経済理論では説明がつかない。人間が合理的で利己的であるなら、最後通牒ゲームや独裁者ゲームの提案者はできるだけ少ない金額を提示するはずで、最後通牒のゲームの応答者はゼロ以外のどんな金額でも受け入れるはずである。いくらかのお金でも――たとえ一銭でも——まったくもらえないよりはましに違いないからだ。

人間が独裁者ゲームでどういう選択をするかを決める要因が自己利益だけであるのなら、独裁者はお金を一銭もあげないのが筋である。ところが実際は、そうはならないことを誰もが知っている。そして最後通牒ゲームでは、受領者が自分への扱いを不当に感じて不満を持つと、みずから報酬を捨てることまで選ぶのだ。提案者もそれを知っているから、最小限よりも多くの額を提示する。人間はフェアかどうかを気にするのである。アメリカでのサンプルの場合、一般に独裁者の九五パーセント以上がなにがしかのお金を受領者に与え、大半は五分五分の配分を選ぶ。寄贈分の平均は全額のおよそ四〇パーセントだ。[83]

だが、こうした行動はどれだけ普遍的なのだろう？　何年ものあいだ、少なくとも先進工業国の大学生のあいだでは、五分五分の配分が典型的な数字として観察されてきた。しかし一九九〇年代の半ば、人類学者のジョゼフ・ヘンリックがペルー南東部の熱帯林でのフィールドワーク中に、市場経済に従事していない無文字集団のマチゲンガ族に最後通牒ゲームをやらせてみることにしたところ、意外な事実が判明した。なんと彼らは、普通よりずっと古典的理論に沿った行動をとった。つまり、非常に利己的にふるまったのである。最も多かった提示配分は全額の一五パーセントで、ほとんどが低い提示額だったにもかかわらず、それが断られることもほぼ皆無に等しかった。[84]

この予想外の発見——「マチゲンガの外れ値」と呼ばれた——で、社会科学者の周辺はいっきにあわただしくなった。四つの大陸の一五の場所で、人類学者による複数年にわたっての大規模な共同研究が始められ、独裁者ゲームや最後通牒ゲームやその他のゲームの結果にどのような一致と、どのような差異があるかが調べられた。この世界規模の分析において、独裁者ゲームでは全体の五パーセントだけがゼロを提示した。五六パーセントはゼロより上から五分五分未満の配分のどこかに収まり、三〇パーセントが五分五分で、九パーセントが五分五分より上だった。ボリビアのチマネ族は、マチゲンガ族と同様に、平均二六パーセントという低い額を提示した。ミズーリ州の地方部のアメリカ人はもっと寛大で、約五〇パーセントを提示していた[85]。

科学者たちは、この異文化間の差異を説明するかもしれない文化的、生態的な要因についても評価した。全体を通じて見られたことは、どの社会においても人間は根っから利己的ではなかったが、社会によって有意な差異はあり、その差異の多くは社会がどれだけ市場志向か、そして血縁以外との協力関係が生きていくうえでどれだけ重要かに関係している（このどちらもが気前のよさを促進する）ということだった。

最後通牒ゲームでの結果も似たようなものだった。先進工業国の大学生のサンプルでの提示額が一般に全額の四二パーセントから四八パーセントだったのに対し、異文化間サンプルでは平均して二五パーセントから五七パーセントの範囲に広がった。断られる提示の割合にも差があった。たとえばカザフ人の牧畜民のあいだでは、提示額が全額の一〇パーセントを超えればもう拒絶されることはなかったが、パラグアイの園芸民のアチェ族のあいだでは、少なくとも全額の五一パーセントは提示されないと、拒絶する人がゼロにならなかった。

調査されたなかで最も気前がよかったのは、インドネシアのレンバタ島にあるラマレラ村の狩猟採集民だ。海辺の集落に住む一〇〇〇人ほどの集団で、小舟と銛を駆使して外洋のクジラを獲る。この体を使う危険な仕事には、大勢での綿密な協調と協力が欠かせない。おそらくそのために、ラマレラの民は最も協力的な人びとと測定された。彼らが最後通牒ゲームで提示した割合は、平均およそ五七パーセントだ[86]。

一般的に言って、より高い額を提示する文化ほど、拒絶率は低く、逆もまた同じだった。したがって、提案者はごく自然にそれに応じた提案をした。世界中どこの人間も、自分がどういう人間と取引しているのかを知っていた。

進化した「正義」

さて、これまで考えてきた基本的な二つのゲームには、ちょっとした変更を加えることもできる。報酬もしくは罰を与えることのできる第三者（監視者／処罰者）を組み入れるのである。通常のゲームでは、独裁者や提案者にもらいもの（たとえば一〇ドル）が授けられ、その何割を受け手に与えるかを彼らが好きに決められる。しかし、この変更版のゲームでは、監視者にももらいもの（たとえば五ドル）が授けられ、そのお金のいくばくかを使うことにより、提案者を罰することもできるようになっている。たとえば受領者に対する提案者のふるまいが利己的だと判断されたなら、監視者への割り当て分から一ドルを払って、提案者のお金を二ドル減らすといったぐあいだ。

処罰者が加わると、最後通牒ゲームはどう変化するだろう？[87] 罰は世界のどこにでもある。そしてあらゆる社会を通じての、明白な一定のパターンもある。各社会のうちで提案者を進んで罰しようとする人間の割合が高いほど、提案者の提示額が小さいのである。全体として、提案者が受領者にまったく分配をしない場合、処罰者の約六六パーセントが進んで自分の儲けの二〇パーセント（各社会での一日の賃金の半分に相当する）を手放して、提案者を罰していた。

ここで注意しておくべきは、処罰者が罰を与えても自分にはまったく利益がない、むしろ費用を払わねばならないことである。にもかかわらず、ゼロ提示の提案者を進んで罰する人間がいて、その割合はボリビアの園芸民チマネ族の二八パーセントから、ケニアの農耕民マラゴリ族の九〇パーセント以上にまでわたった。[88] そして処罰の傾向をより強く示す文化ほど、利他行動を示す傾向も強かった。

文化の別なく、罰する動機を人びとに持たせたものはなんだったのか？　不当に扱われた側に対する埋め合わせをしたかったのか、それとも道徳心のない者を罰したかったのか？

調べてみてわかったのは、よくない行いをした者を叱責したいという願望よりも、正義を回復し、不当な扱いをされた側に埋め合わせをしてやりたいという願望のほうが強くあらわれていることだった。[89] さらに言えば、利他的な罰は特定可能な被害者に短期的な報いを与える一方で、もっと重要なことに、集団レベルでの協力の出現をより全般的にうながせる。ある実験で、不正者に罰を与えられる立場に一定の人数をランダムに配置してみたところ、その処罰者が入っている集団ではただそれだけで、処罰者が実際の処罰行為をいっさいしなくても、協力レベルがより高く上昇し、ずっと高いまま維持された。[90] つまり、罰は制度として機能する。その存在だけで人びとの行動を変えられるのだ。

とはいえ、この利他的罰についても、協力について見たときと同様に、やはり進化的に悩ましい問題がある。なぜ自然選択はこうした自称保安官を根こそぎ取り除いてしまわないのだろう（彼らが払っている個人的コストは彼らの利益を損ないそうなものなのに）？　進化生物学者のロバート・ボイドとピーター・リチャーソンが数理的に明らかにしたところによれば、処罰行動は実際に進化が可能だった。それは処罰者たちが自分たちのあいだで処罰コストを分担するからである。[91] 不正者に罰を科す役割を、もし全員で代わる代わる負担するなら、処罰者一人当たりのコストはぐんと低くなり、むしろ集団内での協力が高まったことによる利益が、その低くなったコストを十分に相殺できるかもしれない。

しかし、そもそも処罰者はどこから出てきたのか？　処罰者がゼロから出現できる仕組みを理解するには、最初の分析をもっと現実的に行なわなくてはならない。人びとに協力するか裏切るか（つまり、親切であるか卑劣であるか）の選択肢だけを与える代わりに、選択肢をもう一つ増やして、他人とまったく交流しないことも選べるようにしてやると、たいへん興味深いことがわかる。[92] 実際、いわゆる「孤独者」戦略をボイドとリチャーソンの数理モデルに加えたところ、利他的タイプの進化サイクルが生じた。多数の協力者がいるときには、フリーライダー（裏切り者）が本当にいい思いをする。それは彼らが利用できる相手がたくさんいるからで、当然ながら進化が進むとともに、フリーライダーの数は増加傾向を示す。しかし最終的には、フリーライダーの数が増えすぎて、協力者が一人も存在しなくなる。もはや誰にも支えてもらえないので、フリーライダーは総じて孤独者よりも分が悪くなり、今度は孤独者が増えはじめる。

だが、時間とともにフリーライダーのほとんどが孤独者に入れ替わると、協力者が生き残りやすくなるので、協力行動がふたたび増えてくる。そして、このサイクルが繰り返される。[93] 各タイプ――協力者、裏切り者、孤独者――はどれも生き残れるが、これはひとえに、各タイプがそれぞれの天敵を打ち負かしてくれる別のタイプと共進化しているからである。各タイプの存続にはお互いが必要なのだ。これは言ってみれば、じゃんけんのようなものだ。グーはパーに負け、パーはチョキに負け、チョキはグーに負ける。この三すくみのサイクルが続くため、どのタイプも完全には人口集団から消滅できず、また、人口集団を完全に支配することもできない。

興味深いのは、こうしたプロセスのなりゆきとして、必然的に多様性が維持されることだ。それぞれのタイプに特定の共進化環境があって、その環境により絶滅寸前のところから復活できるため、どのタイプも消え去ることがない。今日は適合しないタイプでも、明日には適合しているかもしれず、逆もまた同じである。

では、この状況に四番目のタイプを加えてみたらどうなるだろう？　協力者、裏切り者、孤独者に加え、処罰者を組み入れてみる。集団内には孤独者がいるので、裏切り者はいずれ必ず激減する（前述のとおり）。この状況だと、処罰コストが下がっていって、やがて処罰者のほうが孤独者や裏切り者よりも分がよくなるので、処罰者が増えるようになる——そしてまたサイクルが一巡する。[94]

ようするに、基本的には、人びとに社会的交流から完全に身を引く選択肢を与えることで、罰が実行可能な行動になりえて、それがひいては、最初から互いに関与しあい、協力しあっている人々を支えるのだ！　誰ともかかわらなくてもかまわない状態が、結果的に、集団の結束力を強化している。

協力が出現できる進化上の条件や、協力の合理的基盤、文化的普遍性にかんするこれらすべての研究が、社会生活の青写真における協力の役割を物語っている。しだいに増えてきた証拠も、人間における協力行動が安定的で、継承可能で、ある程度までは遺伝子によって説明されることを示唆している。[95]もちろん異文化間での差異もあるが、それはおおむね生態学的な制約や、特定の歴史的要因の結果である。婚姻のパターンに異文化間で差異があったのと同じことだ。協力や処罰の実際の割合は、世界各地で違っているが、協力の事実は——人間の進化した正義感、他人とつながりを持とうとする傾向とともに——世界各地で共通だ。

教えて、学ぶ

アイデンティティ、友情、協力関係は、いずれもその先の目的に資している。これらは社会的な教えと学びの素質を伸ばすのに役に立ち、ひいては人類という種の頂点をなす、文化を築ける素質を育むのに役立つのだ。

動物が社会的集団を形成する独特の理由の一つは、それによって学習の強化が可能になるからだ[96]。社会的な学習は、情報取得のコストが高いとき、そして頼もしい情報源が仲間であるときには、たいがい独習よりも効果を発揮する。石器のつくり方を自分一人で習得するのが難しいなら、ほかの誰かをそっくり真似するほうがよほどいいだろう。私が炎に手を突っ込み、そして痛い思いをするのをあなたが見ていれば、あなたは同じことをすまいと学習できる。しかも、あなたは私とほとんど同じだけの知識を獲得しながらも、コストはいっさい払わずにすむ。社会的学習とはかくも効率的なものである。

それればかりではない。学習をさらに効率化できる、「教える」という独特の行為がある。誰かが別の誰かに積極的に教えようとすれば、教わる側はその教えからもっと容易に学べるのだ。正式に定義すれば、「教える」とは、(1)おもに、もしくはもっぱら、経験のない個体を前にして行なわれ、(2)教える側にコストを払わせるか、そうでなくとも直接の利益を何ももたらさないが、(3)学ぶ側が単独で学ぶ場合よりも効率的に情報や技能を獲得できるようにしてやる行動だ[97]。狩猟採集社会に正式な学校はめったに(もしくはまったく)ないが、ごく幼いうちからの教え(および、いわゆる天然の教育学)は、広く観察されている[98]。

教えるというのはまさしく一種の協力行動で、コストがかかるため、動物界ではあまり見られない。しかしいくつかの種では、これが独立して進化してきた。たとえばアリ(一種の連結歩行(タンデムランニング)によってエサのありかを仲間に教える)、ミーアキャット(危険な獲物の扱い方を仲間に教える)、シロクロヤブチメドリ(特定の鳴き声とエサとの関連づけをヒナに教える)、および霊長類やゾウなどだ[99]。この行動の進化も、ほかの利他行動と同じく血縁選択によって促進される。仲間の不注意な行動から社会的に学ぶ能力をすでに進化させている動物なら、もうあと一息で明白な教示行動を進化させることだろう。

念のため言っておくと、社会性一式のすべての側面を示していない動物でも、社会的に学ぶことはできる。たとえばイヌは、ほかのイヌから狩猟の技法を学ぶ。

私は少し前、うちの飼い犬に、この点にかんして心から納得させられた。ミニチュアダックスフントのルディはうちで暮らして七年になるが、いつでも地面にへばりついていた。彼は高いところにあるもの、自分の背の届かないものには、まったくといっていいほどたいした興味を示さなかった。ところがある日、友人がうちに来て食事をしたあと、友人の連れてきた、やや年を召したビーグル犬のレイラが、よたよたとダイニングルームに入ってきて、椅子に飛び上がり、さらにテーブルに飛び乗って、私たちの皿に残っていた食べ物を片付けはじめた。ルディはたいへんな集中力でそれを見ていたが、やがて自分もまったく同じ方法でテーブルに飛び移り、皿に半分残っていたパスタをがつがつと貪り食った。これは彼にとって永遠の教えだった。以後、私たち家族は食べ終わった皿を即座に片付けねばならなくなった。

もちろん、社会的な教示と学習をこれよりずっと発達させているのが霊長類だ。[100] たとえば、ある若いチンパンジーは、木の実の取り出し方をこんなふうに学習した。

> ニーナは、ただ一つ持っている不規則な形状をしたハンマーで、木の実の殻を開けようとした。……八分間そうして格闘していると、リッチ［ニーナの母親］がやってきたので、ニーナはすぐさまハンマーを渡した。ニーナを前に座らせて、リッチはゆっくりと、非常にこなれた手つきでハンマーを回しながら、最も殻を叩き割りやすい持ち手を探し当てた。その動きの意味を強調するかのように、リッチはたっぷり一分かけて、この単純な回転動作を行なった。ニーナが見つめている前で、リ

ッチはいよいよハンマーをふるい、一〇個の木の実を叩き割った（そのうち六個は実がまるまる取れて、四個は一部だけ実が取れた）。そしてリッチが立ち去ると、ニーナは木の実割りを再開した。今度は母親と同じ握り方でハンマーをふるってみると、一五分で四個の木の実を取り出すことに成功した。[101]

別の研究では、道具の使い方がどう社会的に獲得されるかを九頭のチンパンジーが示している。[102] 離れて配置されたチンパンジーのそれぞれに、ストローとジュースの容器が与えられた。ここでチンパンジーたちがジュースを味わうにあたり、二種類の方法が見られた。四頭のチンパンジーは、人間がやるようにストローからジュースを吸い上げたが、残りの五頭はストローを容器に浸して、先端についたジュースを舐め取った。ストローで吸い上げる技法は、ストローを浸す技法より五〇倍以上も効率がよかったが、浸す方法を最初に使ったチンパンジーたちは、もっと効果的な方法があることになかなか気づかず、五日経ってもそれを単独では発見できなかった。しかし五頭のうちの四頭は、吸い上げ組のチンパンジーの一頭といっしょにしてみると、すぐにもっといい方法に切り替えた。しかも学習の進捗は、速さにしろ手際にしろ、浸し組のチンパンジーの弟子たちが、吸い上げ組のチンパンジーの先生たちにどれだけ注意を払っているかと密接な相関関係にあった。

アフリカの自然な野外環境（国立公園のタイやゴンベなど）にあるさまざまなコミュニティのチンパンジーのあいだでも、アリを捕まえて食べるためにアリ塚に棒を突っ込むなど、状況に応じた特定の技法や道具や姿勢などを仲間どうしで学びあっているのが観察されてきた。[103] 各コミュニティには一定の行動の集積があり、それによって、そのコミュニティの内部では道具使用の技法が一様になっているが、よそのコミュニティでは、そうした技法もさまざまに異なる。

このことからも、行動は社会的に広まるということが裏づけられる。そして、これもまた「文化」の一つの捉え方だ。文化とは、個体間で伝達されて、時を超えても伝わる知識、教えることや学ぶことが可能な知識、そして集団に特有の知識と言い換えることもできるのである。[104]

社会的学習のもう一つの印象的な実例は、インドネシアのある寺院のそばに住むカニクイザルの集団の行動で、彼らはめっぽう起業家的な（というより、むしろ犯罪者的な）慧眼(けいがん)を持っている。このサルたちが仲間どうしで学びあってきたのは、観光客を相手にうまい商売をする方法だった。彼らはいきなり舞い降りてきて、観光客の帽子やら眼鏡やらカメラやら、さまざまなものを盗み取り、相手がエサという賄賂(わいろ)をくれたら初めて返してやるのである。[105]これは唯一無二とは言わないまでも、かなり独特の行動で、明らかに社会的に伝達されている。ここを調査している科学者たちの報告によると、移り住んできたカニクイザルの新しい集団のメンバーも、盗んだ品物をエサと交換できることを理解しはじめたという。実際、この窃盗を寺院で調査していた霊長類学者の一人は、自分の研究ノートを買い戻さなくてはならなくなった。[106]

もう一つの例は、ゾウにおける作物荒らしだ。荒らしている現場を見つかったゾウは、当然ながら村人に攻撃され、槍(やり)を突き立てられる。ケニアのアンボセリ国立公園では、おとなのゾウの死亡数の六五パーセントが、こうした人間との抗争を死因としている。ゾウにとって作物荒らしはかくも命がけのことだから、どうやって荒らすかを試行錯誤によってではなく、捕まらずにすむ方法を知っているほかのゾウをそっくり真似することによって学ぶのは、いたって適応的なことだろう。実際、ゾウは荒らすなら真夜中に、できれば月の出ていない夜を選んで、ふだんよりも大集団の襲撃隊を組んで行なうのがよいと学んでいるようだった。
ゾウはこれだけでなく、効果的な学習に関連するほかの資質も見せている。年長のゾウや経験豊富なゾウなど、より頼もしいと思われる仲間の行動により大きな信頼を置いているようであり、さらに荒らし戦略にかんしては、複数の知り合いが採用しているのを見たことのある戦略にいっそう大きな信頼を置いているようだった。[107]

こうした動物の社会的学習が起こるかどうかには、交流の構造が多少なりとも影響するのだろうか？たとえば空っぽのネットワークを想像してみよう。一人ひとりが誰ともつながっていないネットワークだ。つながりがなければ、もちろん社会的学習は起こりようがない。そこから一歩進めて、隔離された二人一組のつながりがあるだけのネットワークでも、やはり効果は薄いだろう。一方、まったく対照的に、全員が全員とつながっている完全に飽和したネットワークを想像してみよう。これはこれで、やはり最適ではない。一人ひとりがうるさいほどの情報入力に圧倒されながら、全員が多数の社会的絆を維持しなければならないからだ。したがって、この両極端の中間あたりが望ましい。各個体にせいぜい二つ三つの絆を持たせるぐらいに調整するのが成功の秘訣(ひけつ)かもしれない。

実際、「ネットワーク密度」(存在しうるすべてのつながりのうち、実際に存在するつながりの割合)、「コミュニティ構造」(ネットワーク内に下位集団が存在し、その集団内のつながりのほうが集団間のつながりより多い構造)、および「ホモフィリー」は、いずれもアイデアや行動が広まるかどうか、そしてその延長として、文化が出現するかどうかに影響を及ぼしうる。[108] ある人の仲間の多くがある習慣を好んでいれば、その人がその習慣を採用する可能性は大いに高くなる。そして既存の構造のあらゆる特徴が、そうした仲間を持てるかどうかに影響する。

**図 9.5　オスのゾウのネットワークに顕著にあらわれている
コミュニティ構造と作物荒らし行動**

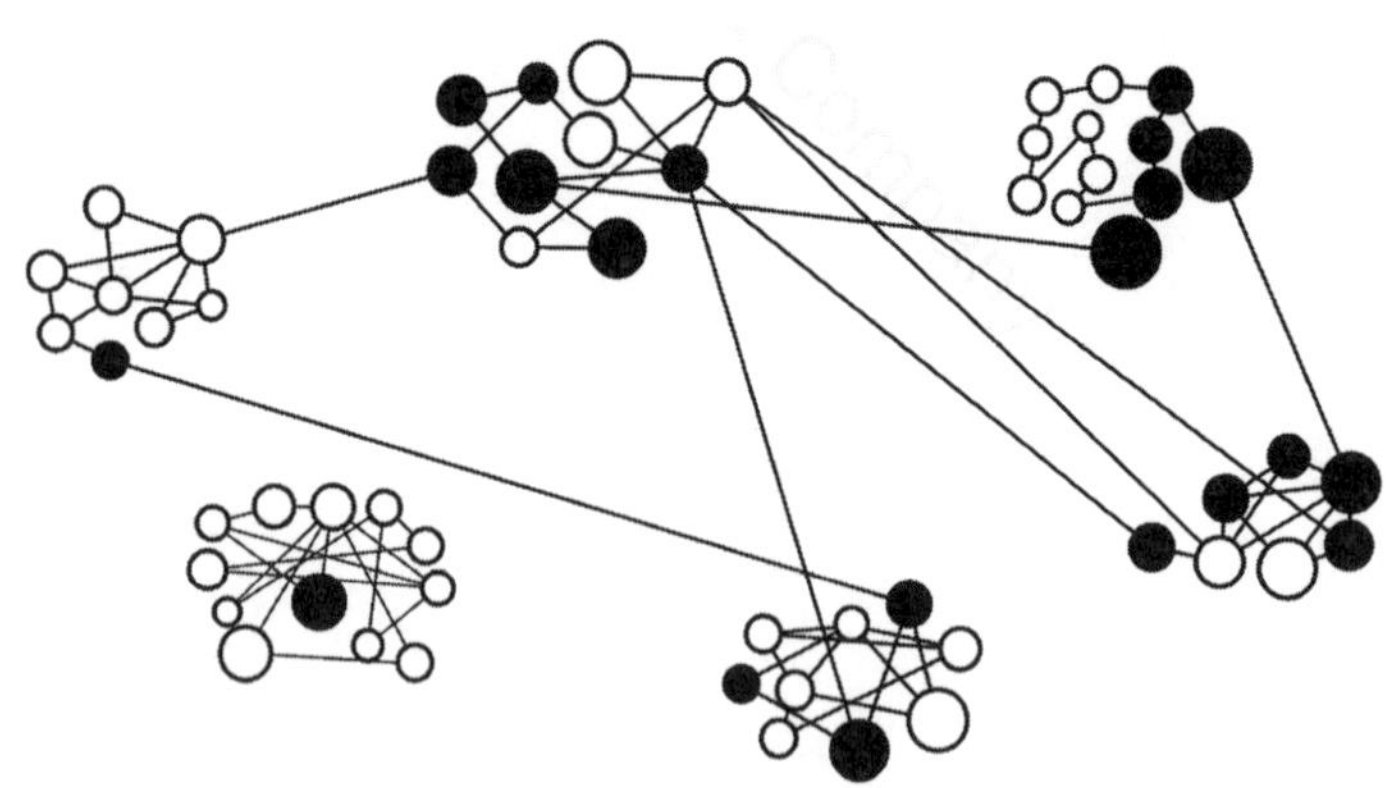

図中の円（節点）は 58 頭のオスのゾウをあらわし、円の大きさが各個体の年齢と比例する。直線は、ともに過ごす時間の長さにもとづいた社会的関係を示す。黒い円は作物荒らしをしているゾウを、白い円はしていないゾウをあらわす。ゾウたちは自然に六つの集団に分かれてまとまっている。荒らし行動は集団によって異なる。

ただし、ホモフィリーの役割は複雑だ。ホモフィリーはたしかに学びを促進する。集団の仲間は類似の課題を前にして、それに関連する解決策を互いに教えあうことで学んでいくからだ。しかしながら、類似性があまりにも強いと、今度はイノベーションが起こりにくくなる。したがって理想的なのは、似た者どうしと似ていない者どうしがうまくつりあっていることだ。

では具体的に、さきほどの作物荒らしの例で考えてみよう。アンボセリでは、五八頭のオスのゾウのネットワークが接続指標を使ってマップされている[109]。あるゾウの最も近しい仲間が作物荒らしをしている場合、および、二番目に近しい仲間が作物荒らしをしている場合は、このゾウも作物荒らしをしている可能性が高かった。図9・5に示されているように、作物荒らしをしているゾウどうしは互いにつながっていることが多く、していないゾウどうしもまた同様だった。下位集団によって荒らし行動には差があり、六つのコミュニティ集団の一つでは、予想よりはるかに作物荒らしが少なかった。あたかもこの集団は、作物を荒らさないという規範を遵守しているかのようだ。

寄り集まって生きている知能の高い動物は、集団内の古参のメンバーや、何かを発見したメンバーの記憶や知識から、利益を得られる。記憶が伝達されるかどうかで、日照り続きの毎日に見舞われたゾウにとっては生死が分かれることにもなるだろう。[110] 同じように、数年おきに発生するエルニーニョ現象が太平洋をひとたび襲うと、赤道付近ではエサが乏しくなって、マッコウクジラの集団はすぐさま何千キロも離れた良好なエサ場に移動する。このときに、前回のエルニーニョの経験からそのエサ場を覚えているのが高齢のメスのクジラであるようなのだ。[111]

社会的な種は、友情、協力、知能、そして社会的学習を通じた知識の伝達など、互いに関連する一連の特質を進化させてきた。[112] こうした種における知能とは、集団のほかのメンバーのアイデンティティをたどれて、社会的に生活していけるという必須の要件に関連しているだけでなく、特定の記憶を呼び覚まし、仲間に教え、仲間から学ぶ能力とも関連しているのかもしれない。

動物の文化

ネットワークを築き、協力し、社会的学習をする能力は、いずれも社会性一式のもう一つの側面を可能にする。それは文化を獲得し、維持する能力である。たとえばアフリカのチンパンジーを八年間から三八年間にわたって長期的に観察してきた六つのフィールド調査（ギニアのボッソウ、コートジボワールのタイ、ウガンダのキバレ、ウガンダのブドンゴ、タンザニアのゴンベ、タンザニアのマハレ）から、これら別個の個体群がそれぞれ独自の文化を持っていたことが実証されている。[113]

道具使用から毛づくろいにいたるまで、六五種類の行動が調査されたが、そのうち少なくとも三九種類は、六つの個体群のどれかでは習慣的に見られても、別の個体群ではまったく見られなかった。それらの行動はチンパンジーたちのあいだで学習され、伝達されたものだった。加えて、いくつかの行動の「組み合わせ」も、その個体群に固有の特徴になっていた。アメリカで銃所有と信心深さが、あるいは絶対菜食主義とマリファナの非犯罪化支持が、しばしばセットで見られるようなものである。

動物における文化の差異は、いくつかの面から説明できる。まずは、その差異の由来が遺伝的なものだという可能性がある。たとえば同じ種の鳥でも、あるところに住む個体群が別のところに住む個体群とは異なるさえずりを発したり、独特の道具使用をしたりするのは、遺伝的な差異が鳥の喉頭やくちばしの形状や本能に影響しているからかもしれない。ニューカレドニアのカラスなどは、隔離して育てられた場合でも典型的な（そして遺伝的にコードされている）道具使用の行動を見せることがわかっている。[114]また、チンパンジーの一部の下位個体群は、ほかの集団と何万年も分かれて暮らしてきたため、遺伝子基盤の行動レパートリーを進化させる時間が十分にあっただろう。

あるいは生態的な要因が（遺伝子ではなく）、特定の地域に固有の行動伝統を説明することもあるかもしれない。ある場所に住むチンパンジーが地上で眠ることを習慣としていても、別の場所に住むチンパンジーがそうしないのは、単にその一帯にヒョウがいるからなのかもしれない。

だが、こうした差異を真の文化という概念で説明できる可能性もある。考えてみれば、文化というのは一連の信条と行動と構築物の総体で、それらが任意に採用されたのでも、あるいは適応的だから採用されたのでもかまわないが、いずれにしてもそれは集団のメンバーに共有される、集団に典型的なものであり、かつ、社会的に伝達されるものだ。動物の特定の行動パターンが文化とみなされるには、それが模倣や教示を通じて伝達されている証拠がなくてはならない。あわせて言語と象徴的思考も必要だという説もあるが、私からすると、その定義はあまりにも人間中心的に思われる。前に見た、友情に対する過度に厳密な基準と同じだ。

動物の文化の研究にはつねに異論がつきまとう。実験できることに限りがあるため、前述のような相互関連する説明に明確な区別をつけるのは難しいのだ[115]。生態環境と文化的行動には相関関係があると予想されるが、それは文化的な形質が概して適応的だからで、たとえばシロアリ塚があるところではチンパンジーは棒を使ってシロアリを捕獲する方法を発明し、伝達するが、シロアリのいないところではそれが起こらない。しかし生態環境による差は、文化とは関係ない理由でも生じうる。チンパンジーが刺咬昆虫をどうやって食べるかは、おそらくその地域に住むアリの刺咬傾向によって決まるのだろうが、チンパンジーはそれをみずからの試行錯誤によって学習しているのであって、ほかのチンパンジーのやりかたを教わったり真似たりしているのではないのかもしれない。

遺伝子と文化にも相関関係はありそうだ。鳥には特定のさえずりを発するための、遺伝子にもとづいた生来の能力があると見られるが、それでもそのさえずりを、別の個体からの学習によって身につけさせられる必要がある。アカゲザルを使った実験では、アカゲザルはヘビを怖がることをほかのサルを見て学習するものの、ほかの物体を怖がることについては簡単に教われないことがわかっている[116]。

学習結果が遺伝する――ボールドウィン効果

ややこしいことに、かつては学習されていた行動が、時を経るうちに実際に遺伝性になることもある。これは「ボールドウィン効果」といって、具体的には次のように生じる。まず、どの動物の種のどの世代にも、ある特定の行動を学習しやすくさせる遺伝子変異をたまたま生まれ持った個体がいるだろう。たとえば一部の鳥は、あるさえずりの典型的な冒頭の音をより自然に発声できる脳を持っていたおかげで、ほかの鳥より容易にそのさえずりを学べるかもしれない。この行動がもしも適応的なら（たとえばその鳥のさえずりが配偶者を引きつけるのに役立つとかなら）、それは適応度の面で有利になるということだから、その行動を学習しやすくさせる遺伝子は、個体群が繁殖を重ねるごとに強化され、頻度が高まっていくだろう。

同じことが以後もずっと続いていく。各世代において、最もうまく生き残れるのは標的行動を最も容易に学習できる個体であって、それらの個体はその行動をどんどん生来的に強く示すようになる。そして冒頭の音を生まれつき発声できる能力を獲得している鳥の一部が、今度はそのさえずりの主題を歌いやすくさせる別の遺伝子変異も生まれ持っているかもしれない。これもまた世代を経るうちに、自然選択の作用を受けて、生来的な能力になるだろう。やがて最終的には、その行動が――その属性だけでなく――全体として遺伝子にコードされるようになる。[117] もともとは非遺伝性だった行動が、こうして遺伝的にコードされた行動に変わるのだ。

ようするに、動物の集団内の共通行動がどう説明されるか（その行動が生態環境によるのか遺伝子によるのか文化によるのか）を云々するのは、おそらく「生まれか育ちか」論争を明確な類別目的で考えるのと同じぐらい、非生産的だろうということだ。ある動物の文化の由来が多岐にわたっていることもあるかもしれない。だが、それでも一部の動物が明らかに文化を持っていることには変わりない。

動物行動学者は、伝統と本格的な文化とを区別している。[118] 文化のほうが伝統よりも幅が広く、多くの行動を内包する。鳥類や哺乳類がある種の学習された伝統を一つ持っているのは珍しいことではないが（標準的な猟場に移り住むとか、伝統的なさえずりを歌うとか）、一つの集団がさまざまな独特の習性を総体として持っていることはめったにない。とはいえ、チンパンジーも集団によってはアリの捕獲に使う小枝をどう調達するかについて一定の学習された伝統を持っているとともに、その小枝の使い方について別の伝統も持っているかもしれない。ちょうど人間がさまざまな文化集団ごとに、ダンプリング〔訳注：小麦粉を練った団子。日本ではすいとんなどがこれにあたる〕をどう調理するかについてと、それを食べるのにどんな道具を使うかについて、関連した別の伝統を持っているかもしれないのと同じことだ。

では、動物がはたして「累積的な文化」を持つのかどうかとなると、やはり疑問が生じる。これは人間の文化にとっては必須の要件で、人間は先行するイノベーションをその後の基盤にしていくことができる。

ほかの霊長類においてもその兆候はわずかにある。たとえばチンパンジーは、もともと木の実を叩き割るための土台として石の使用を思いつき、それからその慣習を洗練させて、さらに小さな石を使って土台を支えるようにしたものと見られる。また、ニホンザルはサツマイモをかつてなく複雑で効果的な方法で洗うことで知られるが、この一連の処理手順も徐々に進化させたものなのかもしれない。[119] しかし人間は、金属を溶かすところから始まって、今では飛行機の胴体をつくるまでにいたっている。

文化には特定の認知装置も必要になる。つまり文化的な動物は、ただ伝統的な行動を示しているだけの動物とは違って、自分たちが教えること、学ぶことのできる動物だと認識する能力を備えているはずなのだ。チンパンジーの母親は明らかにこれを理解しており、叩き台を使って木の実を割る方法を自分の子にはっきりと教える一方で、幼児の自主性を重んじるモンテッソーリ教育の先生のように、関連材料を子供の手の届く範囲に周到に用意してやる。[120]そして生徒たちの意欲も高い。個人的アイデンティティの存在に気づくことが自己認識にとって不可欠なのと同様に、この社会的学習の価値に気づくことが文化には不可欠なのだ。

これらを背景として理解しておけば、前述の六つのチンパンジーの個体群には本当に独自の文化があるのだとわかるだろう（口絵5）。威嚇の示威行動として大枝を引きずる動きなど、いくつかの行動はどの場所にも存在していたので、それについては遺伝的な説明を容易には排除できない。おそらくこの行動は、ゴリラの胸叩きと同じように生得的なものなのだろう。あるいはもしかすると、これはボールドウィン効果の産物で、遠い昔に一部のチンパンジーがたまたま枝を引きずったところ、ライバルを威圧して自分の生存を高めるのに成功したために、この行動が生得的になったのかもしれない。

しかしながら、ほかの行動は場所によってばらばらだった。たとえば、石のハンマーと土台を使って木の実を割る、葉っぱを使ってシロアリを釣り出す、針を突き刺して液を抽出する、棒でシロアリ塚の入り口を広げる、大きな葉をシート代わりに利用する、葉をタオルのように使って体を拭く、標的にものを投げる、若木を反らしてから急に手を離して仲間への大きな警告音をたてる。これらの行動は、地理的に遠く離れた六つの個体群のすべてに、独自のさまざまな組み合わせで存在していた。そして重要なことに、文化を持つ能力のある霊長類はチンパンジーだけではない。オランウータンとオマキザルについての研究でも、それが明らかにされている。[121]

研究者はときおり、まったくの偶然から、チンパンジーの集団のあいだに新しいイノベーションが生まれて採用される場面を観察することがある。ウガンダのブドンゴ森林に住むソンソ集団という群れのチンパンジーは、通常、口を使って折りたたんだ葉の束でスポンジのようなものをつくり、それを木の穴に突っ込んで水を採る。しかし二〇一一年、研究者は、集団の支配的なオスのニックが苔のスポンジをつくって、それで地面の小さな水溜りから水を飲んでいるのを見た。それは観察が始まってから二〇年、一度も見られたことのない行動だった。この行動はニックから支配的なメスのナンビに伝わって、さらに（次の六日間という非常に急速なペースで）二七頭の集団のうちの六頭に、既存の社会的つながりに沿って優先的に伝わった。[122]

イノベーションの社会的伝播と新しい慣習の出現は、クジラ目においても記録されている。一九八一年に、あるザトウクジラの集団のあいだでロブテイルフィーディングという新しい漁獲技法（あらかじめ水面を尾ひれで叩いてから通常のバブルネットフィーディングで魚群を囲い込む技法）が出現し、これもクジラからクジラへと既存の社会的つながりに沿って拡散した。[123]

もう一つの印象的な例は、パタゴニア沖に生息する三〇頭のシャチの群れが生み出した独特の狩猟技法で、なんとこれらのシャチは、重さ五トンにもなる体を浜に乗り上げさせて波打ち際のアシカを捕獲する。このやり方で狩りをするシャチの群れは世界中でこれしか知られていないが、この技法は代々この群れで受け継がれてきた。[124] クジラにかんしてはこのほかにも、おもに採餌行動と音響行動を中心として、いくつかの文化の証拠が動物行動学者のハル・ホワイトヘッドらにより確認されている。[125]

動物に見られる文化的な伝統のほとんどは、生存の見込みを高められる実利的なもの――たとえば食物

図9.6　草のイヤリングを創案したチンパンジーのジュリー

の新しい採集手法など――だが、いくつかの新しい文化的伝統は、任意に発生しているように見える。ザンビアのチンフンシ野生動物孤児院という自然保護区の森林に住むチンパンジーのある集団は、長い草の葉をイヤリングのように耳に装着するという、なんの役にも立たない習慣を発達させた（図9・6参照）。これがなんらかの実際的な目的にかなっているとは思えないので、おそらく人間における一時的流行に近いものだったのだろう。二〇〇七年に創案者のジュリーから始まって、二〇一二年には、ほかの七頭のチンパンジーにも広まっていた。[126]最終的に、集団内の一二頭のおとなのうち、八頭がこのイノベーションを採用した。特筆しておくべきは、互いに隔絶しているチンフンシの四つの集団のうち、この伝播が見られた集団は一つだけだったことだ。

この事例から、私はもう何年も前から友人としてきた議論を思い出す。それは私の研究室が取り組んでいる、発展途上世界の公衆衛生習慣を変えようとする研究についての議論だ。[127]

私たちはホンジュラスで、一七六の高地の村に住む、二万四八一二名の社会的ネットワークをマッピングした。この調査では、影響力のある個人を（各人のネットワークでの位置にもとづいて）特定できる手法がとられた。それがわかれば、その個人を行動変容のターゲットにできると考えたからだ。そうした構造的に影響力のある個人にふだんの行動を変えさせられれば、その人の住む村全体がその行動を模倣するのではないかと期待したわけである。私たちは母乳育児率が高まるように、乳幼児の下痢の予防が改善するように、母体の妊娠中における父親の関与が高まるように、地元の文化を変えようとしている。これらはすべて、乳幼児の死亡率を下げるとわかっているからだ。

だが、ここで友人のアダム・グリックが言うには、私たちのやり方にとって本当の試練は、人びとに役にも立たない任意の行動をとらせられるかどうかだという。「もし人びとを説得して子供がかぶるようなプロペラ帽子をかぶらせることに成功すれば、この社会的変化を誘導しようとする手法も本当にうまくいくのではないか、と思えるが」

つまり彼が言いたいのは、学習される習慣にまったく目的がない場合こそ、ものごとが社会的に学習されるという主張はとくに強く響くということだ。多くの人が無益な一時的流行を、ただ個人的に学習しただけで、同時に独立して採用するとは考えにくい。だが、無益な習慣が社会的学習によって広がることなら、これは十分ありえるだろう。[128]

近代社会では、文化的伝統が生死に直結していることはほとんどなく、人間の多くの慣習は、おそらく任意的なものだろう。近代の環境がコミュニケーション技術とあいまって、私たちの文化的能力がとめどなく発揮される条件を生み出したのかもしれない。近代社会に見られる服装や身体装飾の流行の激しい移り変わり――伝統社会の装束や自己装飾における同様の変化をはるかにしのぐペースでの変化――に、それがよくあらわれている。

人間と動物

思考する種である人間は、ほかの動物に人間と似たところ、似ていないところを見つけては魅惑される。場合によっては、人間がいかにほかの動物と違っているかに視点が集中することもある。しかし見方を変えれば、たとえ同じものを見ていても、人間がいかにほかの動物と似ているかに気づかされることもある。私からすると、この違うところと似たところが、ともに多くのことを教えてくれていると思う。

人間はある特定の社会性動物と、前に見てきた夫婦の絆や友情だけでなく、ほかの社会性一式のいくつかの側面も共有している。みずからの個人的アイデンティティを認識し、表明する能力は、人間にもほかの一部の動物にもあるものだ。たとえば悲嘆する能力もそのあらわれであり、これは自分にとって唯一無二の、特別な個体の死に結びついている。人間は友達と協力し、集団内の仲間とも協力する。そしてそれをうながすためのさまざまな行動を――社会的交流から完全に身を引くこと、協力しない他人を罰することも含めて――進化させてきた。

他人とのつながりや協力があるからこそ、人間は他人から学ぶことができ、それをまた土台として、次は自分から他人に教えることへの興味と意欲を進化させる。教えることは教える側にコストを負わせる一方で、必ずしも利益をもたらさないから、これはまさしく一種の利他行動だ。このすべてがあってこそ、一つの最終的な奇跡が可能になる。すなわち文化の才能だ。文化は人間においては非常に複雑で、累積的なものにもなる。私たちはみな、人類という種が長い年月のあいだに生み出して、時間と場所を超えて人から人へと伝えてきた、そして今では私たちとともにある集合的な知識の受益者だ。

これら人間集団のあらゆる普遍的な特徴が、互いに協調し、互いを補強しあって、人類という種をうまくこの世界に生き残らせている。これらの特徴は、明らかによさそうなものに見える。実際、社会性一式のこれらの要素が、伝達可能な文化を築く才能を支え、遺伝的継承と並ぶ（そしてときには交差する）第二の継承システムの基盤をつくるのだ。私たちは遺伝子と文化をともに次の世代に伝達する。そして実はこの両方が、あとの第11章で見るように、互いに影響を及ぼしうるのだ。

人間社会と動物社会との類似点は、人間社会の構造と機能に不可欠な特徴を正確に特定してくれる。私たちの社会にある特定の形質がほかの社会性動物にも見られるのなら、それらの形質は人類において基本的なものに違いないという考えの裏づけになる。

だが、それよりもっと重要なのは、これがあらゆる人間社会に普遍的にある特徴を前面に押し出して、全人類が共有する人間性を浮き彫りにすることだ。矛盾するようだが、人間が社会性一式の面でほかの動物と似ているときこそ、人間はすべていっしょなのだということが明らかになる。ほかの動物に似ていれば似ているほど、人間は互いにも似ているはずなのだ。

第10章　遺伝子のリモートコントロール

ニューギニア西部に生息するニワシドリのオスは、ＢＢＣのドキュメンタリー『プラネット・アース』の語り手デイヴィッド・アッテンボローによれば、「インテリア装飾への情熱」を持ったとんでもない生き物だ。ニワシドリは「バワー」（あずまや）と呼ばれる、非常に手の込んだ構造をこしらえる。この驚異的な構築物は、林床に立てられたメイポールのようなものを中心にして、円錐形に直径二メートル近くまで広がり、構造を支える柱と、ランの茎で葺かれた屋根を備えている。内部もまた入念に手入れがされていて、甲虫の翅、熱帯性のドングリ、黒色系の果実、明るいオレンジ色の花などが積み重なり、ていねいに植えられた苔の「芝生」まで敷かれていることもある。そしてとっておきのメインは、みずみずしいピンク色の花束だ。

ニワシドリ自身には、これといって特別なところは何もなく、さえない中間色の羽を身にまとっているだけだ。だが、アッテンボローが感心しきりに説明するように、ニワシドリのバワーは「羽よりもすぐれている。ゴクラクチョウの個体は、自分の羽毛の形状や色を選べない。遺伝子に与えられたものをそのまま見せるしかない。ところが、ニワシドリには選択肢がある。青色よりもピンク色のほうがメスを引きつけられそうだと判断したら、ニワシドリのオスはさっそく自分のバワーをそのように飾りつけられる」[1]。

オーストラリア、ニューギニア、インドネシアに生息する約二〇の種のニワシドリは、独特のバワーをつくる習性を遺伝的に組み込まれている。バワーにはいろいろなタイプがあるが、前述のメイポール式と、側面を草葺きにしたアベニュー式が代表的だ。

この驚異的な行動を進化させた一番の推進力はメスの選り好みだが、個々のオスにもそれなりの選択の自由がある。遺伝的なプログラミングによって赤い物体よりも緑色の物体に反応させられるオスでも、遺伝子の定める範囲内でなら、身の回りにある材料をなんでも選び取ることができる。幸い、ニューギニアの森林は、材料の種類の豊富さが半端ではなく、果実、ベリー、菌類、チョウ、甲虫の翅、小石、貝殻、マメの莢、毛虫の糞など、なんでもそろう。さらには近くのキャンプ場に落ちていた瓶の蓋など、人間の残したがらくたが手に入ることもある。鳥類学者のリチャード・プラムによれば、ある種のニワシドリのある個体は、近くの堆積岩の崖から取ってきた漂白された白い化石貝殻を、同じぐらい手に入れやすい白い小石よりも好んで用いていたという[2]。

この選択の自由を独創的な実験によって探ってきたのが、鳥類学者で地理学者でもあるジャレド・ダイアモンドだ。ニワシドリは、種によって決まった様式のバワー（たとえば枝を使った高い塔、草を織りなした低い塔など）をつくらねばならないが、ダイアモンドはニワシドリのさまざまな集団の近くに色とりどりのポーカーチップをばらまいて、個々のニワシドリがどの色のチップを使い、バワー内のどこに置くかの好みを調べ、さらには色の組み合わせの好みまで明らかにした。

この差異が生じる背景としては、いくつかの要素が考えられる。ニワシドリの個体群のなかでの遺伝的変異、ニワシドリのあいだでの文化的伝達、あるいは単純に、個体によっての気まぐれな好みの差、という場合もあるだろう。たとえばダイアモンドによれば、あるニワシドリは「ほかのオスたちが捨てた甲虫の頭部で、独自の山を築いた」[3]。そのほかオレンジ色の物体（果実、花、種、菌など）ばかりを集める個体もいれば、黄色か紫色の花、あるいはチョウの翅に特化している個体もいた。

ニワシドリのいくつかの種は、バワーの入り口から奥に向かって、順々に大きな物体を配置する。これは入り口から見たときに、空間が平坦に見える錯視を起こさせる技法だ。[4]この技法はニワシドリの交尾の成功に影響しているようで、メスはこの技法の巧拙の差を識別できる。私たち人類が遠近法を使った絵画を生み出したのは、やっと一四世紀から一五世紀のことだというのに。

前述のプラムをはじめとする鳥類学者の見解によれば、ニワシドリのオスのバワー構築行動は、性的強要を防ぎたいメスの選り好みとともに共進化したという。[5]たとえばアベニュー式のバワーの場合、メスは無理やり交尾させられる危険を冒さずにオスに近づいて、その考え抜かれたコラージュや、多彩な装飾物、工夫を凝らしたダンスを検分することができる。なぜならメスは、トンネルのようなバワーの片側から内部に入り、前の開口部越しにオスを観察できるが、オスは許可がないかぎりメスには近づけないからだ。もしオスが後ろの入り口からバワーに入ってこようものなら、メスはさっさと前の入り口から飛んでいってしまえばいい。

オスのニワシドリがこのようなバワーの建て方を進化させたのは、メスが性的強要、身体的ハラスメント、強制交尾を避けることを好んだからなのかもしれない。メスの選り好みはオスの行動を、メスに適した美しい構造物をつくることに向けなおしたのだ。

このような進化事象は、第5章と第6章で見た食料供給戦略を思い出させる。私たち人間の男性は、より大柄で、より攻撃的になるよりも、女性を引きつけるために愛情や優しさといった非暴力的な行動を用いるよう進化してきたのかもしれないのだ。

しかし私の見るところ、ニワシドリのパワーにかんして何より驚異的なのは、この性選択の仕組みがニワシドリの体の外にあらわれている（つまりクジャクの羽（はね）の色の鮮やかさや、ゴリラのシルバーバックの体格のよさとは違っている）という点だ。遺伝子は、それを収めている動物の体内だけにとどまらず、離れたところにもその効果を及ぼせる。この少しばかりの微視的（ミクロ）な暗号が、その大きさをはるかにしのぐ巨視的（マクロ）な世界をかたちづくれるのである。

遺伝子は「世界」にも作用する——外的表現型（エクソフェノタイプ）

遺伝子の作用については、いくつもの異なるレベルで理解することができる。そして、そこにはしばしば科学者の任意の関心が反映されている。

たとえば生化学者なら、遺伝子が細胞にどんな影響を与えるかを調べ、遺伝子がそれに対応するタンパク質に翻訳される第一段階での表現型を観察したところで、仕事はもう終わりだと言うかもしれない。だが、全員がそこでやめるわけもない。遺伝医学者ならタンパク質に対する遺伝子の作用には目もくれず、筋肉の機能、脳の構造、病気の症状に、種類の異なる遺伝子がどう影響するかを研究するかもしれない。あるいは動物全体に関心を持つ動物学者なら、キツネの毛の色やハタネズミの一夫一妻行動など、興味のある表現型を調べるために繁殖操作を行なうかもしれない。そして行動遺伝学者なら、それらの中間段階はさっさと飛ばして、さらに遠くの下流に目を凝らし、リスク回避性や新規探索性などの複雑な形質に集中するかもしれない。

だが、遺伝子がそのようにいくつものレベルで――タンパク質から身体組織、生理機能、行動にいたるまで――自己表現をするのなら、もう一歩（かなり大きな一歩ではあるが）進んで、生物の体の外に及ぶ遺伝子の効果を考えてみてもいいのではないか？

二〇〇五年、私は政治学者のジェームズ・ファウラーとともに、遺伝子が体外に及ぼす効果、とくに社会的集団の構造と機能に及ぼす効果に、「外的表現型（エクソフェノタイプ）」という呼び名をつけた。[6]

このような考えを最初に提示したのは進化生物学者のリチャード・ドーキンスである。一九八二年の深遠な著作『延長された表現型』（紀伊國屋書店刊）で、ドーキンスは「利己的遺伝子を生物個体という概念的監獄から解放してやる」ことは理論的に可能であるはずだと主張した。[7]

この観点から見ると、ビーバーは機能的な膵臓を持つようにできているのと同じ意味で、有益なダムをつくるようにできているのかもしれない。ドーキンスは「延長された表現型」という言い方をしているが、ここでは「外的表現型」という言葉を使いたいと思う。この言葉が意味するところは、生物がみずからの繁殖と生存の見込みを高めるためにみずからの周囲の環境に及ぼす、偶発的でない、遺伝子によって導かれる変化のことだ。[8]ドーキンスは断り書きとして、「私が弁護しているのは、ある事実に関する立場ではなく、事実を見る方法なので、読者に言葉の通常の意味での『証拠』を期待しないように警告しておきたい」［訳注：『延長された表現型』日高敏隆、遠藤彰、遠藤知二訳より引用］と述べていた。[9]だが、この考えについての科学的な証拠は、それからぽつぽつと出てきている。

ある意味で、人類という種がつくっている社会的な世界は、バワーと同じような外的表現型の一つである。生物の体と心だけでなく、その周囲の世界までも形成する遺伝子の力を理解することは、人間の社会体系に対する新しい見方を与えてくれる。私たちが自分の友人を見たとき、自分の属する集団の組織や機能を見たとき、自分の組み込まれている社会を見たとき、そして世界中のさまざまな社会を見たときに、私たちの遺伝子の影響が見てとれたとしてもおかしくはない。

遺伝子が身長や体重のような形質に影響を及ぼす正確なメカニズムは、いまだ不明瞭であることが多い。このメカニズムがなかなか見えてこない理由の一つは、生物の発育にいくつもの遺伝子がかかわっていて、それらが生物の生涯を通じ、遺伝子どうしでも環境とのあいだでも、すばらしく複雑に相互作用していることにある。

これはたとえば眼の色のような、外的要因に影響されない形質についても言えることだ。遺伝子は複雑に絡みあって働いている。たとえば眼の青い人は、HERC2という遺伝子に突然変異を持っているのだが、この遺伝子が直接的に青いタンパク質の産生をコードして、そのタンパク質に虹彩を埋めさせているのでもなければ、メラニン（肌や髪や眼に褐色を与える物質）をコードしているわけでもない。この遺伝子の突然変異は、OCA2という別の遺伝子の発現を抑えることによって、下流への影響のカスケードを開始させているのだ。OCA2遺伝子はPタンパク質を産生させる遺伝子で、そのPタンパク質がメラニンの産生にかかわっている。つまり多くの段階を経て、HERC2遺伝子の突然変異は間接的に眼の褐色を薄くさせるから、結果として眼が青色になるのである。[10]

どんな単純な遺伝子変化でも、その影響は連鎖反応を呼んで下流へと及ぶ。そして当然のことながら、人間はこうした遺伝子カスケードのうち、体内で起こる影響ばかりに目を奪われがちである。しかしHERC2遺伝子の影響は、人間の皮膚までの範囲にとどまってはいない。もしあなたの眼が青いなら、それは前述の遺伝子変異が原因であり、青い眼のヨーロッパ人はみな六〇〇〇年前から一万年前のあいだに生きていた共通祖先から発しているのだろうと思われる。[11] だが、この遺伝子がこれほど広く行き渡って今にいたっているのなら、おそらくこの遺伝子にはなんらかの利点があったのだろう。現在わかっているかぎり、青い眼には、光感受性が強く、黄斑（おうはん）変性や眼腫瘍にかかるリスクが高いといった、不利な点がある。したがって、それを相殺するだけの大きな利点がこの遺伝子にはあったはずである。[12]

何が青い眼の利点なのかはまだ不明だが、それは青い眼が持ち主の体外ですることに関係しているのではないかと思われる。一つの考えとしては、青い眼が珍しく、したがって関心を引きやすかったため、進化期間を通じて繁殖の成功率を高めるのに役立ったという可能性がある。[13] また、人は概してリンバルリング（虹彩と白目のあいだの褐色のラインのことで、健康と若さの指標となる）のくっきりした眼を——何色であるかにかかわらず——好むが、そのリンバルリングはたいてい薄い色の眼のほうがはっきりと際立つ。[14] あるいはひょっとすると、眼が青いと人間の顔の表情が読み取りやすくなるのかもしれない。もしそうなら、青い眼はコミュニケーションの正確さを潜在的に強化できることになる。[15]

しかしながら、人が青い眼にどう反応しようと、青い眼にかかわる遺伝子がそのように体系的に他人の反応を変化させるなら、青い眼という表現型を有利にしているのは、まさしくこの体外への間接的な作用だということにならないだろうか？

捕食者を追い払うスカンクも、ハチを引き寄せる花も、みずからの適応度を高めるために他の生物の行動を変容させている。人間が発声を駆使して他人を意のままにしようとする場合にも——赤ん坊がなんとも可愛らしくばぶばぶ言って、大人の関心を引くときも——やはり私たちの遺伝子に埋め込まれた同様の力の進化があらわれている。あなたの口は、間接的な経路を通じてではあるものの、他人の筋肉を操作して、自分の生存につなげることができるのだ。

ただし、この考えをあまり広げすぎないようにすることも重要だ。[16] 体外への作用について語るときにぜひとも考慮しておくべきは、遺伝子がコードするのは特定の外的表現型であり、そのコードされた外的表現型が繁殖や生存に影響を及ぼすということである。たとえばドーキンスも、人間がつくる建物は延長された表現型ではない、と言っている。なぜなら人間は、住居を構築する性向に影響を与える遺伝子など持たず、その住居が氷でできた円い小屋になるのか枝でできた四角い小屋になるのかをコードする遺伝子も持たないからである（少なくとも私たちの知るかぎりでは）。人間が建てる家は、カタツムリが分泌する殻や、ニワシドリが組み立てるバワーのようなものではない[17]。

しかし遺伝子は、人間に物理的世界を改変させるなんらかの方法をコードしてはいなくても、人間が自分たちのために築く社会的世界には確実に影響を及ぼしている。人は多かれ少なかれ、自分のまわりの人にとって住みやすい環境をつくるものだ。これにどう取り組むかが、その後の人生に影響を及ぼす。しかも、人は他人の遺伝子によって形成される。私たちは遺伝子の海に生きていて、ことによると自分の遺伝子よりも他人の遺伝子のほうが、自分の運命に決定的な影響をもたらすかもしれない。

人間の社会秩序に進化がかかわっていることのさらなる裏づけとして、生物がどういったかたちで外的表現型を示すのか、そのさまざまな例を挙げてみたい。

まず、生物が周囲の「生きていない物質世界」を操作することに、遺伝子が影響を及ぼしている場合がある。鳥は巣をかける。ビーバーはダムを築く。クモは網を張る。これらはみな、動物が天然の素材を使って体外で作成し、体外に設置するものだ[18]。

次に、生物が遺伝子の作用によって生きていない世界だけでなく、「生きている世界」まで操作することもある。たとえば寄生生物は宿主の体内に改変を引き起こすことがある。ある種の病原菌に感染したカタツムリが、その菌のせいで殻をより厚くするのが一例だ。こうした場合、ある生物は接触を通じて別の生物の体に（および行動にまで）作用を及ぼしていることになる。

そして最後の、おそらく最も驚異的なやり方として、遺伝子は遠くからでも生物に影響を与えられる。ある生き物の遺伝子型が、同じ種に属する別のメンバーや、別の種のメンバーの表現型（行動も含めて）に、物理的接触がまったくなくても影響を及ぼせるのだ。

もし人間の遺伝子が体系的に他人の行動に影響を及ぼすのなら、進化は私たちがどのような社会生活を好んで築くかに大きく関係しているだろう。つまり人間社会の主要な特徴は、遺伝的にコードされているということだ。私たちの祖先は自分たちが占める社会的ニッチをつくりだし、そのニッチが人間の進化環境の一部になって、人間がこんにち持っている遺伝子を修正するフィードバックを果たしてきた。親切であることの利点は、個人がほかの（好ましい）人間に囲まれている環境でこそ大きくなる。このプロセス全体を経ることにより、社会性一式がどこにでも見られ、世界中のあらゆる人間社会の中核に存在するものになったのである。

動物の構築物

動物の構築物は、動物の行動の意図的な結果として、動物みずからによって生み出された物体だ。ニワシドリのバワーがその一例である。遺伝子型の影響によってさまざまな差異を示すあらゆる表現型と同じように、構築物も、その差異に応じて生物の生存と繁殖の見込みを高めもすれば低めもする。そしてその結果しだいで、関連する遺伝子変異が広まることにもなれば先細りすることにもなる。

たとえばクモは、体の前方の頭胸部に口を持っているが、この口が獲物を捕らえやすくなるようにどんどん大きくなる方向へ進化したのであれば、それはクモの生存を左右する遺伝子型の変化から発した表現型形質とみなされるだろう。

しかしクモが自分の体外に張る網も、実はそれとまったく変わりない。クモは体の後方の腹部にある出糸突起を利用して、実質的にエサを捕らえる口の範囲を広げているのだ。つまり、クモの網は大きな口のようなものなのであり、クモが網を張ることも、その網の構造形態も、自然選択の制御下にある。

こうした構築物が、その生物種の遺伝子構成を反映しているのはいたって明白だ。分類上ですべてのクモが属するクモ目は、その下に一〇五の科、三万四〇〇〇以上の種を持ち、きわめて多様性に富んでいる。[19] 口絵6に示されているように、円網を張る種のなかでもさまざまな面で違いがあるが、とくに、クモがどのようにして網を張るか、その糸を構成している主要なタンパク質配列がどのようなものであるかが重要となる。

この差異は、「適応放散」の明らかな一例だ。適応放散とは、共通の祖先を持つ生物がさまざまに異なる環境的ニッチを利用するために、いくつもの新しい形態と種に多様化していくことである（種類の異なる獲物を捕らえるのに適応してクモが分化していくように）。[20]

動物がつくる構築物は、クモの糸とその網のような、自分で産生する無生物素材でできているものばかりではない。ニワシドリの事例で見たように、進化の過程で遺伝子が自己の拡大を図るのにはいろいろな方法があり、性的に魅力のある青色の羽を鳥の体に追加することもその一つなら、鳥にベリー由来の青い色素をバワーに塗らせたり、青みがかった小石を一定の模様に並べさせたりすることもその一つだ。遺伝子は何種類かの拡大手段を（異なる種の見地から見れば）持っていて、そのうちのいくつかは生物の体内で働き、別のいくつかは体外で働くのである。[21]

図 10.1　典型的なハイイロシロアシマウスの巣穴の断面図

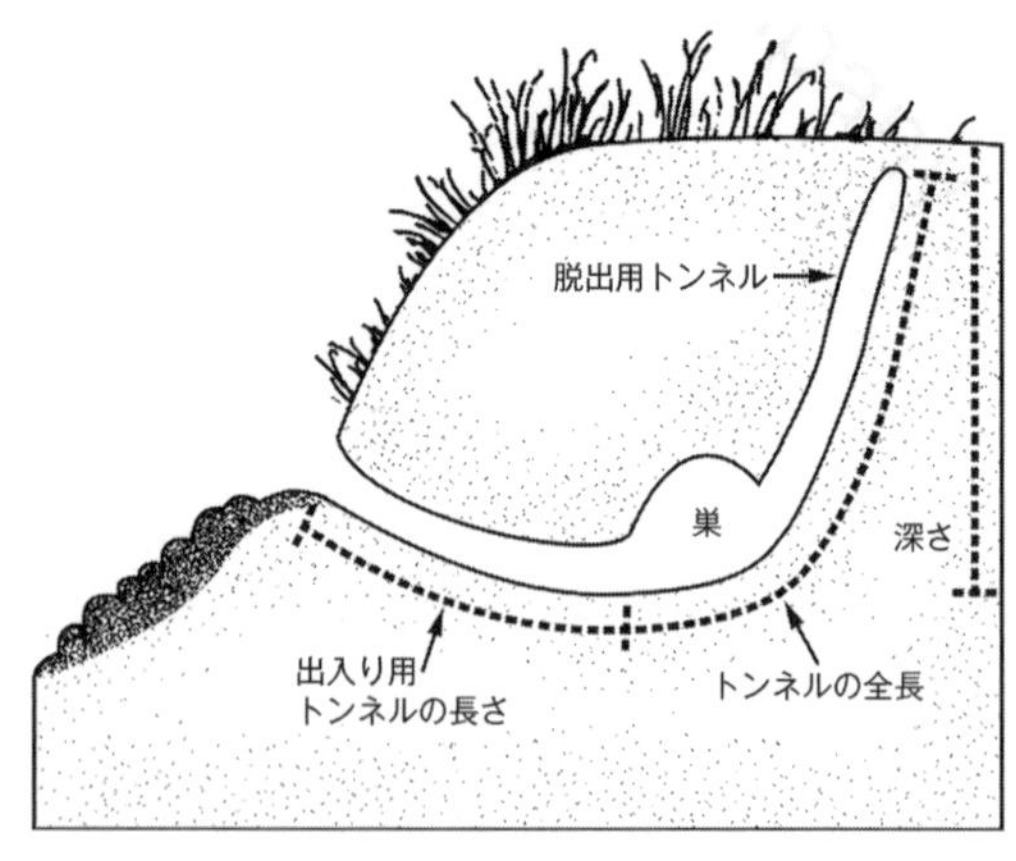

ハイイロシロアシマウスの巣穴の主要な物理的特徴（ほかの種には見られない脱出用トンネルの存在など）が見てとれる。

特定の遺伝的変異を動物の構築物と結びつける研究は、いまだきわめて数が少ない。したがってクモの網の形状や、ニワシドリのバワーの様式などに、どの遺伝子がかかわっているのかはほとんどわかっていない。

しかし、わずかながら例外もある。その代表的な一例を示しているのが、ハイイロシロアシマウスとシカシロアシマウスである。[22]ハイイロシロアシマウスとシカシロアシマウスは近縁種で、どちらの種も巣穴を掘る。しかし、シカシロアシマウスが出入口からの短い通路を巣につなげただけの単純な巣穴を構築するのに対し、ハイイロシロアシマウスが構築する巣穴は、出入口から巣までの通路も長く、さらに巣の奥に脱出用の通路が延びていて（図10・1を参照）、前方から捕食者が侵入してきたときの逃げ道が確保されている。

進化生物学者のホピー・フークストラのチームは、こうした巣穴の様式が社会的に学習されるものではないことを明らかにした。フークストラらがハイイロシロアシマウスとシカシロアシマウスを親からの影響がない状態で飼育して、試験マウスがおとなになった段階で巣穴構築用の素材を与えてみたところ、それぞれのマウスは、それぞれの種に特徴的な様式の巣穴をつくったのである。

ハイイロシロアシマウスとシカシロアシマウスは交配と繁殖が可能なほどに類縁関係が近いので、フークストラらはこれらの異種交配を試してみることができた。その結果、巣穴の構築はやはり遺伝的にコードされていることが証明された。ゲノムのたった三つの領域に集中している少数の遺伝子群で、出入口からのトンネルの長さが決められることがわかったばかりか、ゲノムのたった一つの領域が、おそらくはただ一個の遺伝子により、脱出トンネルの有無をコードしていたのである！

こうした構築物に結実するような複雑な行動を、遺伝子がいかなる仔細でコードしているのかという謎はともかくとして、この実験は、遺伝子が動物のつくる構築物の性質をたしかに制御できること、そして特定の遺伝子における差異が特定の構築物の様式における差異に対応することを証明している。

寄生者と宿主

遺伝子は体の内側にも外側にも発現するもので、物質世界にも作用しうるのだとわかってしまえば、寄生や共生などの現象についても、違った観点からの理解ができるようになる。生物は自分の利益にかなうように周囲の物理的環境を組み替えるだけでなく、生物学的環境を組み替えることもある。そして周囲の生きていない物質ではなく、生きている組織に作用することもできる。

たとえばカタツムリは、ある種の吸虫に寄生されると殻を厚くする。殻という表現型は、まぎれもなくカタツムリ自身の生理と遺伝子に影響されるものだ。しかし、この宿主の形態構造の変化は、少なくともある部分において、吸虫のための適応でもあるとみなせなくもない。吸虫の側から見れば、カタツムリには資源の使い道を繁殖（吸虫にとって利益にならないこと）から生存（吸虫にとって利益になること）に移してほしい。そしてカタツムリの殻が厚くなれば、それはカタツムリにとっても吸虫にとっても生存の見込みが高くなるということなのだ。

いやいや、宿主は体内の脅威に対処するためにふだんと違うことをしているのでは？――と思う人もいるかもしれない。カキが砂粒を排除しようとした結果として真珠ができるのと同じように、カタツムリも自衛のための努力として殻を産生する細胞を活性化させているのではないのかと。だが、それはおそらく思い違いだ。この変化の原動力になっているのは宿主ではなく寄生者で、しかも自分の利益のためにそうしている。吸虫の遺伝子は、ニワシドリの遺伝子が林床の莢（さや）を操作するのと同じように、カタツムリの殻を産生する生きた細胞を操作する。

寄生者が宿主の身体構造に変化を引き起こせるよう進化して、その変化が結果として寄生者の生存の見込みを高めているようなら、これは宿主の表現型が寄生者の遺伝子型に制御されているのだと言えるだろう。従来どおりの宿主側の観点から見れば、宿主の身体の構造や機能が改変されたのは、宿主を取り囲む環境のせいだ。その環境に現在はわずらわしい寄生者がいて、宿主はそれに反応し、適応しているだけである。しかし寄生者側の観点から見れば、宿主の身体変化は、まさに寄生者の遺伝子のせいなのだ。

だが、カタツムリに寄生する吸虫は、カタツムリの殻を厚くするだけにとどまらない。この寄生者はカタツムリの行動までも制御する。カタツムリは通常なら光から遠ざかるように動くものだが、吸虫に寄生されたカタツムリは、なぜか光に向かって進んでしまう。すると吸虫はカタツムリの眼柄に移動して、そこにとどまったまま小刻みに揺れ動くことにより、腹をすかせた鳥の注意を引く（と考えられている）。

これらは何一つカタツムリのためになっていない。このあとおそらくカタツムリは鳥に見つけられ、眼を食いちぎられてしまうだろう。しかし、これがすべて吸虫のためにはなっている。このあと吸虫はめでたく鳥の消化器系に入り、吸虫の生活史の次の段階にとって必須の場所を確保するからだ。

こうしたカタツムリの行動の制御は、まるでSFだが、実際、寄生者が宿主の行動を（身体だけでなく）変えてしまうような進化は、寄生生物種の〇・五パーセント未満にしか見られない、きわめて稀有なものと考えられている。[23]とはいえ、近年このような例はつぎつぎと見つかっている。たとえばトキソプラズマという原虫に感染したネズミは、ネコの尿に対する生来の嫌悪感を失い、結果としてネコに食べられやすくなってしまうので、トキソプラズマにとっては次の宿主となるネコの体内に移りやすくなる。[24]ハリガネムシは宿主のコオロギを水に飛び込ませて溺死させることができ、それによってみずからの生活史をつなげていく。[25]あるいはまた、宿主のホルモンに似せた（自分にとってはまったく無縁の）化学物質を放出する能力を進化させ、それを使って宿主の行動を変えさせることにより、目的を達していると見られる寄生生物もいる。[26]

寄生者による行動制御のとりわけ奇異な例の一つは、いわゆるアリのゾンビ化を引き起こす寄生だ。ある特定の種のアリは、不運にもタイワンアリタケという菌類の一種に感染しやすい。この菌は、アリに草木をよじのぼらせて、ある程度の高さにまで誘導したあと、アリを葉の裏面の葉脈に噛みつかせて、死ぬまでそこにとどまらせる。[27]やがてアリが死ぬと、タイワンアリタケはアリの頭部から大きなキノコ状の柄を生やし、そこから自分の胞子をばらまいて、未来の宿主となる別のアリに降りかかるようにする。

この現象を最初に観察したのは、博物学者のアルフレッド・ラッセル・ウォレスだ。ちなみにウォレスはダーウィンと同時期に自然選択説を提示した人物だが、その功績はダーウィンにくらべるとまったく知られていない。この菌によるアリのゾンビ化は、神経系を持たない種（タイワンアリタケ）が神経系を有する種（アリ）の行動を制御するように進化して、後者を前者の胞子運搬装置に変えてしまった一例だ。アリが葉脈に嚙みついた明白な痕跡を残した葉の化石から、この菌の表現型は数千万年前にさかのぼることがわかっている。[28]

では人間の何かしらの形質や行動も、実際には、ほかの生物の遺伝子の遺伝的副産物だったりするのだろうか？[29] 人間がくしゃみをするのは上気道から病原菌を追い出すためと私は医学部で習ったが、実はそうでなく、人間のくしゃみは自分のためというよりも、それによって空気中に拡散できる病原菌のためなのだろうか？

ひょっとすると私たちの行動は、まさにその病原菌に操作されているのかもしれない。人間は普通、くしゃみというのは人間が細菌に対してやっていることで、これにより厄介な侵入者を体内から一掃し、自分の健康を増進させているのだと思っている。だが、もしかすると、これは細菌が人間に対してやっていることで、これにより細菌はみずからの拡散を図り、みずからの適応度を高めているのかもしれない。ある種の回虫は、みずからの利益を促進するために、人間の生殖能力を損ねているのかもしれない。[30] ある種の病原菌に感染した人が、自分の愛する人を自分に近寄らせ、自分の世話をさせるべく導くかのような行動をとるのも（愛する、助ける、協力するといった人間の傾向をうまく利用して）、考えてみれば、その人に感染している病原菌をさらに広まりやすくしているわけである。病人が赤ん坊のようなふるまいを見せるのも、それによって周囲からの世話を引き出しているのだと思えば、ただの偶然ではないのかもしれない。

一部の科学者からは、あくまでも推論ではあるものの、微生物は人間の宗教的行動のある面を促進することによってみずからの進化的適応度を高めているという仮説まで出ている。大勢の信者が苦行をしたり、地面を転がったり、偶像や聖なる遺物にキスしたりすることで、微生物が広まりやすくなるというのだ。[31] 微生物は集団を形成したがる人間の願望をよりいっそう高めることで、みずからの拡散をうながしながら、同時に私たちの社会的生活のありようにも影響を与えているのかもしれない。

離れて作用しあう生物界ネットワーク?

ここまで見てきた寄生者は、二つの生物(宿主と寄生者)が直接の接触をしたときに、その二つの生物の適応度に影響を及ぼす外的表現型の例を示していた。[32] しかし、一方の生物が同じ種や別の種のもう一方の生物とまったく実際の接触をしていなくても、たとえばにおいを発するなどの習性によって相手の生物の行動に影響を及ぼして、自身の利益とすることもある。生物は、触れもしないで別の生物の外観や行動を変えられるのであり、匂いだけでなく、ほかの手段を用いた動物のコミュニケーションの多くの側面もここに含まれる。[33]

たとえばトゲウオを使ったある巧妙な実験で、捕食者回避行動を変化させる寄生虫に感染した(したがって、寄生虫の次の必須の宿主である鳥に食べられやすくなった)トゲウオを群れに入れてみると、その群れのほかの個体、つまり寄生虫に感染して*いない*トゲウオの捕食者回避行動にまで影響が及ぶことが明らかになった。[34] 寄生者は一つの個体を感染させるだけで、多くの個体の行動を制御することができるのだ。

このような見方をすると、生物界全体が、互いに密着してはいなくても、互いに作用しているネットワークとして見えてくる。この見方は、地球の片側で起こったチョウの羽ばたきが、地球の反対側での大嵐を引き起こさせるという考えを想起させる。私たちはみなそれぞれ、自分の遺伝子だけでなく地球上のすべての生き物の遺伝子が含まれた、広大で複雑な海に浮かんでいるようなものなのかもしれない。

もちろん、すべての生物と、そのすべての特徴や行動を考慮に入れることは不可能だ。そうではなく、関連のある外的表現型、すなわち、ある生物の適応度に直接的に影響し、かつ吸虫とカタツムリのような、特定の相互作用をしている種にかかわるものだけに目を向ける必要がある。さもないと、話が極論になってしまい、世界に対してなされる生物の行動すべてがその生物の延長として、ほかのあらゆる生物に影響を与えると解釈されかねない。そうなると、地面に糞便を堆積させるといった陳腐な行動までが、その一環になってしまう（ここまで臨床的な言葉遣いではないものの、かつて私の子どもが実際に言ったように[35]）。

では、そのような科学的な着目をするにはどうしたらいいのだろう？　ここでぜひとも考慮するべきは、ある表現型が関連のある表現型だとみなされるには、その基本にある遺伝子が、ほかとは異なる広まり方をしなくてはならないということだ。遺伝子の変異体は、その表現型の効果しだいで個体群のなかでの頻度が高くもなれば低くもなるが、場合によっては表現型効果が偶発的で、次の世代の対立遺伝子頻度にまったく影響しないこともある。

これをわかりやすく説明するために、ドーキンスが持ち出した足跡の例をとりあげてみよう。ある海鳥の遺伝子に生じた突然変異が、結果的にこの鳥の足の形状を変化させたとする。この突然変異は、おそらく鳥の生存になにがしかの影響を与えるだろうから、ひいては、その遺伝子の広まり方にも影響を与えるだろう。たとえば、この突然変異の影響で、鳥が濡れた砂の上で難なく動けるかどうかも変わるかもしれないし、鳥が残していく足跡の形状にも当然ながら変化が生じる。もし足跡の形状が変化しても鳥の適応度にまったく影響がなければ、足跡の形状は鳥の生存に関係していないわけだから、ここで考えるべき外的表現型の候補からは除外できる。[36]

しかしながら、この新しく改変された足跡が、たとえばそれによって鳥が捕食者に追跡されやすくなったなど、鳥の生存に影響しているのなら、この足跡はまさしく関連する外的表現型、すなわち鳥の生存に影響を及ぼす表現型とみなされることになる。そして、進化するのは捕食者も同様で、たとえば視覚が発達して、より小さな足跡でも見つけられるようになったりするかもしれない。重要なのは、外的表現型が適応度に十分な影響を及ぼすかどうか、つまり、基本の遺伝子が個体群のなかで多かれ少なかれ優勢になるような結果を生み出すかどうか、ということだ。

このような外的表現型の効果は、種の内部で生じて個体から別の個体へと影響を及ぼすこともあれば、新しい選択圧を生み出して進化の方向を変えさせることもある。ビーバーは、ダムを築くことによって水流をせきとめて池をつくるが、その池ができることによってビーバーがエサを採集する水辺の面積が増え、泳いで移動する際の安全なルートも確保される。つまり、この池はビーバーにとって、歯の大きさや形状のような身体的な表現型とは異なる、外的な表現型であるとみなすことができる。池の大きさや深さを改変すれば、ビーバーはその池に住む魚や昆虫など、ほかの動物への選択圧を生み出せる。

しかし、同様の効果はビーバーの種それ自体にも生じうる。ビーバーのダムづくりの行動によって新しい環境が生まれれば、今度はその環境が、将来的にビーバーの体の部位を変化させるような選択圧を生み出すかもしれない。広くなった住環境のなかを、もっと遠いところまで泳いでいけるように、もっと大きな肺が発達することだってありえるだろう。そして大きくなった肺は、もっと大きなダムのある池でこそ有利なわけだから、ダムづくり行動にさらに磨きがかかるだろう。結果として、ダムをつくる才能（外的表現型）と、ビーバーを遠くまで泳がせることのできる身体的特徴の保有（従来の表現型）が共進化するかもしれない。

互いの遺伝子を制御する

私が思うに、ビーバーのダムと同じようなものが、人間のつくる社会構造にも当てはまるのではないだろうか。もし遺伝子変異の作用によって、人間が外向性のような性格特性を持つよう仕向けられるとすれば、そして、人間のある時代の祖先が、友達にもっと社会的になるよう要求し、みずからも友達どうしの仲立ちをするような外向性の人たちだったなら、彼らは友達の適応度に影響を及ぼしたかもしれない。これは彼らの遺伝子の下流効果だ。そして、より社会的な人間であることが、なんらかの面で自分や友達の生存の見込みを高めたのなら（おそらく彼らは友達全員を誘って大規模で効果的な狩猟隊を形成しただろうから）、ある特定の種類の集団を形成しようとする傾向は、それもまた一つの外的表現型である。

たとえば私の研究班がスーダンのニャンガトム族という牧畜民のネットワークをマッピングしてみたところ（口絵3を参照）、危険は大きいが儲けも大きい近隣部族への襲撃隊の組織は、この集団の社会的ネットワーク・アーキテクチャーに依存していることが明らかだった。男性陣が襲撃隊に参加するのは友人たちが参加しているからで、隊の組成は襲撃の成功に連動している。[37] 交流やコミュニケーション関連の行動に影響する遺伝子は、どう考えても、その遺伝子の持ち主以外の生物に効果を及ぼしており、これらは社会システムを構築する遺伝子と暫定的にみなすことができるだろう。

間接的な遺伝子効果と、遠隔作用を働かせる社会的な外的表現型を理解するには、こんなニワトリの例が役に立つかもしれない。ニワトリの羽の状態は明らかに一つの表現型で、遺伝子が鳥の羽毛に影響を及ぼしている。もちろん同時に、エサや日照など、環境的な要因からの影響もある。しかしニワトリの羽は、その環境にある別のものからも影響を受ける。すなわち、ほかのニワトリの行動だ。あるニワトリがほかのニワトリから攻撃的に羽をつつかれれば、その羽は傷ついてしまうだろう（つつきが激しくなりすぎて、共食いにまでいたることすらある）。かつての農場ではこれを避けるため、ニワトリのくちばしを切り取ってしまうという痛ましい（現在ではほぼ違法の）習慣まであった。

一つの檻に入るニワトリをさまざまに変えた実験で、この考えが探られたことがある。そこで明らかになったのは、ニワトリの羽の質はそのニワトリの遺伝子の産物であるだけでなく、近くのニワトリの遺伝子の産物でもあるということだった[38]。ある遺伝子は、ニワトリに最初から形のよくない羽をつくらせるかもしれない。しかし別の遺伝子は、ニワトリを服従的にふるまわせて、ほかのニワトリから嚙みつかれることを誘発するかもしれない。そうなったら、本来なら質がよかったはずの羽まで駄目になってしまうだろう。つまり、つつきの行動を示したがるほかのニワトリの傾向からの、間接的な効果が生じるわけである。実際、この例において、そうした間接的な効果はいっそう強力だった。ニワトリの羽の状態は、そのニワトリ自身の遺伝子よりも、近くのニワトリの遺伝子のほうに強く依存していたのだ！

個々の生物の内部での遺伝子効果は、しばしば別の遺伝子のふるまいに左右される。遺伝学用語ではこれを「エピスタシス」という。前に見たように、目を褐色にする遺伝子は、ＨＥＲＣ２遺伝子の特定の変異体がないと働かない。人間の眼の色を決めるには、いくつかの遺伝子が協調して働かなければならないのだ。このような相互作用が一人の個人の体内で起こっている例は無数にある（たとえば禿げることに関連する遺伝子も持っていないと、白髪（しらが）になることに関連する遺伝子が発現しないなど）。一個の遺伝子が変化すれば、それが別の遺伝子のふるまいに影響し、ひいては関連する表現型の発現にも影響が及ぶかもしれない。

しかし、先ほどのニワトリの例で見たように、こうした効果は個体間にも生じうる。私はこれを「社会的エピスタシス」と呼んでいる。ある個体の遺伝子の影響力が、別の個体の遺伝子に影響されているかもしれないからだ。あるニワトリがつつくと、別のニワトリの羽が抜けるかもしれない。あるビーバーがダムをつくると、別のビーバーがもっと長く息を止める能力を活用する機会を得るかもしれない。

この考え方を突き詰めると、進化生物学の考えを長らく支配してきた従来の「体内遺伝学」をいよいよ捨てて、相互作用する個体の集団を、互いの遺伝子に影響を受けるものとして見ることができる。[39] そうなると、あらゆる遺伝子がその進化の過程で直面しなければならない環境のもう一つの特徴として、ほかの個体の遺伝子が加わるのだ。

実際、遺伝子が有用であるためには、そして自然選択に好んでもらうためには、ほかの生物の特定の遺伝子の存在が必要ですらあるのかもしれない。あなたがこの地球上で、ある遺伝子の突然変異のために話す能力を得られることになった最初の人間だったと想像してみよう（たとえば喉頭の構造が変わったとか、脳内のニューロン経路に変化が生じたとかで）。話す能力はまぎれもなく多遺伝子（ポリジーン）によるもので、現生人類がネアンデルタール人と分岐する前の、三〇万年以上前から始まった恐ろしく長い進化のプロセスの結果だが、実際にはいくつかの特定の遺伝子が顕著な役割を果たしているのかもしれない。[40]

もしあなたが地球上で、あなたに話す能力を与えた遺伝的変異を最初に持った人間だったとしても、あなたのまわりに話す相手がいないかぎり、その能力はほとんど無用のものだろう。あなたの話すことは誰にも理解してもらえず、話し返してもらえることもないからだ。しかし「会話」が見込まれるとなれば、状況は一転して、この突然変異がはるかに有利なものになり、やがては個体群のなかにますます広まっていくだろう。そして広まれば広まるほど、続く世代の個体にとってますます有用なものになる。

話す能力のようなものは、「ネットワーク利点」と呼ばれる。つまり、それを共有する人の数に比例して価値が高まるということだ。ネットワーク利点の一例が電子メールアカウントである。もしあなたがこの地球上で、メールアカウントを持った最初の人間だったなら、それはあなたにとってなんの役にも立たないだろう。だが、一人でも別の誰かがそれを持ったとたん、その価値はゼロではなくなる。そしてメールアカウントを持つ人の数が増えれば増えるほど、あなたのアカウントはますます有用になる。あなたの社会生活に影響を及ぼす遺伝子と同じだ。それらの遺伝子が有益な効果を持つには、ほかの人間が持っている同じ遺伝子や別の遺伝子の存在が必要なのである。

社会的エピスタシスにはコミュニケーション関連の遺伝子だけでなく、ほかの可能性もある。個人の体内にある一部の遺伝子は、友達がその特定の遺伝子を持っている場合にいっそうよく働く。たとえば免疫系を調節する遺伝子は、周囲にいる他人の免疫系しだいで、もっとよく（あるいはもっと悪く）機能するかもしれない。たとえばあなたは特定の病原菌に感染しやすい突然変異を持っているが、あなたの友達は全員その病原菌に耐性を持っているために、あなたに菌をうつすことがありえないとすると、あなたの突然変異は何も関係なくなる。そして利他行動や互恵行動に関係するあらゆる遺伝子も、ひょっとしたら同じようなもので、それを持っていて、かつ交流している人たちに利益をもたらすのかもしれない。

「遺伝子の違い」と「社会的ネットワーク内での位置」

前述のような個人間の間接的な遺伝子効果の例が外的表現型と認められるには、また別のことが必要になる。それらの遺伝子効果が、それを発現している個人の生存と繁殖にも影響を与えていなくてはならない。ニワトリの実験で言えば、つついているニワトリのダーウィン的適応度がつつかれているニワトリの羽の質に応じて変わってくるのなら、それは一つの外的表現型だと言っていい。人間の場合なら、あなたの遺伝子があなたに友達どうしを紹介させるよう仕向けていて、あなたの織りなす社会的な網があなたの生存に影響を与えているのなら、それもまた一つの社会的な外的表現型だ。

人間は、ニワシドリがバワーを築くのと同じぐらい習性的に、社会的ネットワークを築く。この社会的な外的表現型を正しく分析しようと思うなら、できれば複数の異なるヒトの種を――ハイイロシロアシマウスとシカシロアシマウスのように――そろえられるのが望ましい。そうすれば異なる種と種を比較して、社会構造がどのように違っているかを確かめられるだろう。しかし、私たちの種だけの範囲でも、社会的な外的表現型に遺伝子が果たしている役割を実証することで、この問題をある程度まで解明することはできる。

まず単純な観察結果として、集団のなかには相対的に友達の多い人と少ない人がいる。友情にかんする人の好みはさまざまだが、友情にかんする技能もまた人によってさまざまなのだ。私の研究室では、人びとが築く現実の、直接的な顔見知りの社会的ネットワークに遺伝子がどう関係しているかを探るため、全米の一四二の学校に通う一一〇〇人の青年期の双生児を対象にして調査を行なったことがある。[41] 第8章で

図 10.2　学生間の友達ネットワークにあらわれる位置の差

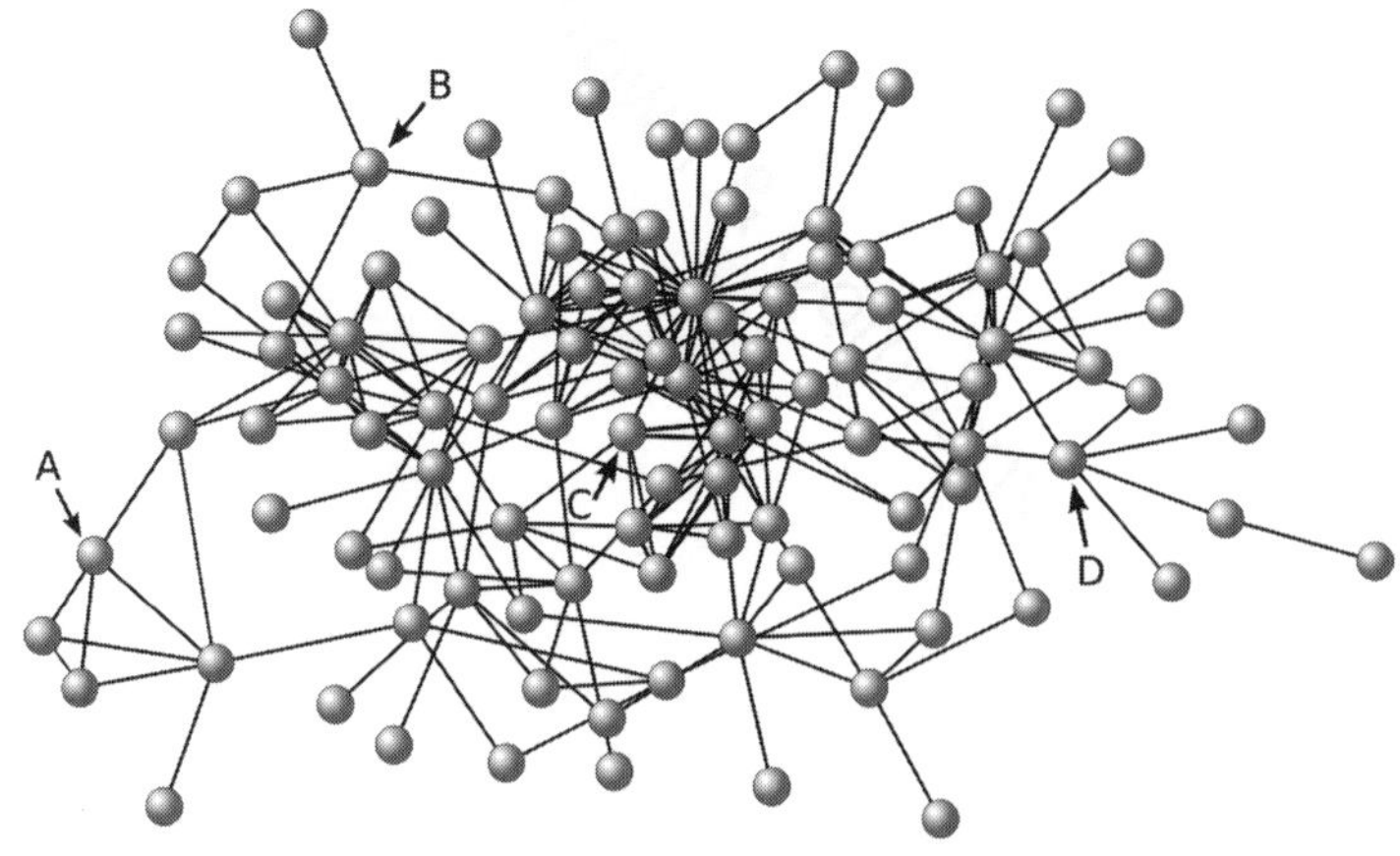

同じ寮で生活する 105 名の大学生のあいだに自然に生じた親しい友達関係のネットワーク。節点は学生をあらわし、直線（つながり）は相互の友達関係をあらわす。個人Aと個人Bはともに４名の友達を持っているが、Aの友達４名が互いに知り合いである（４名のあいだに線がある）のに対し、Bの友達はそうではない。つまり、Aのほうが Bより推移性が高いということだ。また、個人Cと個人Dはともに６名の友達を持っているが、社会的ネットワーク内でCとDの占める位置はまったく違う。つまり、Cのほうが Dより中心性が高いのである。その反映として、Cの友達はみずからも多くの友達を持っているが、Dの友達はみずからの友達が少なく、Dのほかに友達がいない人もいる。

見たように、友達の人数に差が生じる要因の約半分は、各人の遺伝子にあった。この差は視覚的にあらわせる。図10・2は、一〇五名の学生（円）からなる集団の社会的ネットワークと、個人間の数百の友達関係（円と円を結ぶ直線）をマッピングしたものだ。平均して、一人の学生は六人の親しい友達とつながっている。しかし一部の人（たとえば個人D）は、別の一部の人（たとえば個人B）よりも多くの友達を持っている。

だが、この二人の違うところは、それぞれの友達の数ばかりではない。第3章で言及したように、ネットワークを二次元の面に描出するのに用いられる数理アルゴリズムは、つながりの数の多い人を図の中心に配置し、つながりの数の少ない人を周縁に配置する。あなたの友達がつながりの数を増やせば増やすほど、あなた自身のネットワーク全体とのつながりも増えていく。

このような場合、科学的には、あなたの中心性が高くなるとみなされる。つながりの数の多い友達を持っていることにより、あなたはおのずと社会的ネットワークの片隅から中心へと移っていくからだ。あなたの中心性は、あなたの友達の数だけでなく、友達の友達の数、友達の友達の友達、さらにそのまた友達の数まで数えることによって定量化できる。

私たちの調査では、これに遺伝子がかかわっていることが明らかになった。ネットワーク内での各人の中心性の差の約三分の一は、その人の遺伝子によって決まっていたのだ。図10・2の個人Cと個人Dの違いもそれで、二人はともに六名の友達を持っているが、片方の位置は中心部に近く、もう片方の位置は周縁部に近い。

この違いが生じる一因は、社交的な友達を持つことに対するCとDの生来の好みにあるのかもしれない。ひょっとしたらDは、自分のほかに友達のいない人を友達にしたがる傾向があって、その背後には、そうすることによって友達の関心がより集中的に自分に向けられるからという理由があるのかもしれない。これと対照的に、Cは自分以外にも友達がたくさんいる人を友達にしたがるのかもしれない。この場合、Cが友達から向けられる関心の度合いは低いだろうが、そういう友達は別の面で役に立つ。たとえば自身の持っているつながりの多さからして、彼らは有益な情報の導管としてすぐれていることになるだろう。ようするに、どういうタイプの友達を選ぶかで、自分自身のネットワーク内での中心性が変わってくるということだ。

そしてもう一つ、遺伝子の差異が社会的ネットワーク内での位置にどう影響するかについてわかったことがある。第8章で見たように、人が自分の友達を別の友達に意図的に紹介しようがしまいが、社会的ネットワークは自然にその機能を果たす面があるのだが（たとえばあなたの複数の友達はみなあなたと会っているのだから、その別々の友達が出会う機会はおのずと増えるだろう）、友達と友達を意図的に引き合わせるかどうかの傾向には個人差もある。これが推移性、すなわち、あなたの複数の友達が互いに友達どうしであるかどうかの尺度であることを思い出してほしい。

これは図10・2のAとBを比較してみればよくわかる。Aの友達は総じて互いに友達どうしだが、Bの友達は互いにつながっておらず、したがって友達どうしではない。すでに見たように、この社会的環境の特徴における差異についても、約半分は遺伝子で説明できる。

この推移性についての発見は、ある人の遺伝子が他人の社会生活にも影響を及ぼしうることを示唆している。

一般にニッチ構築について考えるとき、まず思い浮かぶのは、動物が物理的環境を改変する行動に従事しているところだ。たとえば採集の機会を高めるために枝を重ねてダムを築くビーバーや、菌のために巣を温めるアリなどである。しかし人間の場合、同じようなニッチ構築の行動として、ほかの動物が自分のまわりの物理的な世界を操作するのとまったく同じように、自分のまわりの社会的な世界を操作することがある。前述のクモの例で言うと、ハエを捕獲する性能に優れたクモの網とそうでない網があった場合、優れた網を張らせるようプログラムする遺伝子を持ったクモは、それだけ生き残れる見込みが高いから、その遺伝子を次世代に残せる見込みも高いだろう。

同じように人間の祖先にも、自分のまわりに社会的な網を形成して、大型の獲物を狩ったり競合集団を撃退したりといった集団活動に従事することに長けた人と、そうでない人がいたのかもしれない。そうした活動をやりやすくさせる遺伝子を持った人間は、やはり生存する見込みが高かっただろう。そして最終的に、人間に有益な社会的調整を図れるようにさせる遺伝子と対立遺伝子が出現し、広まっていく。そうしたことができる個人は、生存においてほかの個人とくらべても有利であるだけでなく、社会的ネットワークを形成しない近縁種とくらべても有利だっただろう。社会的なニッチ構築は、つまり適応的だったのだ。

飼いならされる至福

野生のギンギツネは、キツネの文化的な固定観念――逃げ足が早く、ずるがしこくて、卑劣ですらあるという定型イメージ――におおむね一致する。捕獲されたキツネは人間との接触をひどく嫌がるし、たまたまキツネと出くわしてしまった人間は、たいていがぶりと嚙みつかれることになる。ところが、シベリアの細胞学・遺伝学研究所の屋外飼育場にいるギンギツネたちは、しきりに人間と接触したがる。人間の顔を舐め、人間に向かって尾をふり、人間に抱き上げてもらおうと切ない声を出して鳴くのだ。

この行動変化は、ソ連の生物学者ドミートリイ・ベリャーエフが一九五八年に始めた繁殖実験の産物である。ベリャーエフは――追って参加した（そしてこのプロジェクトの現在の監督者である）リュドミラ・トルートとともに――ギンギツネを使って、何千年にも及ぶイヌの家畜化を再現し、数十年の単位に凝縮したのだった。

家畜化された動物は、おもに人間の存在を許容できるという点で、野生の類縁とは違っている。通常、この野生動物から家畜動物への変化は、個体群のなかでも攻撃性の薄い個体を好む自然選択のプロセスを通じてなされる。このプロセスが、やがて動物の解剖学的構造や生理機能や行動にいくつもの変化を生むことになる。攻撃性に関連する神経内分泌変化がさまざまな体組織で起こり、とくに社会的行動と繁殖にかかわる組織に顕著な変化があらわれる。そしてそのあとに、歯が小さくなる、耳が垂れる、色が変化するといった身体構造の変化が起こる(たとえば白や黒や茶色がまだらになった毛皮は、家畜化されたネコやイヌやウシやウマに非常に多く見られる特徴だ)。それにともなって、社会的許容度が高まる、遊び好きになる、人間やほかの動物に対して協力的になるといった変化も見られるようになる。

このような一連の形質の変化は、「家畜化症候群」と呼ばれる。この変化の多くは、直接的に自然選択のターゲットにされた結果ではなく、攻撃性に対する最も基本的な自然選択の副産物である。ぶちの毛皮や巻かれた尾などがどうして従順さとともに現れたのか、その理由は完全に明らかにはなっていない(尾が小さくて巻かれていると、体の釣り合いをとる役目はあまり果たせないはずだと思われるが、狩猟や戦闘には役立ったのかもしれない)。

しかし、科学者はこれを根拠の一つとして、これらの形質すべてがひとまとまりで特定の調節遺伝子に関連しているのではないか、その遺伝子が発達過程で発現して、いくつものプロセスに影響を及ぼしているのではないかと考えている(一個の遺伝子が多数の形質に影響を及ぼしうることを思い出そう)。

さらに言えば、人間が相対的におだやかな動物を意図的にふるいにかけるとき、そこで選択されているのは、一般にその種の幼い個体に見られる形質や行動――たとえば遊びなど――を示す動物であることがわかっている。イヌとオオカミ、ネコとクーガー、ウシとバッファロー、ブタとイノシシをくらべてみれば一目瞭然だ。家畜化された動物と、それよりも攻撃的で、遊び好きでない野生の片割れとの対照的な違いはすぐにわかる。

オオカミからイヌへの家畜化は、おそらくあるとき、あるオオカミに、最初の偶発的な突然変異が生じたことから始まった。その突然変異を持ったオオカミは、人間の野営地に近づくことをあまり恐れず、さほど攻撃的でもなくなった。これは前にも見たような、一種の前適応である。このような動物は、人間の残飯にありつけることによって自然選択上で有利になった。これは、人間から提供される新しい生態学的ニッチをつかんだということでもある。そして第二段階として、人間がそれらの動物のなかでもとくに攻撃的でない個体を選別し、それらをかけあわせることによりさらに家畜化を進ませて、イヌとオオカミとの相違点となるほかのさまざまな形質——耳が垂れている、尾をふる、おとなになっても遊びを好むなどの特徴——を生じさせたのかもしれない。

ベリャーエフとトルートは、この何千年にも及ぶ進化の過程をあっさりと迂回した。彼らはまず、毛皮動物を商品として飼育するエストニア全土の農場を訪ね、平均よりも人懐こいと見られる三〇匹のオスと一〇〇匹のメスのキツネを念入りに選別した。このキツネたちを第一世代として、ベリャーエフとトルートは続けざまに何世代ものギンギツネを生み出し、厳密な選別ガイドラインに沿って、キツネにますます家畜らしい従順さを強めさせていった。一カ月ごとに御しやすさを測る実験が行なわれ、子ギツネがエサをもらう代わりに触られても嫌がらないかどうかが一匹ずつ試験された。あわせて社会性についての試験もなされ、子ギツネが広い囲い地に放たれて自由にうろつきまわれているあいだ、人間やほかのキツネと接するのを好むかどうかが観察された。

性的成熟期に達すると、それぞれのキツネはどれだけ飼い馴らされているかの点数を割り当てられ、気質にしたがって三つのクラスのどれかに分類された。触れられると逃げたり嚙みついたりするタイプ、触られるのは許容するが人懐こさや肯定的な反応は見せないタイプ、そして実験者との接触を喜び、尾をふって、可愛らしい泣き声を発するタイプである（この最後のものが「クラス1」と銘打たれた）[42]。研究者たちは繁殖を各世代の最も飼い馴らされている少数の個体だけに限定し、オスは全体の五パーセントまで、メスは二〇パーセントまでしか子孫を残せないようにした。

選別的な繁殖によってもたらされる身体の変化や行動の変化は、きわめて顕著に、かつ急速に起こった。研究者がこれを始めてからわずか六世代で、飼い馴らされている度合いがさらに高い「クラス1E」が確立されたほどである。このクラスに属するのは「家畜化エリート」、すなわち「人間との接触を確立したがり、実験者の関心を引くために鼻を鳴らしたり、実験者のにおいをかいだり顔を舐めたりと、イヌのようなふるまいをする」キツネたちだった[43]。

数年後に一〇世代が経過すると、この家畜化エリートに分類されるキツネは全体の一八パーセントにのぼっていた。その数字はさらに上がりつづけて二〇世代目には三五パーセント、そして三〇世代目には約八〇パーセントにいたった。この間、わずか数十年という短さである。

家畜動物の大半の例と同様に、行動の変化には形態構造の変化がともなっていた。キツネたちの場合も耳が垂れ、巻き尾になり、四肢が短くなって、頭骨の特徴がメス化し、それまでにない毛皮の色が現れた。また、家畜化された同齢集団（コホート）は性的成熟に達するのが早くなり、異なる配偶パターンをたどり、ホルモン分泌や神経化学的作用のプロセスにも変化を示した。行動にかかわる気質だけを選別したにもかかわらず、こうした違いが生じてきたということは、行動を調節するのと同一の根本的な遺伝メカニズムが身体的外観にも影響を及ぼしうるのだというベリャーエフの仮説が裏づけられているように思われる。実際、このキツネたちに生じた変化は、何千年も前にイヌが家畜化されたときと同様のゲノム領域で起こっていたと見られるのである。

興味深いのは、ベリャーエフがこの研究を始めた当時、彼の考えはほとんど受け入れられず、彼はこれを遺伝についての実験ではなく、生理学についての実験として行なわなければならなかったことだ。[44]当時のソビエト学術界の見解は、ロシア人科学者のトロフィム・ルイセンコに強く影響されていた。ルイセンコはメンデル遺伝学とダーウィン進化論を認めようとせず、ジャン＝バティスト・ラマルクの説に類似した「獲得された特徴」説を訴えていた。この説にしたがえば、たとえば親が獲物を捕まえるために速く泳ぐことを学習した場合、その新たに獲得された能力が子供に受け継がれ、子供まで速く泳げるようになる。そこに自然選択はまったく関与していない。

ソ連のスターリン時代に、ルイセンコは強大な政治的権力を行使して科学上の論敵を公然と非難し、その何人かを処刑にまで追いやった。一九四八年、ソビエト政府はルイセンコ説への反対を非合法化した。遺伝学は「ブルジョワの疑似科学」と公式に断定され、一九六〇年代半ばまで実質的に禁止されていた。ルイセンコの学説は明らかに政治的に推進されていたもので、いまではこのエピソードから、あらかじめ決定されたイデオロギー的な結論に達するために科学を操作することを指して「ルイセンコ主義」という言葉が使われるようになっている。

そして現代の人間の社会生活を考えるとき、そこに働いている遺伝の役割を認めようとしないのも、一種のルイセンコ主義だと私は思う。この問題については第12章であらためて取りあげよう。

私たちの遺伝子は世界を平和に導く

べリャーエフの実験により、人間は動物の種をもっと温和で、もっと人懐こく、もっと協力的にする意図的な家畜化を通じて、進化の方向を決定づけられるばかりか、進化の速度を速めることまでできると確認された。だが、いくつかの動物の種は、外部からの指図をまったく受けないで、同じような変化を経験してきているのかもしれない。それは一種の自然な「自己家畜化」だ。このプロセスを経ることにより、種全体の攻撃性が薄まって、その他さまざまな幼児的な形質が選択されるようになる。一部の研究者に言わせると、ボノボはチンパンジーの自己家畜化バージョンであり、もっと重要なことに、人間もまた同じ道をたどっているという。[45]

ボノボとチンパンジーは、約一〇〇万年前に最終共通祖先から分岐して以来、外観に多くの顕著な類似点を持っている。[46] しかし、ボノボのほうは攻撃性にかんしてまったく異なる行動を発達させており、そのほかにも歯が小さくなっている、尾の毛色が白くなっているなど、家畜化症候群を示唆するさまざまな特徴を持っている。成熟したボノボの繁殖期はチンパンジーよりも長く、性交の回数も総じてチンパンジーより多い。

さらに受胎をともなわない異性間性交をすることもあれば、ときには同性間性交をすることもある。また、ボノボはチンパンジーにくらべて遊び好きで、自発的に食物を分けあうなど、社会性のある行動をすることも多い。[47] 興味深いことに、ボノボの脳では苦しみや悲しみの感知に関係する領域に、ほかの領域にくらべて多くの灰白質がある。ということは、ボノボは他者への共感をチンパンジーよりも強く覚えるのかもしれない。[48]

対照的に、チンパンジーは攻撃性が非常に高い。複雑なディスプレーを駆使してライバルを威嚇するが、しばしばそれが高じて完全な暴力に発展し、自分の属する集団のメンバーを死傷させることもある。

オスのチンパンジーは連れ立ってテリトリーを巡回し、敵対集団と遭遇すれば、戦いを仕掛けておとなもこどもも殺す。

これにくらべると、ボノボは明らかに平和的だ。ボノボのディスプレー行動はもっと限定的で、走ったり枝を引きずったりといった非暴力的な行為がほとんどである。チンパンジーと違って互いの交尾を妨げることもない。集団間の交流においても攻撃性が低く、ディスプレーでライバルを威嚇しようとすることはよくあっても、それが完全な暴力にエスカレートすることはめったにない。

こうした違いにかんしては、異なる環境圧がこの二つの種を別々の方向に進ませたという仮説がある。どちらも同じような捕食リスクには直面したが、ボノボが住んでいた地域ではゴリラと競合する必要がなく(ボノボの生息地はコンゴ民主共和国の一領域に限られていたが、チンパンジーの生息地はアフリカ大陸中央部の広大な範囲に及んでいた)、さらにボノボは食料供給にかんしてもチンパンジーより恵まれていた。おそらくそのために、ボノボにおいては危険を冒してでも食料を獲得しようとする衝動や、さまざまな攻撃的な行動を誇示しようとする衝動が薄れたのではないかと見られている。

また別の説として、群れの一部のボノボが力をあわせて別の一部の攻撃的なメンバーに対抗し、最終的にはそれらを殺して、遺伝子プールにおける攻撃的な個体の数を減らしたのだという考えもある。あるいはメスが、前に人間やほかの種の事例で見たように、あまり攻撃的でない(かつ協力的な)オスと配偶する好みを発達させたのかもしれない。自己家畜化のプロセスは環境圧に反応しての自然選択を推進力としているかもしれないが、ベリャーエフのキツネがそうだったように、選択の「スピード」には動物みずからの反応がきわめて重要な役割を果たしうる。自然選択が野生の個体を一掃するのをただ待つのではなく、種のなかの一部の個体が、完全に意図的にではないにせよ、みずから直接的に除去作用を果たすこともできるのである。

そして人間という種のなかでも同様に、メスの選り好みと、過度に攻撃的な個体への集合的な反発（および先史時代にはそれらの殺害）の両方を通じて、そうしたプロセスが起こったのかもしれない。私たちは種全体として、ゆるやかな階級制だけを許容するようにできている。

人類学者のリチャード・ランガムは、そうした自己家畜化のプロセスが人間という種の行動と生物学的仕組みを変えたのだと主張している。実際、多くの動物種の家畜化に見られる特定の遺伝子変化のパターンは人間においても見られるもので、多くの類似遺伝子が影響を受けており、人間の自己家畜化という仮説をさらに裏づけている。[49]

家畜化は、人間をただ従順にするだけでなく、他人に対して気を配るようにさせ、ひいては訓練や社会的学習を敏感に受け入れられるようにするような神経学的変化をうながしてきたのかもしれない。加えて人間は、祖先の古い人類にくらべて幼児的になってきた。そしてこの数千年のあいだにも、攻撃性が薄まる傾向はいっそう加速して、暴力的な個人間対立を有史以来最低のレベルにまで劇的に減少させてきた。[50]旧石器時代には人間の三分の一までもが意図的な暴力で死んでいたのに対し、現代ではどれほど物騒なコミュニティでも、暴力で死ぬのはせいぜい一〇〇〇人に一人ぐらいしかいない。[51]

動物は——網を張るクモであれ、バワーを築く鳥であれ、アリを操る菌類であれ、社会的ネットワークを広げる人間であれ——世界をもっと心地よい場所にして、自分の生存の見込みを高められるよう、世界に働きかけ、世界のありようを変えるべく遺伝的にプログラムされている。人間がつくりだす社会環境は、ある程度までは私たちの遺伝子の制御下にある。そして次にはその環境がフィードバックして、私たちに影響を与え、「社会的に生きる」ことを生存に有利な条件にして、そうした社会性につながる遺伝子変異を選び取っていく。

人間として、私たちはみずからを変化させている。長短さまざまな進化期間を通じて、私たちの遺伝子は——そして私たちの友達の遺伝子も——より安全で、よりおだやかな世界を築くべく働いているように見えるのだ。

第11章　遺伝子と文化

もしもあなたが鍬（くわ）と一エーカーの土地を持った農民なら、あなたは少しばかりの種をまいているうちに一日を終えてしまうかもしれない。だが、それに加えて引き具をつけたラバと犂（すき）も持っていたならば、一日の労働の生産力はもっと高まるだろう。そしてさらにトラクターと燃料まで持っていたならば、あなたの生産力はいっそう高まる。当然ながら、どのシナリオにおいても生産力の増大は、資本の増大（鍬、ラバ、トラクター、そしてそれらを使いこなす知識）に比例している。

知識とテクノロジーのありがたい効果は、そうしたイノベーションを経験している人にとっては自明のことだろう。ある女性ジャーナリストが一九三一年に書いた文章が、彼女の拡大家族にトラクターが与えた衝撃を伝えている。

> 毎年一カ月間、男性一四名の「収穫団」が私の義母の大家族に加わるのが常だった。……この連中にどれだけのものを食わせてやらなければならなかったか！　野菜の皿をずらりと並べ、大皿にチキンとダンプリングを盛り、昼にはパイとプディング、夜にはパイとケーキ、ジャムとピクルスは常時

たっぷりと用意して。……

がたがた音を立ててやってくるワゴン車は、不便な台所で汗だくになっている彼女からすると、とんでもなく食欲旺盛な二〇人から二五人の男たちに食事をつくってやらなければならない合図だった。……

これらはもうすべて過去のことだ。かつてと同じ農場を（面積だけはずいぶん大きくなっているのに）、いまや彼女の息子はトラクターの使い手一人か二人だけでやりくりできている。収穫期はいまでも難儀だが、それは重労働のせいではない。……高校生の甥っ子もトラクターを運転し、しかも非常にうまくその仕事をやっている。穀倉の自動昇降機は大学生一人で監督している。畑から運搬車で小麦を運んでくるのは、その重要な役目にいかにも得意げな一一歳の男の子だ。成人男性一人、ひょろひょろした青年二人、そして子供一人で、一五年前には一四人の男性とたくさんのラバでやっていた仕事をこなしている。……

彼女の夫の両親も、私の夫の両親も、身を粉にして大農場を切り盛りしていた。彼女とその夫は、もうそんなことをする必要はない。四〇歳になったとき、二人は足を引きずって歩いていることも、疲れきった老人のように肩を丸めていることもないだろう。そうならないように、機械が彼女たちを救ってくれたのだ。[1]

文化は累積する

一八五〇年以前のアメリカの農場は、動力をほとんど人間に頼っていた。もちろんそこには奴隷化されていた人びとも含まれる。一八五〇年からトラクターが発明される一八九二年までは、人間に代わって使役動物が主要な動力源として働いていた。驚くことに、一九四五年まではトラクターの出力がまだ馬力を上回れず、アメリカの農場では依然としてウマのほうが重宝されていた。[2]

最初のうち、農民はトラクターに抵抗していた。理由はいくつかあったが、トラクターの値段の高さや、目新しさが受け入れられなかった面もある。ウマのほうがすぐれているというのが多くの農民の感触で、「ガソリンは栽培できないが、ウマのエサなら栽培できる。それにウマなら自分で代わりを育てられる」と思っていた。また、ウマのほうが使いやすいという考えもあった。

「ウマなら畝の端に行き着いたとき、自分で向きを変えて戻ってきてくれる」[3]

しかし結局は、トラクターが急速に勝ちを収めた。

この移行によって得をしたのは、台所仕事に煩わされていた女たち、畑仕事で疲れきった男たちばかりではない。食料の実質価格が全員にとって下がったのだ。あなたが一八六二年生まれではなく、一九六二年生まれなら、食料雑貨にそれほどお金がかからなくなっているから、その分をなんでも好きなことに出費できる。ラジオを買ってもいいし、ジャズを聴いてもいい。これらもちょうどその一〇〇年のあいだに発明されたものだ。[4]

さらに五〇年後の現在となると、状況はいっそうよくなっている。今のアメリカ人の食費の割合は収入の九・五パーセントだが、一九六二年には一六パーセントで、一九〇〇年にはなんと四二パーセントもあったのだ。[5]もしもこの進歩がなかったら、今のアメリカの平均収入世帯は、食費だけを稼ぐのに毎週二日分の労働を強いられただろう。

トラクター以外にも、このように全員に跳ね返ってくる利益（と費用）を生み出した人間の発明は無数にある。もし自分が二万年前に生まれていたら、と想像してみよう。あなたは自分が生き延びるために必要なこと、そして楽しく暮らすのに必要なことをするのに生涯を費やさなくてはならないだろう。そこで達成できることには限度がある。あなたが日々何をしているかといえば、食べるものを採集し、仲間とつきあって、世界の仕組みについての話をこしらえ、石や骨や木から狩猟の道具や穴掘りの道具をつくって、ときどき太鼓や骨笛を演奏するぐらいだろう。

次は時代をくだって、自分が五〇〇年前に生まれていたら、と想像してほしい。そのときあなたができることはずいぶん増えている。この長い経過期間のあいだに成し遂げられてきた文化的、技術的な成果を受け継いでいるからだ。たとえば農業と、それに付随するあらゆるテクノロジー（犂、穀倉、脱穀機など）。すでに家畜化されている動物種や、栽培化されている植物種。都市、石造物、道路、貯水池、冶金術。航海術や幾何学や天文学だって発達している。これらすべての知識やら何やらが、ただあなたがその時代のその場所に生まれたというだけで、あなたの生得権になっている。[6] あなたはすでに鍬だけでなく、ラバも持っているだろう。

では今度は、自分がごく最近生まれたと想像してみよう。ちょうどいい時期と場所に生まれたというだけで、あなたには比喩的な意味での「畑を耕せるトラクター」が与えられている。それを得るためにお金を払う必要さえない。それはもう最初からそこにあるものなのだ。あなたより前の時代のすべての人間力でできあがり、さまざまなかたちで（言い伝えとしてでも、本としてでも、オンライン貯蔵としてでも）記録されている科学や芸術を、あなたはただ学ぶだけでいい。宇宙についての深い理解も、電気と近代医学も、高速道路と地図も、青銅や鉄や鋼に加えてプラスチックやナノ素材でできた製品も、あなたがすぐ手に取れるように（世界の大半の地域では）用意されている。高校で微分積分を学んだあなたが五〇

○年前の時代にタイムスリップでもすれば、あなたは地球上で最も知識のある数学者で通るだろう。
あまりにも長い時間をかけて、複雑かつ不明瞭に蓄積された知識は、まるで魔法のように見えることもある。ニューギニア内陸部の低地にあるイラヒタという村の住民のあいだには、タンバランと呼ばれる男性のみの秘儀的な集会があり、そのメンバーは定期的に「精霊の家」を建てる。人類学者のドナルド・トゥジンは、一九七〇年代にその建設を目の当たりにして、現地の男たちが独創的な秘伝の技術を使って建物の支柱を埋め込む非常に深くて細い穴を掘ることに驚嘆した。「いったい誰がこのアイデアを思いついたんだ?」と彼は思わず口にした。すると男たちの一人が心底ばかげた質問だと言わんばかりに仲間に目をやって、誰もこの技術を思いついてはいないと答え、ほかの男たちもうなずいた。そのときの様子をトゥジンはこう説明する。


すっかりこの件に熱が入っていた私は、「いやいや」とさえぎった。「誰かが思いついていなくてはおかしいだろう。どこからともなく降ってきたわけじゃないんだから」。すると私の対話者は、こうしたアイデアは伝統から得られるのだと説明した。つまり普通の人間からではなく、昔の時代から出てくるのだと。

「それはわかるが」と私はなおも食い下がった。「やはり誰かがいつの時代かにこれを発明したわけだろう!」

この種のやりとりをもう二回ほど続けたあと、「では聞くが」と、男の一人がわざとていねいな口調で言ってきた。「あんたならこの技術を発明できたかい?」

「いいや」と私は答えた。私は罠を回避できなかった。

「そうさ、俺たちも同じだよ」と彼は言って弁論を終えた。[7]

これが累積的な文化である。人は知識という人類ならではの蓄財に絶えず貢献し、各世代が生まれるごとに、総じてその富は以前より増えている（もちろん定期的な逆行もある。ローマ帝国が滅亡したときのように、それまでの知識がいきなり消えてしまうのだ。たとえばヨーロッパ人はコンクリートの製法にかんする情報を失って、以後七〇〇年、どうやって建てたのかまったくわからないローマ時代の住居に住んでいた）。多くの社会科学者は、これが経済成長の最も深い起源に違いないと考えている。文化的資本や知的資本は時間とともにつねに増大し、人間はそれを思いのままに使うことができる。人が一日に耕せる土地の量はつねに増えつづけていくのだ。[8]

人はときに後世の人間に、それ自体で完結していて、もう何も変える必要のない貴重な知識や産物を残す。

そうしたものの一例として、私がとくに感心するのが、一生のあいだに一度も起こらないぐらい頻度の低い大きな天災にかんして神話や碑文を通じて伝えられる警告だ。

日本の東北地方の沿岸部には、あちらこちらに津波石碑が点在する。ものによっては三メートルもの高さがあるような大きな一枚岩の石碑で、何万という人を死なせることもある大津波を避けるためにはどこに集落を築けばよいか、もし津波に襲われたらどこに逃げればよいかを教えた碑文が刻まれている。岩手県の姉吉地区に一〇〇年前に建てられた石碑に彫られているのは、「此処（ここ）より下に家を建てるな」という警告だ。二〇一一年に東北地方を津波が襲い、約一万四〇〇〇人が犠牲になったとき、水はこの石碑のわずか一〇〇メートル下までやってきて、その途中にあるすべてのものを壊滅させた。この標識より上に家を建てていた一一世帯の住民は、全員が生き残った。

「先人たちは津波の恐ろしさを知っていた。だから私たちに警告するためにこの石碑を建てた」

この集落に住む木村民茂はそう語った。その古い知恵が石ではなく、言葉によって伝えられているところもある。たとえば海岸から六キロ近くのところにある浪分（なみわけ）という神社の名は、「波の先端」という意味だ。そこは一六一一年に破壊的な大津波が到達した地点なのである。[9]

同じように、インド洋に浮かぶアンダマン・ニコバル諸島の先住民部族は、地震が起きて海水が引いたら森のなかの高いところに駆け込むようにと教える代々の言い伝えを何千年と継承してきた。二〇〇五年に大きな津波が起こって、もっと技術的に発達したコミュニティの住民に一〇〇〇人以上の犠牲者が出たときも、これらの部族は誰一人として命を落とさなかった。[10]

第9章で見たように、いくつかの動物種にもある程度までの文化がある。しかし人間が持っているような、無数の世代を通じて複雑に練り上げられてきた累積的な文化は、唯一無二とは言わないまでも非常に珍しい。[11]

だが、人間の文化が私たちの人生の折々に与えている影響よりさらに驚異的なのは、これが私たちの種全体の進化の方向まで変えてきたということである。人類が何千年も前から築いてきた、そして今もなお自力で築いている文化的環境は、一種の自然選択の力となって、私たちの遺伝的遺産を改変している。

この考えを本章では探っていくが、これは外的表現型とは別の概念だ。外的表現型の場合は、特定の構築物や社会的行動など、生物の進化に影響を及ぼす何かしらのものを遺伝子がコードしている。しかし文化の場合、むしろ人類は遺伝子によって、ものを自在につくりだす才能を持たされている。ビーバーがダムをつくるよう遺伝的にプログラムされているのに対して、人間はウシを家畜化するよう遺伝的にプログラムされているわけではない。しかしながら人間がウシを家畜化すると、その家畜化されたウシの存在が、人間の進化に影響を及ぼす。

文化と遺伝子は「共進化」する

人間は北極のツンドラからアフリカの砂漠まで、さまざまな住環境のもとでアザラシを狩ったり井戸をつくったりしながら生きていけるが、生理学的な適応がこれを可能にしているのかというと、実はそうでもない。

たしかに極北に生きる人間のあいだでは、熱を逃がさないようにするために脂肪が増えたり低身長になったりといった適応が起こるが、そうした適応に依存している部分はかなり小さい。むしろ人間が世界中で生きていけるのは、文化を育める才能によるところが大きい。この才能は人間に深く染み込んでいて、それがカヤックやパーカーのようなすばらしい発明につながってきた。文化的な伝統を生み出して保持することに、これほど依存している種はほかにない。

生態学者のピーター・リチャーソンと人類学者のロバート・ボイドは、文化の定義を「個体が同じ種のほかのメンバーから教示や模倣などの社会的伝達を通じて獲得し、それによってその個体の行動に影響が及ぶような情報」としている。[12] この定義の眼目は、文化を対人関係の面で捉えていることだ。つまり文化とは、個人ではなく集団の属性なのである。ほかの科学者のなかには、道具や芸術といった物質的な所産のほうに重きを置いている人もいるが、もちろん、文化的な知識はそうした人工物に先立つものだ。

人間社会の青写真をいろいろと探ってきたなかで、ここまではもっぱら文化という化粧板の下側をのぞいてきた。第1章の冒頭で、文化は高台の上にできた二つの丘の高さがなぜそれぞれ三〇〇フィートと九〇〇フィートなのかを説明するかもしれないが、なぜ二つの丘が両方とも一万フィートの高台に乗っているのかは説明しない、というたとえ話をした。この見方からすれば、文化というのは、もっと基礎的な一連のプロセスを覆っている上張りである。しかし、多様な文化をつくりあげる能力——私たちにあらかじめ組み込まれた、文化をおのずと生み出してしまう傾向——は、それ自体が人類の決定的な特質だ。この文化の才能こそが、むしろ文化の産物よりも、人間のあいだで社会的交流や協力や学習の傾向が進化したことを映し出している。

しかし実際のところ、この文化という化粧板は、単に人間が生きているあいだだけ、その行動を形成するのではなく、もっと深いところにまで突き通っている。文化は人類が種として持っている遺伝子に影響を及ぼせるのだ。つまり山に乗っかっている丘が、その山を動かせるのだということである。この遺伝子と文化が相互作用しているという考えは、「遺伝子と文化の共進化説」と呼ばれている。「二重相続理論」と呼ばれることもあり、こちらは人間が遺伝的情報と文化的情報の両方を祖先から受け継げるという意味合いを持っている。

この遺伝子と文化とをあわせて考える見方には、三つの重要な要素が含まれている。

第一には前述したとおり、文化を生み育てる人間の才能は、それ自体が自然選択によって形成された適応だ。文化を持っている種はほとんどないが、その数少ない種では、遺伝子がその種に文化を持たせている。私たち人間は、基本にある神経基質と並んで、文化的な動物としての存在を可能にする認知面と心理面の特徴を進化させてきた。人間は集団生活を営む長命な生物なので、世代重複があり（つまり複数の世代が同じ時期に同じ場所でいっしょに暮らし）、親の世話が長期化している（そして発達期間も比較的長い）から、文化を出現させる能力が自分たちにあれば有益なことであり、したがってその能力を進化させやすい。

第二の要素は、文化そのものが、自然選択の論理と似たような論理にしたがったプロセスを通じて、時間とともに進化できるということだ。遺伝子の突然変異が耐病性の向上につながることがあるように、偶然の発見が道具の改良につながることもある。そしてすぐれた発想はそれほどでもない発想より望ましい結果を出せるから、当然、その発想が選び取られていく。さらなるプロセスとして（これもまた遺伝子の進化に似て）、「ちょっと変わった」文化が、ちょっと変わった種と同様に、習慣や発想のランダムな「浮動」から生じることもある。ただし、このような類似点があるとはいえ、文化の進化には、同じ世代の個人間で発想や習慣の水平な伝達が起こりうるという特別な特徴がある。これは、つねに次世代の個体に対して伝達がなされる遺伝子の進化とは明らかに異なる。また、遺伝子の進化と違って、文化の進化は（たとえば臣民のキリスト教への改宗をうながしたコンスタンティヌス一世のような強力な支配者によって）あからさまに導かれることもある。

そして遺伝子と文化の共進化説の第三の要素は、この文化の相続システムそのものが、人類の進化風景の特徴となって、人類に対する自然選択の力をふるっているということだ[13]。人間は文化を生み出すよう遺伝的に仕組まれていると同時に、その文化に反応して遺伝的に進化してきたのである。遺伝子は文化に作用し、文化もまた遺伝子に作用している。

このあとは、これら三つの要素をさらに細かく見てみよう。

「威信」のパワー

一部の科学者は、人間が文化の才能を進化させたのは多様な環境に対処するためだったと考えている。もっと一貫した環境で生きている動物なら、互いから学習する能力を持つ必要などない。ひとたび自然選択によって有益な本能が備われば、それが世代を経てもずっと変わらず有効に働いてくれるからだ。しかし私たちの種は、多様性に対処しなければならず、それができる脳を持つ必要がある。

人間には文化向きの一連の心理的形質が備わっている。他人がしていることに合わせようとする傾向もそうだし、局所的な規範をもうけて、それにしたがう傾向も、教師になる可能性のある高い地位の人や年長者に特権を与える傾向も、ほかの人たちが注意を払っている人物にみずからも注意を払う傾向も、そうした形質の一部である。さらに人間は、自分の行動に自信を示す人物を（その自信が正当なものであろうとなかろうと）優先的に注視するようにも進化してきた。[14]

人間には、ひときわ強い「過剰模倣」の傾向がある。子供はごく幼いうちから、習慣的に、自分がよく観察している大人のとる行動を逐一真似する。たとえそれがどんなに意味や目的のない、不必要な行動であってもだ。一見すると見当違いのばかげたことだが、この過剰模倣は進化上の適応であり、人類における文化の発達と伝達に基礎的な役割を果たしている。[15] これらの心理的な特性のいくつかは、文化を有するほかの動物種にも存在している。前に見た、ほかの個体から学習するゾウなどがその一例だ。[16]

社会的学習と文化の存在は、私たちの種における地位の性質を変化させた。[17]「地位」（ステータス）とは、とかく奪い合いになる貴重な資源を獲得すること、または支配することにかんしての、集団内での相対的な能力と定義される。ほとんどの動物種では、地位はたいてい「順位／支配力」（ドミナンス）に等しく、身体的な強さと、ある個体がほかの個体に負わせる「コスト」、すなわち潜在的な損害の大きさで測られる（巨大な角を持ったシカを考えてみればいい）。

だが、地位を測る尺度はもう一つある。それは、ある個体がほかの個体に与える「利益」の大きさだ。これがいわゆる「威信」（プレステージ）につながる（群れを率いて水のありかに連れていく家母長のゾウを考えてみればいい）。私たちのように累積的な文化が存在している種では、威信は地位を獲得するにあたってとりわけ魅力的な手段となる。人間社会は商品と情報にあふれているからだ。ほかの動物のような順位制の階層構造では、下位の個体が上位の個体を恐れ、できるだけ避けようとする。しかし威信にもとづいた階層構造では、下位の個体が上位の個体に魅力を感じて、できるだけその近くに寄ろうとする。そして味方になろうとし、観察しようとし、真似しようとし、さもなければその上位の個体から利益を得ようとする（無理にでも講演者の話を聞こうとするやたらと熱心な学生を考えてみればいい）。貴重な知識を獲得すればするほど、その動物は（人間も含めて）より人気者にもなれるので、学習とネットワーク上の位置との関係はお互いさまなのだ[18]。

威信のようなもので地位を得るには、また別の心理が進化していなくてはならない。人間の文化の才能は、進化の過程で、人間の脳の仕組みをつくり変えてきた。もし私たちが威信を高く評価するように進化したのなら、ごく幼いうちからその痕跡が見られるはずだが、それは巧妙に設計された実験によって実際に証明されている[19]。たとえば未就学児童は、不人気な大人よりも人気のある大人から学ぼうとする傾向のほうが二倍も強い。この差は、おもちゃの操作や食べ物の好みを真似することにも当てはまっている。自信のない政治家は、これを一種の暗示として利用して、他人の目に映る自分の威信を高めるために、自分にこびへつらう聴衆をこれ見よがしに誇示してみせる。

威信の効力は分野も超える。ある分野で有能だと認められている人が、ほかの分野でもすぐれた手本に違いないと推測されるのはよくあることだ（「もし俺が金持ちなら、みんな俺のことを本当に物知りだと思うのさ」と『屋根の上のヴァイオリン弾き』のテヴィエが歌っているように）。

私もホスピスの医師として医療を実践していたころ、死にゆく患者のすぐそばに寄り添うことがよくあった。おそらく私の施す終末期医療が認められていたからだろうが、多くの家族が私に神学的な質問をして、死後の世界はあると思いますかと、私の考えをとても熱心に聞きたがる。私はそれをかなり不思議に思っていたものだ。

フィジーの三つの村で行なわれたある調査では、漁について、ヤムイモ栽培について、そして薬草について助言を求めるとしたら、誰に頼むかという質問を住民にした。村には、それぞれの営みにおける最高の手本だとみなされている人が何人かいた。専門知識が一点に集中していて、かつ、それが認識されているなら、当然そういう結果になるだろう。しかし、威信も分野を横断して働く。ヤムイモ栽培に詳しいとみなされていたある人は、ほかの人たちの倍以上に、漁について教えてもらう人ともみなされていた。[20]

ほとんどの種では、順位／支配力と威信とのトレードオフが、たいてい身体的資源から認知的資源への移行としてあらわれる。言い換えれば、どちらのタイプの地位を重要視するかは種によって違うだろうということだ（威信制を選んでいる種はほとんどないが）。いずれにしても人間の場合、このトレードオフには文化間でも文化内でも環境しだいでかなりの差があり、それは男性にとっても女性にとっても同様である。死亡率の高い暴力的な環境にいれば、身体的な威圧のほうが本人にとっても潜在的なパートナーにとってもずっと重要になるだろう。人類が進化のあいだに直面してきた（そして私たちの地理的な広まりを考えれば、これからも直面しつづけるであろう）状況の多様性は、私たちがゆるやかな階級制を示していることの一因でもあるのかもしれない。これはおそらく、威信と順位／支配力のバランスを反映した結果だ。実際、もっと一貫した環境で生きてきたほかの霊長類は、もっと極端なかたちの階層構造を示している。

とはいえ、どちらのタイプの地位も、人類においては繁殖成功度が高まることにつながりうる。[21] 男女を問わず威信に性的魅力があるというのは重要なことで、なぜなら威信が繁殖成功度に関連しているという証拠があれば、人間はものを教えられる人を高く評価するように進化したという説の裏づけになるからだ。[22] 実際、アメリカの女子大学生を対象にしたある調査では、支配的な男性よりも威信のある男性のほうが性的パートナーとして好まれ、とくに女性が長期的なパートナーを探している場合はいっそうその傾向が強いという結果が出た。[23]

進化上での威信の重要性は、おなじみのボリビアの採集園芸民族、チマネ族の繁殖成功度にも明らかにあらわれている。[24] 二つの村のチマネ族の成人男性（全部で八八名）それぞれに、ほかのすべての男性の写真を見せ、身体的な対決をしたら誰が勝ちそうか、ほかの男性たちは何人の味方を得られそうか、コミュニティの意思決定に最も影響力があるのは誰か、最も尊敬を得ているのは誰か、そのほか狩猟技能や気前のよさや妻の魅力度などについてさまざまな質問をしたところ、威信と支配力はともに繁殖成功度に関連していた。支配力の上位四分の一に入る男性は、下位四分の一の男性よりも二・一人多くの子供を生存させていた。威信の上位四分の一の男性は、下位四分の一の男性よりも二・六人多くの子供を生存させていた。そして支配力のある男性も威信のある男性も、ともにその妻はひときわ魅力的と評価されていた。

私たちの脳——知識を伝達し、学習することができるもの、つまり文化の根本であるもの——は、セクシーなのだ。

ルービックキューブとしての人間社会

致命的な環境も含めたさまざまな環境に適応できる人がいたとして、それは必ずしも、その人の脳の力のおかげだけではない。最も賢い部類の人でさえ、一杯のコーヒーのようなありふれたものをつくりだすのに必要なことを、何もかも考案できるわけではないのだ。まずはコーヒー豆を栽培して加工することが必要で、その豆を店に運ぶ輸送システムも、コーヒーポットに通す電気も必要であり、さらにプラスチックのカップを製造するための複雑な工程も踏まなくてはならない。

ハッザ族の青年は、私ならものの数日で死んでしまう環境でも生きていける。人類学者のジョゼフ・ヘンリックは、「迷子になったヨーロッパ人探検家ファイル」――本隊からはぐれて苛酷な環境で孤立することになったヨーロッパ人探検家についての記述――の予測可能なパターンを次のように記述している。[25]

物資は尽き、衣服は破れ、道具は持っていたとしても使えなくなるか紛失する。まともなシェルターもつくれないし、食べ物も水も見つけられない。現地の植物や動物の毒を抜くのに必要となるかもしれない複雑な下ごしらえや調理の手順についても何も知らない。したがって具合が悪くなる。場合によっては食人に走る。そして十中八九、最後には死ぬ。白骨、ぼろぼろになった日誌、壊れた住居などが、何年かのちに発見されるだろう。

しかし、もしも運がよかったら、こうした見放された人びとにも寛大な現地人からその土地の知識が伝えられ（難破後に現地人に助けを求めたシドニー・コーヴの一行のように）、食べ物や住居や衣服や薬や、そうした必需品をどうしたら入手したり製作したりできるかの情報ももらえるだろう。ヘンリックが言うように、「これら現地の住民は、そうした『優しくない』環境でたいてい何百年、何千年と生き延びてきて、しかもしばしば繁栄してきた」のだ。[26] このような状況で生死を分けるのは、遺伝的進化ではなく文化である。たしかに遺伝子変化が生じて一部の人間を特定の環境にうまく適応させることはある（たとえばチベット高原の山岳地に住む人びとには、酸素代謝の面での適応が見られる）。しかし、遺伝的変化は文化的変化にくらべて格段に時間がかかるのだ。

多くの人間の文化の産物は、眼の遺伝的進化と同様、驚異的なまでに複雑だ。ヤグア族のようなアマゾン川流域の部族がやっている、毒のついた矢や吹き矢の仕込みを考えてみればいい。

たいていの部族では、矢や吹き矢に塗る毒は、諸成分の複雑な配合から調製される。材料には一次性の効果のある植物由来の成分（一般的にはクラーレ〔訳注：特定の植物から採られる猛毒の樹脂状物質〕）ばかりでなく、ほかの植物性物質や、ヘビやカエルやアリの毒液なども使われる。場合によっては数十種類の原料が必要とされ、製法も部族によってさまざまに異なる。調製の手順は複雑で、加熱や冷却、別の物質の添加、特定の順番での物理的処理（叩いたり、すりつぶしたり）なども必要となる。材料を集める時間帯も一日のうちで決まっていることがあり、それがいくつかの理由——ある種の化学物質の濃度を高めるためなど——から重要なこともある。

その成分と手法には実際的な意味でも、あるいは儀式的、象徴的な意味でも妥当性があるのかもしれないが、実のところ、それは民族植物学者でもほとんどわかっていない。ある添加物は調合物の毒性を高め、別の添加物は被害者の血流へのすばやい浸透を促進し、また別の添加物は調合物の粘度を高めることで、矢にしっかりと固着させる働きをするのかもしれない。[27] あるいは単純に、手順が正しく進んでいるかを確認する標識としての役割しかない成分もあるだろう。たとえば色の変化によって、物質がしっかり加熱されたかを教えるような成分だ。

こうした複雑なあれこれは、どれも毒物にかんするものであって、吹き矢や吹き矢筒の製作にはまた別の複雑な、同じぐらい手の込んだ過程が必要であり、もちろんそれらを安全に運ぶための装置も、それらの使い方にかんする知識も必要になる。[28]

これを実践している本人たちも、各段階で何がなされているのか、どうして自分たちがこんな知識を持つようになったのかをきちんと説明できないことが多い。彼らはただ、知っているだけなのだ——正しい材料を使い、正しいタイミング、正しい手法、正しい順番で、各段階を進めていかなければならないことを。そうすれば全工程がうまくいくのだ。もしかするとこれらの実践者たちは過剰模倣戦略の犠牲者で、彼らの手法に実用的な根拠など何もないのかもしれない。[29]

この毒矢を使った狩猟など、ある種の行為はとてつもなく複雑に入り組んだ細部からできているのだと考えると、文化のパターンというものは、いくつもの世代を重ねて研ぎ澄まされる（なんなら適応する、と言ってもいい）、まさに進化的変化を連想させるようなものだと結論せざるをえない。実際、文化が種と同じような過程で「進化」するのかもしれないという考えは、少なくともダーウィンの『人間の由来』にまでさかのぼる。[30]

文化を進化させられるメカニズムはいくつもある。遺伝子の突然変異が起こるときのように、個人や集団がたまたま新しいアイデアやテクノロジーに出くわすこともあるだろう。とくになんの利点もないアイデアがしっかりと定着することさえあり（さまざまな文化の多くの音楽様式がそうだと考えられているように）、これは遺伝的浮動にも似ている。そして成功したアイデアは（第5章で見た一夫一妻制のように）、その本人の幸せを深める（少なくとも害はなさない）わけだから、根づく見込みがいっそう高いだろう。とくに、そのアイデアを採用した集団が、それほど利点のないアイデアを採用した集団と競争していたならなおさらだ。

さらに文化は、収斂進化のような現象を起こすこともある。収斂進化は前にいくつかの動物の例で見たとおり、遺伝にもとづく表現型にあらわれるものだ。たとえば釣り針の形状を考えてみよう。人間はこれを一回だけでなく、独立して何回も発明してきた。魚を捕まえる方法はいくつかあるが、釣り針は基本的な設計が一つあるだけだ。一般に、同じようなものが二つ以上の場所で同時に出てくる場合、その類似性は環境要因によるもので、直接的な知識伝達とは無関係だと考えられる。[31] しかしながら釣り針の設計に見られる類似性を利用して、科学者は集落の歴史と集団間の交流を再構成することができる。もしかしたらその交流の一環として、製造にかんする知識の伝達があったのかもしれない。[32]

この仕組みを理解するには、人間のテクノロジーの二つの基本的な特徴を考慮しなくてはならない。テクノロジーには、そのテクノロジーで何をするかに関連して適応値が決まる「機能的」形質と、そのテクノロジーがどう見えるかに関連する（そしてそれによって適応値が変わることはない）「様式的」形質がある。[33] 機能的形質は、人びとが同様の問題に対処していることのあらわれだから、収斂を通じて出てくることが多いが、様式的形質に共通性が見られる場合は、たいてい文化的な系統が共有されていることの反映である。[34]

釣り針のテクノロジーが最も広く研究されてきたところは、住民が海に大きく依存するよう迫られてきた、アジア太平洋地域だ。[35] オセアニアの最古の釣り針の標本（東ティモールで見つかった、壊れた貝殻でできた釣り針）は、一万六〇〇〇年前から二万三〇〇〇年前のあいだのものと見られ、進んだ操船術が習得されたのと時を同じくして現れた。このようなU字型の釣り針は、魚の口の硬い部分に引っかけることで魚を捕まえるようにできている。同じ場所からは、さらに昔の四万二〇〇〇年前から組織的な漁が行なわれていた証拠も出ており、したがって釣り針がもっと前から使われていた可能性もある。[36]

考古学者はベルリンの西にある遺跡でも古代の釣り針を発見している。これはマンモスの牙でできていて、およそ一万二〇〇〇年前のものと見られた。[37]この発見は、ティモールでの発見と並んで、およそ一万年前から一万五〇〇〇年前の旧石器時代から中石器時代への移行期に、返し〔訳注：針先のすぐ下についている針先と逆向きの尖り〕のない釣り針が広く使われていたことを示している。[38]

かつての考古学者は、チリ、カリフォルニア、ポリネシアなどの環太平洋地域で発見された貝製の釣り針の類似性からして、このテクノロジーは一回だけ発明されたのち、光の放射と同じように四方八方に広まったのだろうと考えていた。その拡散が被害者そのものによって達成されたのではないかと主張する学者までいた。つまり、オセアニアで釣り針にかかったマグロがいったんは逃れたものの、アメリカの西海岸でまた別の方法で捕まって、そこでそのマグロをさばいた別の人間に、痛ましい秘密を明かしたのではないかというのである。[39]これはなかなか興味をそそる考えだが、これらの釣り針が地理的にも時代的にも大きく離れたところで出てきていることからして、やはりこの共通の設計は、独立した発明と収斂の産物である可能性のほうがずっと高いのではないかと思われる。[40]

文化の進化は、さらにもう一つの面でも遺伝的進化に似ている。種が進化するときと同様に、個体群の規模が重要になるのだ。人口が少ない集団は、きわめて知識が失われやすい。重要な情報を持った一人の人間の死が、全員にとって永久に知識が失われることを意味するからだ。星を頼りにして航海するすべを知っていた唯一の人間が溺れ死ねば、小さな船の残りの乗組員は、やはり死ぬしかないだろう。[41]

アマデオ・ガルシア・ガルシアは、ペルーのアマゾン川流域に暮らす孤立した部族の一員だった。しかし一九九九年に兄のフアンが亡くなると、その時点でアマデオはタウシロ語を話す最後の人間になった。「私はタウシロ族」と彼が記者に語ったのは、約二〇年前のことだ。「私は世界中で私しか持っていないものを持っている」。タウシロ族は、マラリアにやられ、奴隷にされ、その他さまざまな災厄に見舞われた結果、最後には存続できるだけの十分な人数がいなくなっていた。アマデオとほかの数名が言語学者に残した録音のほかに、彼らの言語はもうかけらも残っていない[42]。

もっと人口の多い集団ならば、このようなリスクに遭わずにいられる。ポリネシアの二〇の言語を調べたある研究が、これを数学的に立証している。人口の多い集団ほど高い率で新しい単語を増やし、人口の少ない集団ほど高い率で単語を失っていくのだ[43]。

そして人口の多い集団では、火をおこすこと、水を見つけること、獲物を追跡することなどにかんして、ある個人がたまたま従来よりすぐれた技法を見つけると、たいてい誰かが近くでその発見を観察し、模倣し、記憶する。結果として、人口の多い集団ほど社会的学習に向いていて、貴重なイノベーションを果たす機会を最大限にすることにも向いている。社会的伝達にはどうしてもまちがいがつきまとうことを考えると、時間の経過とともに情報が失われるのを避けられるように、集団はつねに伝達を維持していなくてはならない。教える側と教えられる側が力をあわせ、複雑な伝統を生かしておかなくてはならないのだ。人口の多い集団ならば、社会で最も優秀なメンバーからものを教われる人間もそれだけ多いということだから、ときには教師を上回れるような弟子も出てくるだろう。

文化のイノベーションや複雑さに人口規模が潜在的に果たす役割は、ふたたびオセアニアの島での自然実験を見ることで検証できる。調査されたのは、互いに遠く離れた一〇の島の伝統文化だ。それらはすべ

表 11.1　オセアニアの 10 の文化における人口規模、および海洋狩猟採集道具の数と複雑さ

文化	人口	道具の総数	道具の平均的な複雑さ
マレクラ島	1,100	13	3.2
ティコピア島	1,500	22	4.7
サンタクルーズ諸島	3,600	24	4.0
ヤップ島	4,791	43	5.0
ラウ諸島（フィジー）	7,400	33	5.0
トロブリアンド諸島	8,000	19	4.0
チューク諸島	9,200	40	3.8
マヌス島	13,000	28	6.6
トンガ	17,500	55	5.4
ハワイ	275,000	71	6.6

サンプルは漁獲・海洋狩猟採集の道具一式。道具の複雑さは独立した部品の数に応じて1から 16 で評価されている。たとえば甲殻類を岩から引きはがすための単純な 1 本の棒は 1 で、エサを取り付ける梃子など多数の部品からなるカニ捕り用の罠は 16 だ。総じて人口規模が大きいほど、数も複雑さも高まっている。

て同じ祖先の文化から発しており、ともに似たような海洋生態系のもとにある。まずは海洋狩猟採集の道具の数と、その複雑さについて評価がなされた（表11・1に要約されている）。甲殻類を岩から引きはがすのに使う単純な棒から、エサをつけた梃子などの一六の部品からなるカニ捕り用の放置式の罠まで、道具の種類はさまざまだった。

　予想されたとおり、人口規模の大きい集団ほど、道具の数も多く、その複雑さの程度も高かった。[44]だが、重要な因子はそれだけではなかった。動く獲物を狩る島民や、多様な環境に対処しなければならない島民は、多くの数の道具を必要としていた。[45]全般的に言って、赤道から南北それぞれに離れれば離れるほど、天候と地形の多様性が高まるから、食料を見つけるのもいっそう難しくて危険な行為になるだろう。したがって、別の分析で示されているように、赤道から遠い緯度にあるところほど道具の複雑さが高まることになる。[46] 文化は環境の多様性に対処するのに役立つのだ。

こうした見解は各種の実験で裏づけられている。たとえば、ある独創的な実験では、三六六名の男性にコンピューターゲームをしてもらった。被験者はそのゲームのなかで、仮想の矢じりや魚網をつくらなければならない。矢じりをつくるには一五段階の工程があり、魚網のほうは三九段階だ（そしてどちらも正しい順序で進めなければならない）。各プレーヤーは自分の属する集団内の誰でも好きな人を観察して、そのやり方を学ぶことができる。実験の条件として、集団の規模は二人、四人、八人、一六人のそれぞれに設定されていた。その結果、集団の人数が多いほど、文化的知識はよく保存され、向上も著しく、道具一式の複雑さも維持された。[47] こと文化のイノベーションと保存にかんするかぎり、規模は確実にものを言う。

そして文化の維持と進化は、社会的ネットワークにおける個人間のつながりの数と構造、および情報がどれだけ容易に、かつ自由にやりとりされるかによって決まる。したがって文化の伝達は、その集団がどれだけ協力的で、どれだけ友情にあふれているかにかかっていることになる。[48] つまり文化を育む私たちの才能は、社会性一式の要素を基盤として成り立っているわけだ。

そこから文化についての皮肉な結論が導かれる。まさにそれらの揺るぎない普遍的な人類の特徴――協力、友情、社会的学習――のおかげで、文化は驚異的なまでに多様になれるのである。教えることと教わることにもとづいた人類の文化の才能は、たとえ文化の特定の要素が――第1章で見たとおり、それは実に多様だ――そうでなくても、社会性一式の重要な一部なのである。

複雑な文化的知識を保持するには、相互接続した大勢の発案者や改革者が必要になる。私たちの青写真は、文化の進化の土台である。人間社会はルービックキューブのようなものだ。全体がひとつにまとまりで数少ない特定の原則にしたがっているが、にもかかわらず、その組み合わせの種類は四三二五京二〇〇三兆二七四四億八九八五万六〇〇〇通りにものぼるのだ。

文化は社会性一式を補強する

人間は全般的にほかの動物にくらべて珍しく文化の才能があること、そして文化そのものは時代によっても場所によってもさまざまで、それは部分的には進化に似たプロセスのせいであることを確認したところで、このあとは遺伝的な相続と文化的な相続がどのように相互作用しうるのかを考えていこう。

文化が人間の進化に役割を果たすようになったのは農業革命が起こってからだった、という説があるが、おそらく文化の効果はもっと昔から、現生人類につながる祖先の系統にあらわれていた。それはともすると一〇〇万年前にまでさかのぼるだろう。[49]

たとえ歴史学的な証拠や人類学的な証拠がなくても、文化が人間の体に及ぼした影響を見分ける方法はある――化石人骨を入念に検査すればいい。[50] 約九〇万年前から五〇万年前ぐらいまで、気候が大きく変動していたことはわかっている。この変動は、時とともに選択圧を生み出しただろう。結果として生き残るのは、一つの環境に最適化されず、さまざまな環境に対処できるほどに機転の利く動物だ。遺伝的進化――個体に生じた突然変異が形態や機能にわずかな差異を生じさせていく過程――が追いつかないぐらい頻繁に変化する環境に種が直面したとき、社会的学習はとりわけ適応的な役目を果たす。[51]

文化が進化に与える影響の例としてよくわかっているものは、どれもすばらしいの一言だ。一八〇万年前という昔から（年代については異論もあるが）、人間は火を制御することを覚え、みずから火をおこせるようにもなった。そしてそれと同時に調理が始まり、人間が食べるもののカロリー量は格段に上がった。加熱した肉や野菜は栄養価が高まるからだ。

その当時の人間の歯や口や胃は、骨をしゃぶって生肉をこそげ落としたり、小枝を咀嚼（そしゃく）したりするのにふさわしくできていたが、それが調理の始まりとともに新しい方向に進化できるようになり、実際にもそう進化した。歯はきゃしゃになり、咬筋（こうきん）（咀嚼筋の一つで、今でも人体のなかで最も強い筋肉）は弱くなり（したがってあごの形状も変化し）、胃は小さくなった（それにともなって肋骨（ろっこつ）の配置も変わった）。そして調理によってエネルギー不足のかせが外れ、需要の大きい人間の脳に多くのエネルギーがまわった結果、人間の脳は大きくなった[52]。

歯や骨の化石から調理の開始年代が推測できるように、研究者は足の骨格から、獲物を長距離にわたって追跡することに関連する、人間の走行習慣の始まりを推測することができる。人間は哺乳類のなかでは珍しく、マラソンランナーとしての素質を持っている。私たちは短距離走では家のペットにもかなわないが、長時間走ることにかけてなら、それに必要なあらゆる適応を備えている（疲れにくいように比較的ゆっくり収縮する筋肉繊維、長時間の激しい活動中に働く体温調節能力など[53]）。

サハラ以南のアフリカの狩猟採集民は、レイヨウをただ長距離にわたって追いかけるだけで、この獲物をしとめられる。これが持久狩猟と呼ばれているものだ。獲物は一目散に逃げだすから、すぐに狩猟者の視界から消える。だが、狩猟隊がそのあとを追跡して、たとえば八時間なりなんなり、獲物が前方で短距離走を繰り返しているあいだずっと見失わないようにしていれば、最後には獲物が疲れきって倒れる。そうしたら狩猟者はそれを槍で突き殺すか、のどを絞めて窒息死させればいい。

私はまさにこの場面を映像で見たことがある。自然人類学者のダニエル・リーバーマンが見せてくれたものだ。一人の狩猟者が悠々と大きなクーズー（普通ならとても危険な動物）に近づいていき、それをまるでマシュマロのように串刺しにした。これはライオンやヒョウが同じ獲物を狙ったときに採用するのとはまったく異なる戦略だ。

この狩猟様式には、持久走ができることが重要だが、身体構造が進化するだけではまだ足りない。人間は特定の一頭の動物が視界から消えたときに、それを追跡できなければならないわけで、ただやみくもに最初の一頭のクーズーを追いかけ、次はまた別の、さらにまた別のクーズーを追いかければよいというものではない。さもないと獲物が短距離走を繰り返して疲れきり、元気いっぱいの敵の前に倒れるということにはならないだろう。

ここで初めて必要とされるのが、文化である。動物を（足跡や糞や死骸や、その動物の行動にかんする知識にもとづいて）追跡する能力は、多くの世代を重ねるあいだに努力して獲得されるものであり、念入りに教わって伝達されていくものである（したがって熟練した狩猟者になるには何年もかかる）。この文化的発明が、やがて今度は人体の物理的変化にフィードバックされ、長距離走に向いた変化が適応的で有益なものになっていく。現代の科学者は、足の構造の変化が化石記録に残されているのを利用して、ゆっくり長距離を走れるという、ほかに用途のなさそうな能力がいつ出現したのか、そして獲物を追跡するという文化的な習慣がいつから出てきたのかを推論できる[54]。

遺伝子と文化の共進化を如実に示すもう一つの例は、成人のラクトース（乳糖）耐性だ[55]。ラクトースは乳汁の主要な糖分である。人間の赤ん坊はラクターゼという酵素を使って母乳に含まれるラクトースを分解し、消化できるようにする。しかし人間は成長するにつれ、通常、この能力を失ってしまう。いったん乳離れすれば、もうその能力は必要ないからだ。

世界的に見ると、乳汁を消化できる能力を保持した成人は決して一般的ではなく、とくに東アジアとアフリカではほとんどいない。全体として、世界人口の六五パーセントほどは（北米とヨーロッパの人口のかなりの部分を含めて）、成人するころにはラクターゼ酵素を失っている。[56]大人になってもラクトースを消化できる能力が進化的に有利になるのは、ミルクの安定した供給が得られる場合だけだ。そして長いあいだ、そんなことは現実にはまずなかった。

状況が初めて変わったのはミルクを産出する動物（ヒツジ、ウシ、ヤギ、ラクダ）が家畜化されて、そうした動物の飼育方法や搾乳方法など、関連する多くの文化的な特徴が生まれてからである。ミルクを飲めることの利点はとてつもなく大きい。ミルクは貴重なカロリー源でもあるし、水が不足したときや腐敗したときの重要な水分補給源にもなる。

驚くべきことに、このわずか三〇〇〇年から九〇〇〇年のあいだに、アフリカ、ヨーロッパ、中央アジアのそれぞれで独立してＬＣＴ遺伝子（ラクターゼをコードする遺伝子）にいくつかの適応的な突然変異が起こっており、そのおかげでラクトースの消化能力が復活している。[57]そしてこれらの突然変異はおもに牧畜民に起こったもので、狩猟採集の生活様式を保持していた近隣の集団には起こらなかったのである。

遺伝的変化をうながすような文化的習慣に反応して、実際に生じた比較的新しい変化だと見分けられる例をもう一つ紹介しよう。

インドネシア、マレーシア、フィリピンのあちらこちらのコミュニティに暮らす、総称してサマ・バジャウと呼ばれる人びとがいる。彼らの多くは生まれてから死ぬまで、生涯を水上で過ごす。核家族で屋形船に住み、小さな船団を組んで移動し、海産物を食料にしてなんとか生きていく。[58]ときに海洋ノマドとも呼ばれるこの人びとは、多くが素潜りの達人で、一日に五時間も水中で過ごすことが珍しくない。[59]彼らがいつごろからこのような生活様式をするようになったのかは定かでないが、少なくとも一〇〇〇年は経過しているはずである。

そしてこのあいだに、船、航海術、採集技法などの発達によって海上生活と素潜りによる食料調達に文化的イノベーションが起こった結果、彼らのあいだで遺伝的な突然変異が進化して、酸素が欠乏してもなんとかできる能力が備わったものと見られている。彼らはたった数個の重りと木製のゴーグルだけで七〇メートルの深さまで潜水して、海底から食物を集めてくることができるのだ。

まぎれもない現実として、この素潜りの方法で食料を得るのに長けた人びとほど、多くの数の子を残しているようである。それを可能にした適応の一つが、大きくなった脾臓(ひぞう)だ。この形質はある部分まで、PDE10Aという遺伝子の制御下にあると考えられている。[60] この突然変異と、それにともなっての適応は、バジャウの人びとだけに見られるもので、地上生活をしている近隣の似たような集団には見られない。大きな脾臓が有益なのは、酸素が含まれた赤血球の貯蔵庫としての機能を果たせるために、長時間の潜水による低酸素状態が生じたときに赤血球を送り出して、潜水能力と生存率を高められるからである。これもまた、おそらく歴史的に見ればかなり最近の期間に、(行動とテクノロジーの両面での)文化的イノベーションが人間の遺伝子に影響を及ぼした例だろう。

昔のポリネシア人は(第2章で見たように)、当時最先端の航海術と大きなカヌーで外洋に乗り出すことになった結果、遺伝子に対する選択圧を生み出して、長期間の飢餓や海上での寒さに耐えられる体を持つようになったのかもしれない。彼らの行なう船旅が、いわゆる「倹約遺伝子」を通じて体のエネルギー需要をもっと有効に調節できるよう、選択を働かせたのではないだろうか。加えて、島暮らしは——世の中のロマンチックな幻想に反して——きわめて苛酷なものだ。意地悪な天候(ハリケーンなど)のせいで入手できる食物が相当の期間にわたって一掃されることもある。そうなれば、長い航海に出ているのと変わらない制限を受けることになるだろう。

　そうして生じた遺伝子変化は、長い船旅や孤島での生活に役立つという意味で、何百年も前には適応的だったが、それが現在では糖尿病や肥満を生むものになっている。今のポリネシア人は陸地に集落を築き、もっと安定的な食料源を得られるようになっているからだ。[61]

　これらのほかにも、遺伝子と文化の共進化を示す例はたくさんある。ある仮説では、（北京官話のような）声調言語を話す人びとは、そうでない人びととは異なる適応的環境に置かれることにより、声調言語を流暢（りゅうちょう）に操れるように、脳の構造に影響を及ぼす二つの特定の遺伝子の変異体が選び取られるのではないかとも言われている。[62] また、農耕や資材技術のイノベーションも、なんらかの効果を及ぼすはずだ。農耕の発明により、忍耐強くいられる（そして作物が生長するのを待つことができる）能力は適応的なものになっただろうから、その気質を補強する遺伝子の有用性にも影響が及んだだろうと考えられる。[63] そして作物が栽培品種化されるようになると、たいてい食事に含まれる澱粉（でんぷん）の量が増えるから、澱粉質の食物を消化しやすくするアミラーゼなどの酵素をコードする遺伝子にとっても、どういう変異体が適応的なのかに影響が及んでくるだろう。[64]

　作物の及ぼす効果には、もっと錯綜（さくそう）したものもある。ヤムイモが栽培品種化されてから、西アフリカの森林は栽培用の農地に変わった。これが地面の水たまりを増やすという意図せぬ効果を生み、マラリアを媒介する蚊にとってありがたい繁殖環境ができあがった。すると今度は人間のほうで、本来ならば不適応であるはずの鎌状赤血球へモグロビンが、マラリアへの耐性につながるという理由で選び取られる方向に選択圧が強まっていったのだ。家畜とラクターゼ保持の例で見たのと同様に、この場合でも、農業に従事していない近隣の人口集団では、鎌状赤血球症を生じさせる遺伝子変異体にそれほどの増加は見られなかった。[65]

過去七〇〇〇年かそこらのあいだに人類が発明してきた各種の具体的な社会秩序も——都市にしろ市場にしろ、現代の電気通信にしろ——やはり確実に自然選択の力になっている。これらの発明のおかげで人間は見知らぬ他人と交流するようになったが、私の見るところ、それもまた私たちの遺伝子に変化をもたらしている。たとえば人間は、都市に暮らすようになったがために賢くなっているかもしれない。都市文化は時とともにますます複雑で、刺激的で、過酷なものになる一方だからだ。

また、人間がますます密度の高い集団で暮らすようになり、ますます長距離の都市間を行き来するようになってから、以前とは異なる免疫系（および、それに関連する生理学的形質）を進化させてきたのもほぼ確実だろう。そのような生活は新しい種類の疫病を引き起こすからだ。たとえば腸チフスは、この数千年のあいだにヨーロッパでの都市化と広範囲にわたる交易によって新たに流行するようになった疫病だが、私たちの種には、これに対する抵抗力を与える突然変異が生じてきたと見られている。[66]

そして意外に思われるかもしれないが、宗教からも遺伝子と文化の共進化の例が提供されている可能性がある。宗教の概念を理解できる脳を持つことの遺伝的な基盤と、宗教的な信念や慣習は、それぞれまったく別のことのようでいて、実は互いに手をとって共進化するものなのかもしれない。

人類学者のジョゼフ・ヘンリックの説によると、農業革命によって成立可能になった大規模文明のほとんどの宗教は、まさに大規模な社会を組織するのに必要な、一種の道徳原則（互恵主義や権威の尊重など）にこだわっているように見える。それは、そのような大規模社会の性質として、見知らぬ他人との頻繁な交流が避けられないからだろう。別の言い方をすれば、人間が社会的に生きる才能を進化させ、大型化した都市集団の形成という文化的イノベーションを発達させるにともなって、ある種の宗教がそれまでにもまして役立つようになり、それがひるがえって、そうした宗教に傾くような遺伝子と脳に選択圧をかけることになる。これに対して小規模社会の宗教は、総じてそれほど道徳的でなく、もっと気まぐれな神を擁していて、それらの神はしばしば自然界の一部とみなされている。

タンザニアのハッザ族は、宗教的な建物も指導者も儀式も持たないと言われる珍しい社会の一つである。[67] 人類学者のコーレン・アピセラによれば、ハッザ族のなかで神を信じていると報告する人びとでも、その約半数は、神が超自然的な力、たとえば人が何を思っているかを知る能力や、死んだあとの人がどうなるかをコントロールする能力を持っているかどうかはわからない、あるいはそうは思っていないと答えている。

ハッザ族には死後の世界に対する信心がまったくない。あえて問われると、たいてい現世についての答えを返す。アピセラ教授に「人が死んだあと、その人はどうなるでしょう」と聞かれた彼らは、「みんな泣く」と答えた。

「でも、そのあとは?」「その人は地中に行く」

教授がなおも食い下がって、「では、そのあとは?」と質問すると、彼らはこう言った。

「ムウィーショ」――スワヒリ語で「終わり」という意味だ。[68]

宗教的な信仰(恵まれなかった人も天国で報われるという約束を含め)、規則、伝統、制度などには、血のつながっていない大勢の人びとを一致団結させる機能があり、これらを持っている集団は、もっとばらばらな相反するイデオロギーが広まっている集団を打ち負かしやすくなる。さらに第二の機能として、宗教という文化の産物は、類縁関係にない個人間で協力の輪を広げさせ、品物の交換をさせ、分業を維持させる。こうした集団が、他の集団との競争にめでたく勝てた（そしてみずからの集団内の対立を軽減できた）あかつきには、その成功が遺伝子に反映されるようになるかもしれない。実際、ある特定の遺伝子変異は、最初から協力が求められるようにできている環境で相対的にうまくやれるという見方もある。

一夫一妻婚にかんする文化規範も、人間にかかる繁殖成功への圧力に同じような変化が生じた例を示している。実際、この文化的慣習は、いくつもの生物学的効果を及ぼしうる。第一に、一夫一妻制は、一種の社会レベルでのテストステロン抑制プログラムをもたらす。一夫一妻を規範とする社会では、男性が結婚するとテストステロン濃度が下がり、生まれた子供と直接コミュニケーションをするようになったときも、また下がる。しかし一夫多妻制の社会では、男性のテストステロン濃度が結婚後も高いまま維持される。これは男性に別種の繁殖戦略が要求されるからだ。[69] また、第5章で見たように、一夫一妻は暴力と犯罪の減少にも関連している。これも一つには、テストステロンの低下が理由になっているのだろう。

第二に、近親婚を禁じる宗教規則がヨーロッパで古代後期に初めて導入されて、中世を通じてヨーロッパ中に広まったことで——これにより人びとは一族外との結婚をしなければならなくなるため——まぎれもなく血縁ネットワークへの支援依存が弱まって、公的な国家制度の出現をうながしたと考えられる。[70] しかし、これらの近親婚にかんする文化的ルールは、どういう種類の遺伝子変異体が未来の世代に受け継がれるかにも影響を及ぼしたかもしれない。理由は単純で、非近親婚で生まれる子のほうが生存の確率が高いからだ。[71]

人間の進化に文化が及ぼす効果をこれだけ並べてもまだ足りないとでも言うかのように、遺伝子と文化の共進化の数理モデルでは、文化もまた私たちの種における協力の起源を説明する因子である可能性が示されている――ただし協力の出現にどうしても文化が必要とされるわけではない（文化を持たない多くの動物のあいだにも協力は見られる）。すでに見てきたように、血のつながりのない個体とも協力できるという点で、私たち人間は珍しい存在だ。そして協力という課題を解決する方法の一つとして、私たちの種には友達ネットワークというものが存在する。

だが、互恵主義という「文化的」規範もまた、集団内での協力を維持するという課題に対処する一つの方法になっている。処罰、利他行動、返報などにかんする文化的規範は、それがなければ相互協力などありえない状況でも、確実に協力関係を支えることができるのだ。[72] ようするに、文化は社会性一式のいくつかの決定的な要素――アイデンティティ、友情、内集団バイアス、協力、学習――に関連する慣習をひときわ特別なものにして、それらの要素をさらに補強する。たとえ文化そのものは、社会性一式の別の要素に依存しているとしてもだ。

人間の遺伝子にかかる圧力

現代の入念な解析から、ヒトゲノムにあるおよそ二万個の遺伝子のうちの数百個ほどが、過去一万年から四万年のあいだに、影響力の絶大な文化的変化（畜産、都市化、結婚ルールなど）に反応して急速に進化してきたのだと見られている。[73] しかも進化のペースは速くなる一方で、これらの遺伝子変異の多くはかなり最近の、ここ何千年という期間で起こったものである。とはいえ、この分野の研究はいまだ活発に進行中で、文化的変化と特定の遺伝子の反応とのつながりを科学者が確信できるようになるには、さらなる研究が必要だ。

人間の文化は累積的で、かつ人間の数は増えつづけているから、文化が働かせる選択圧は、文化が小集団内での洞穴絵画や石器ぐらいに限られていた昔より、今のほうがずっと強くなっているだろう。しかしながら、私たちが文化的な持ち駒を増やすにしたがって、もともと私たちの環境の生物学的な側面や物理学的な側面から発していた選択圧は、その効果を弱められているのかもしれない。私たちの遺伝子にかかる通常の、生態学にもとづいた自然選択の力を、どうして文化が阻(はば)めるのだろう？

たとえば、ある環境の気温が上昇と下降を絶えず繰り返していたと考えてみよう。ある期間には、暑さに対処するのに有益となる遺伝子変異が選び取られるはずで、別の期間には、寒さに有効となる変異体が好まれるだろう。だが、もし人間が文化的適応を果たしたならば――洞穴を改良したりエアコンをつくったりして涼しさを維持し、衣服をつくったり火をおこしたりして温かさを保ったならば――これは実質的に、選択の力を無効にしているということだ（「対抗的ニッチ構築」と呼ばれる）。これらの文化的適応により、人間にとって気温の変化はそれほど重大な問題ではなくなるだろう。その適応のおかげで選択の力が弱まっているからだ。

チベット高原に移住することを選んだ人びとは、（ＥＰＡＳ１という遺伝子に起こった）ちょっとした遺伝的変化を通じて低酸素環境に対処できるようになった（この環境はバジャウの人びとが水中で直面した環境とはまったく異なる）。この進化的適応は、過去三〇〇〇年のあいだに起こっている。[74]もちろん、彼らにほかの選択肢はなかった。文化的な方法で酸素供給を増やすことは不可能だからだ。[75]このプロセスは、前に見たラクターゼ保持の例にも似ている。しかし、低酸素に対処する遺伝子がこの高度への移住に反応して比較的急速に進化したのに対し、ほかの遺伝子、たとえば寒さへの対処に関連する遺伝子などは、適応の必要がなかったものと思われる。移住先の環境のその側面については、衣類と住居という文化的な対処方法があったからだ。

文化の威力を考えると、ひょっとしたら人類はそのせいで、本来ならば解消していたような遺伝的問題を依然として保持することになっているのかもしれない。[76] たとえば眼鏡の発明だ。これは近視に関連する遺伝子を持続させ、本来ならば崖から落ちたりライオンに食われたりしていた近眼の個体(私のような)を選択的に一掃するのをやめさせたことにより、結果として人間がよりいっそう近視になるのを助けている可能性がある。[77]

もっと深刻な例で言えば、鎌状赤血球症の治療における現代医学の進歩は、異常ヘモグロビンに関連する遺伝子を広めているのかもしれない。私が研修医をしていた一九八〇年代初めには、ホモ接合型の鎌状赤血球症の患者は、大半が二〇歳を迎えるまでに亡くなっていた。私はボストン小児病院で出会った三〇代初めの男性患者のことを覚えているが、彼は病院の創設以来、最も長く生存できている患者だとされていた。病院の患者のほとんどは、病気が峠(とうげ)を迎えて入院してきた子供たちだった。この時期の症状はたいへんな苦痛をともなう。変形した赤血球のせいで体のさまざまな部位に血管閉塞が起こるのだ。全般に、患者は青年期の後期に腎不全か感染症で亡くなっていた。

しかしながら、今では医学の進歩によって、鎌状赤血球症の患者が大人になるまで生きていられるのは普通のことになった。現在、生存期間の中央値は男性で四二年、女性で四八年を上回っている。[78] 患者は自分の家族を持てる年齢まで生きられるようになったから、自分の遺伝子を受け継がせることもできるようになり、結果として、この異常ヘモグロビンを保持する患者の数は増えることになった。[79] だが、将来にはむしろ希望が持てる。いずれ近いうちに有効な遺伝子治療が開発されて(これもまた現代の文化的イノベーションだ!)鎌状赤血球症や同様の遺伝病に苦しむ人びとを治せるようになるかもしれない――彼らの精子や卵子は依然としてこの突然変異を受け継がせていくとしても。

生物学と文化の対話

人間の生物学と人間の文化はつねに対話を続けてきた。しかもそれは、遺伝子レベルに限ったことではない。産業が発達して社会経済の状態が向上すれば、栄養状態が改善されて、人間の身長は高くなる（文化的発達の生物学的効果）。身長が高くなると、家の天井をもっと高くしなければならなくなる（生物学的発達の文化的効果）。植民地時代の史跡を訪れて、当時の住宅にあるベッドの小ささに驚いた人なら、これを経験から知っているだろう。

あるいはまったく別の例として、プラシーボ（偽薬）を考えてみてもいい。これが効くということは、投薬全般に効用があるという文化的な思い込みがいかに生理機能に影響を及ぼしうるかを如実に示している。[80] 反対に、黒死病の流行のような生物学的現象が、大々的な文化的変化を——たとえば政治構造や宗教的信念などに——引き起こすこともある。

しかしもちろん、すでに見てきたように、文化は*遺伝子*レベルでも変化を誘発できる。そして、これがどこで止まるのかについてはなんとも言いがたい。基本的な好みや行動に結果的に変化を生じさせる遺伝子変異があって、それが都市に暮らすことや、将来のために貯蓄することや、オピオイド（麻薬性鎮痛薬）を摂取することや、オンラインの広大なソーシャル・ネットワークに参加することを好むのかもしれないと推測することはできる。あるいは別の遺伝子変異は、民主的な社会に暮らすことや、コンピューターに囲まれて暮らすことを好むのかもしれない。もし宗教的な信念から多産が推奨されるのなら、将来的に人間は誰もが信心深くなっているかもしれない。[81]

私としては、こうした考え方は受け入れがたい。というのも、これは残念ながら、ある特定の生活様式が時とともに人類の一部にとっての有利さを生み出すとしても、人類全員がその有利さを得られるわけではないということでもあるからだ。ある人口集団は、しだいになんらかの有利さを獲得するのかもしれない。そして遺伝子と文化のあいだには、正と負の両方のフィードバック・ループがあるのかもしれない。ある人びとは、本当にほかの人びとよりうまく近代性になじめるのかもしれない。私たちがこの世界をこういうふうに形成しようと選んだその方向が、私たちの子孫のどれが生き残るかを変更するという考えは、私からすると驚異的であると同じぐらい不穏でもある。

しかし科学的な見地から言えば、遺伝子と文化の共進化についての研究は、人間の本性についての社会学的分析と生物学的分析を一つ屋根の下にまとめる枠組みができるかもしれないという、刺激的な可能性を提示する。文化的進化と遺伝的進化は、そもそも別々に扱われるべきではないのだろう。なぜなら私たちに文化の才能があるのは、私たちがそれを持つように進化したからなのだ。「それは生まれなのか育ちなのか」と聞かれれば、どちらも「そうだ」と答えるしかない。

文化的伝達ができるようになった時点で、人類は、学ぶことと教えることのできる脳が好まれる状況に直面した。それは規範を尊重できる脳、見本を真似できる脳、情報を伝達できる脳ということでもある。すると今度は、他人の知識をますます頼りにするようになるにしたがって、人間はさらに友好的になり、親切になった。そうすれば集団内でそこそこ平和的に交流でき、文化を最大限に利用して生存につなげられるからだ。文化は、私たちが進化させたよい社会をつくる才能のうえに成り立ち、そしてその才能を補強している。文化は人間集団の創発的な特質であり、部分部分だけではなく全体に現れる新しい特質である。そして文化を出現させたのは、アイデアを保持し、交換することのできる脳と社会システムを持った人間なのである。[82]

そして人間の文化は蓄積される。したがって、対処できることをどんどん増やせる脳と社会システムが、時とともにますます有利になっていく。これはまた、過去一万年から四万年の時期に、文化が私たちの進化にかけてきた圧力が強まってきていたということでもある。[83] 教えることと学ぶことができるように進化した人間は、隣りあわせの文化的進化と遺伝的進化からなる進化の撚(よ)り糸を生み出した。この二つの糸が、あちらこちらで何度も繰り返し交差する。そしてそのたびに、互いが互いに痕跡を残すのだ。

第12章　自然の法則と社会の法則

進化は私たちの体と心だけでなく、私たちの社会も形成してきた。このような、人間の体と人間の社会につながりがあるという考えには古くからの伝統がある（比喩的なものではあるが）[1]。

たとえば紀元前四九四年、古代ローマの市民と兵士の一群が、厳しすぎる債務規則と、上層階級と下層階級との力の差の高まりに耐えかねて、ローマから逃亡した。ローマの元老院は、平民の出身である執政官のメネニウス・アグリッパを指名して、不満を持った市民と話をして彼らの不安をやわらげ、都市に連れ戻す仕事を任せた。

これを受けてのアグリッパによる説得（ローマの歴史家リウィウスが五〇〇年後に記述したもの）は、人体のさまざまな部位の関係を、ローマ社会のさまざまな部分の相互依存の比喩として鮮明に描写していた。いわく、あるとき手と口と歯が、腹に対してこう思った。腹はまったく働いていないくせに、勤勉な各部位の労働から利益を受けているばかりではないか――。

そこで彼らは共謀を働いた。手は食べ物を口に運ぼうとせず、口は食べ物を差し出されても受け取ろうとせず、歯は食べ物を咀嚼するのをやめた。ところが実際、彼らは怒りにまかせて腹を飢えさせてやるぞと脅しにかかったのに、結局は自分たちが痩せ衰えてしまった。……ここでようやく明らかになった。腹は無益にぶらぶらしているどころではなかった。受け取った栄養とまったく同じだけの栄養を、血液として戻すことで体の各部位に与えていた。食べ物が腹のなかで消化されてこなれたあとに血管に等しく分配される、この栄養こそが、私たちの生命と強さの源なのである。[2]

社会を体にたとえた比喩は、このほかにもあちこちに見られる。[3] 伝統的なヒンドゥー教は紀元前一五〇〇年という昔から、『リグ・ヴェーダ』において同じような比喩を用い、体の部位の観点からカーストを定めた。[4] プラトンも紀元前三六〇年ごろの著作『国家』において、社会には人間の魂の構造を映した三部制の階級構造があると述べているほか、国家も人間もともに複数の異なる部分からなった複合体で、その各部分がそれぞれに固有の役割を持つのだと語っている。[5] プラトンの考えでは、最も公正で秩序のとれた社会とは、各部分がバランスよく調和して働いている人間を思わせる、そんな組織立った社会だった。また、聖パウロも西暦五三年ごろのコリント人への手紙のなかで、コミュニティ内の相互依存の重要性を強調している（「多くの部分があっても、一つの体なのです」[6]）。

このような比喩の例として、おそらく最も有名なのは、哲学者のトマス・ホッブズが一六五一年の『リヴァイアサン』で使ったものだろう。そこでは「政体（ボディ・ポリティック）」という考えが提示されている。[7] ホッブズは社会を一個の擬人化された存在にたとえ、それを聖書に出てくる怪物レビヤタン（リヴァイアサン）として描写した。

リヴァイアサンは人工の人間にほかならない。ただし、この人工の人間は、自然の人間を保護し、防衛する目的をもっているから、自然の人間よりも大きくて強い。そして、この人工の人間にあっては、「主権」は、全身に生命と運動を与えるような人工の「魂」であり、各部の「長官」たちやその他の司法・行政の「役人」たちは、人工の「関節」である。「賞罰」（それによってすべての関節や四肢は、主権の地位に結びつけられて、その義務を遂行するために動かされる）は、「神経」であって、自然の人間の肉体においてと同じ働きをする。[8]

実際、『リヴァイアサン』の有名な口絵（図12・1）は、国家（コモンウェルス）が一個の人体の姿に移し変えられた、一目でそれとわかる視覚的な比喩だ。[9] パリの版画家アブラハム・ボスは、ホッブズとじっくり相談したうえで、王冠を戴いた巨人が剣と司教杖を両手に風景から浮かび上がってくる姿をエッチングで描き出した。リヴァイアサンの絵の上には、ヨブ記の一節が記されている。*Non est potestas Super Terram quae Comparetur ei* ――「地の上にはこれと並ぶ者なし」[10]。

巨人の胴体と腕は、縮小されていてわかりにくいが三〇〇人以上の人間からなっていて、その全員が内側を向いている。顔が見えるのは巨人ただ一人だ。この絵はホッブズの考える主権の概念を、多数の自然の人間の同意から成り立った人工の人間として描いている。

「多数の人間が一人の人間、一つの人格によって代表されるとき、多数の人間は一つの人格をなす。したがって、必ずやその多数の人間の全員の同意がなされなければならない」[11]

ホッブズはこの状態を「人工の人間にほかならない」ものと考えていた。

個人がいかにして寄り集まって一個の社会をなすのかという、この古来の難問についての現代の理解

図 12.1　トマス・ホッブズ『リヴァイアサン』（1651 年）の口絵

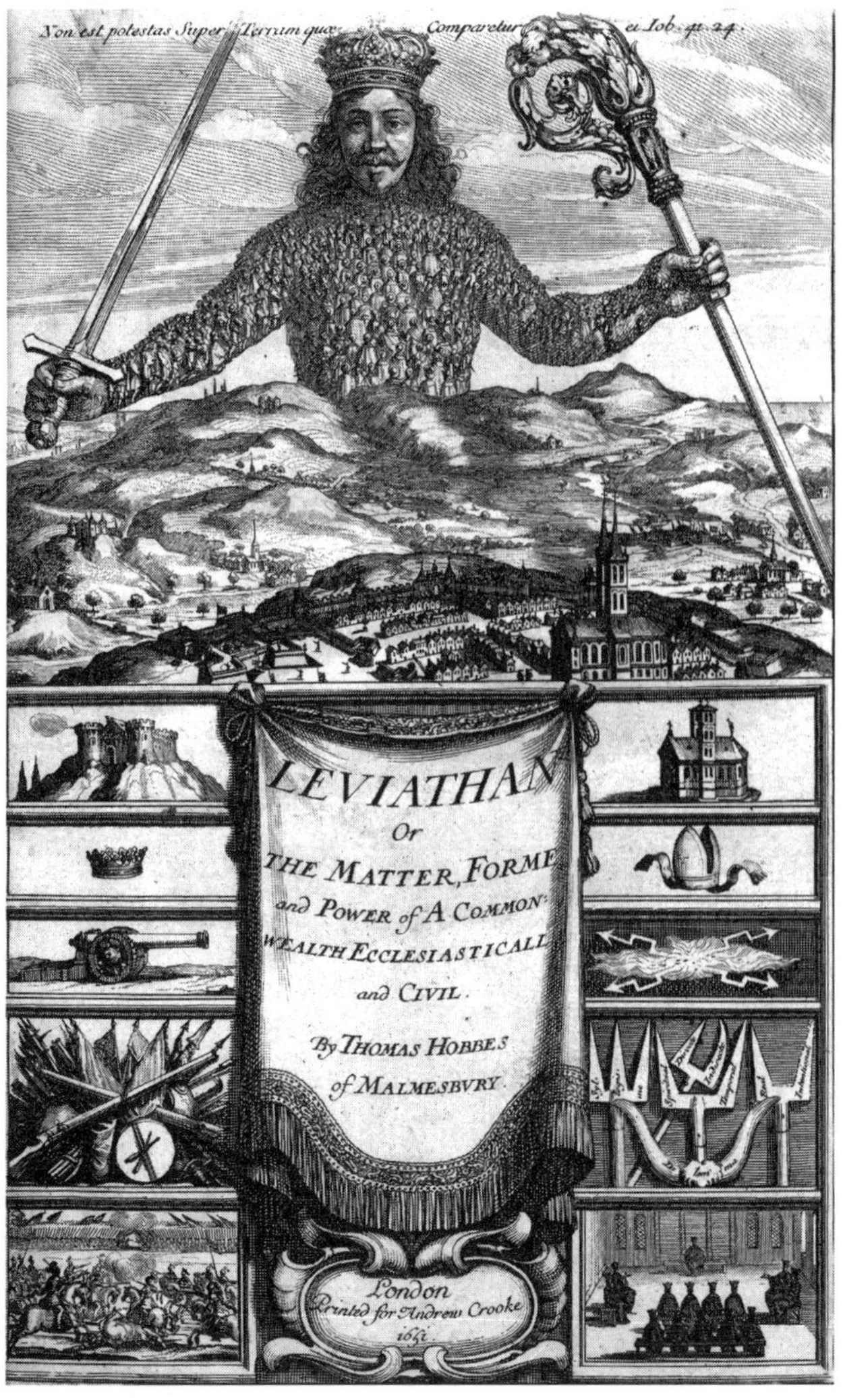

ホッブズは社会を擬人化して「リヴァイアサン」と名づけた。これはホッブズが統治の理想型とするもので、１人の強力な王の命令と権威によって人民が一致団結する。

は、社会の各部門をそのまま人体の各部位に写像するような単純すぎることはしない。『リヴァイアサン』とまったく同じように階層構造を具象化したり、国家権力を擁護したりすることもない。

とはいえ、すでに見てきたように、たしかに現代でも寄り集まった人間の集団は同じように重要視されている。違うのは、社会的ネットワークと協力の観点から集団を見ていることだけだ。また、人体の消化管や神経系にあからさまになぞらえてはいないかもしれないが、それでも私たちの分析が、人間社会の基盤をなす青写真を理解するのに生物学を利用してきたのもたしかである。

自然から分離した人間

社会を人体になぞらえる修辞法は今でも消えていないのだが、人間の社会に人間の遺伝子が一役買っているという言い分は、昔から物議をかもしてきた。もちろん、この比喩の主要な目的は、なんらかの理想的な秩序がなければ社会は正しく機能しないと伝えることであり、この種の比喩が有機的なものを指していることはめったにない。

しかしながら、人間とその行動が生物学的理由によって制限されたり形成されたりすると主張しようものならば、それは歴史的に哲学や社会科学での論争の対象となり、一般市民のあいだでも議論を呼んできた。社会を比喩的に人体にたとえるのはよいとして、人間の身体を誘導するのとそっくり同じプロセスが社会を動かしているとみなすとなると、それはまったく別の話だというわけだ。

人間を自然から切り離し、自然の力の及ばないものとして見たがる心情は、昔から根強い。これを――少なくとも西洋では――さらに深刻化させたのが中世の宗教の観念で、人間は特別な存在であり、動物とも、自然界のほかのどんなものとも違うとみなされた。だが今や、これが自然界に対する適切なアプローチであるとは思われない。実際、一九世紀以降は哲学でも科学でも政治方針でも、人間を自然界に再統合する動きが加速してきた。それは動物の権利運動にも、気候変動にかんする議論にもあらわれており、今では科学者がますます人間の特質をほかの動物に見いだしているぐらいだ。[12]

すでに見てきたとおり、ゾウにも友情がある。イルカにも協力がある。チンパンジーにも文化がある。実際、人間とほかの動物との区別が取り払われるたびに――それが「顔のある」動物を食べないようにするためであろうと（一部のヴィーガンが表現するように）、動物の病気を人間の病気と類比するためであろうと（医学研究者がつねにやっているように）、あるいは協力や友情といった人間の資質をほかの動物に見いだすためであろうと――私たちは人間というものの位置を捉えなおし、ほかのすべての生き物が従っているのと同じ自然法則に従うものとみなすようになっている。

振り返ってみれば、農業革命によってもたらされた根本的な変化をそっくり反映して、人間は自然についての見方と、自然のなかでの人間の位置についての見方をすっかり変えた。動物の家畜化と植物の栽培化は、人間が自然界の支配者（ひかえめに言っても管理者）であることのしるしだと思われた。

都市化が進んで自然風景が変えられ、宗教的な記念碑が建てられ、そしてもちろん、文字や商業や科学技術が発明されるとともに、こうしたすべての発展がますます人間を自然界から切り離した。

すでにこのころの人間は、自然を荒々しい危険なもの、制限や管理の必要なものと見ていたに違いない。そしてまた時が経つうちに、自然を支配すること、あるいは意図的に自然から離れることが、望ましい生活の原点だとみなされるようになった。

世界最古の文字記録の一つである『ギルガメシュ叙事詩』は、紀元前一八〇〇年ごろにメソポタミアで粘土板に刻み込まれた物語だが、ここにも自然のなかでの人間の位置についての見方があらわれている。粘土板の一枚目で「エンキドゥの到来」として語られているエンキドゥとは、半神の主人公ギルガメシュの権威に対抗する存在として神々が創造した人物で、あらゆる自然なものの縮図だ。もじゃもじゃの長い髪を持ち、荒野に動物と住み、草を食べ、農耕については何も知らない。反対に、ギルガメシュはあらゆる洗練されたもの、文明化されたものの具象化で、「都市の守護者」のようにふるまい、「賢明で、見目麗しく、決然たる意志を持ち」、城壁を築いて人間的なものをそうでないものから物理的に分断する。[13]

ほかの宗教的な思想体系にしろ、人間が農業を開始し、都市を築くようになってから生まれたものは、総じてこの人間対自然の二分法を採用し、膨らませている。[14] 旧約聖書もその一つで、自然界の上に立つ人類についての言及が実によく織り交ぜられている。[15]

西洋の哲学者も、人間を本来の自然界の居場所から引き離すためのあらゆる理由を考案してきた。アリストテレスの紀元前三五〇年の著作『政治学』は、明確な政治コミュニティへの人間の関与がちょうど最初の頂点に達したころに書かれたものだ。「キウィタス」の概念――人間は政治的な生き方をしてこそ人間としての完全な意味を持てる――は、自分たちが自然とは別物であるという人間観を強烈に伝えている。[16] 加えてアリストテレスは、人間に「合理的な原則」と「言語の付与」があることも、人間をその他の動物界の上に立たせる固有の特徴であると断定した。

人間の優位性は初期のキリスト教の考えにしっかりと組み込まれていたが、人間と自然界との分離をキリスト教の教義に完全に根づかせる役目を果たしたのは、一三世紀に書かれた聖トマス・アクィナスの一連の神学論である。[17] アクィナスの考えでは、人間をほかの動物とへだてているのは魂の存在だった。著作の『神学大全』と『対異教徒大全』において、アクィナスは人間と自然とが階層関係にあると述べ、神は自然界を人間に支配させるために創造したと主張した。[18]

何世紀ものあいだ、この状況はずっと変わらなかった。西洋のほかの思想伝統もこうした考えを基盤にしていた。人間にある感覚能力や経験的な能力、認知能力や内省的な能力は、ほかの動物にはないものだと強調されたりもした。博識家のフランシス・ベーコンが一六二〇年に最初に提唱した、初期形態の経験論的で帰納法的な科学（「自然哲学」）も、自然界は人間がそれらの特別な能力を使って研究するために存在するという考えを基盤の一部として持っており、人間の自然からの分離をさらに押し進めた。

そして「科学革命」（ガリレオやニュートンといった一七世紀の知の巨人たちの業績を基盤にしたもの）も、人間と自然との関係に複雑な影響を与えた。ある意味で、これは人間を自然界から切り離すだけでなく、人間中心主義的な考えによる自然界の酷使を肯定するものだった。その背景には同時期に起こった二つの変化がある。第一は、科学的な探求によって自然からその真髄である霊性が剝ぎ取られたこと、そして第二は、人間は科学を通じて自然界に対する支配力を行使すべきであるという考えが広まったことである。[19]

同じく一七世紀、哲学者のジョン・ロックは、人間が財産を有効に保護し、倫理的な生活を送るためには、自然状態から脱して政治的な社会にまとまるための契約を設けなければならないと論じた。同じころ、哲学者のルネ・デカルトは、二元論の概念を提示した。それは人間の精神と肉体がそれぞれ異なる領域であるという考えで、その延長から、動物は理性を持てないとされた。[20] 一八世紀には、哲学者のイマヌエル・カントが、行為者性と理性を行使できる人間は、それゆえに独特の道徳的な存在であると特徴づけた。[21] 一方、哲学者のデイヴィッド・ヒュームは、自然についての推論能力や観察能力を持つことではなく、共感能力を持つことにもとづいて、人間を自然界から切り離した。

その後、一八世紀に登場した新しい産業技術は、拮抗する二つの効果を及ぼした。まず、これらの新しいテクノロジーは、人間がよりいっそう自然を制御できるようになったことのあらわれで、多くの思想家はこれを道徳的に好ましいとみなした。しかし一方で、一部の思想家は、この支配を不穏なもの、自然の純粋な何かを潜在的に脅かすものとみなした。

最終的に、一八世紀の半ばごろまでには、人間と自然との分離を長いこと支えてきた知的な枠組みが、深刻な抵抗にあうようになっていた。人間は自然を敬うだけでなく、むしろみずからを自然の一部だとみなして、自然のなかで暮らすべきだという考えが出てきたのだ。

たとえばヒュームの同時代人で、ロマン主義の始祖であるジャン・ジャック・ルソーは、ヒュームと正反対の見方をとっていた。ルソーの考えは後代に引き継がれ、それをラルフ・ウォルドー・エマソンやヘンリー・デイヴィッド・ソローなどの一九世紀の思想家がさらに発展させて、超越主義の哲学に自然界を取り込んだ。これは第3章で見たとおりである。エマソンは一八三六年に出版した『自然論』において、自然を本質的に貴重なものにしているだけでなく、人間の倫理の基盤にもしている資質を特定して、人間が持っているのと同等の超越的な精神性を自然に吹き込んだ。[22]もちろん、一八七一年にダーウィンが『人間の由来』を発表したのも、ほかの多くの進展も、こうした背景があってこそのことだった。ダーウィンはその『人間の由来』において、ほかの動物に広く及んでいる自然選択の力は人間にも、そして人間の行動にも適用されると論じている。[23]

この伝統では、ソローの『ウォールデン』での記述や、地方部でのコミューン運動にあらわれていたように、自然はよき人生の源であるとも考えられていた。この自然界に固有の資質に対する評価は、当時の環境の変化と密接に結びついている。産業革命のさなかの一七六〇年代に起こった蒸気機関の改良を皮切りに、労働の機械化はますます進み、人間や動物の労働力に代わって機械が一九世紀の社会発展を支える原動力になり、それはそのまま二〇世紀のトラクターの開発にいたるまで続いた。こうした変化を受けて、人間の自然との関係が深刻に変わってきているのではないかという懸念が出てきた。超越主義は、自然の美を回復させ、その精神的な一体性を守ろうとする思想だった。[24]

しかしながら、人間をそれ以外の自然界から切り離した見方が消えることはなかった。実際、これは世界に対する現代の科学的アプローチにも反映されている。今でも全般に――進化心理学、行動遺伝学、社会神経科学など、いくつかの刺激的な例外はあれども――社会科学と生物科学は分けて考えられているのだ。[25]

私は医師でもあり社会学者でもあるので、その両方の科学分野の境界線上で仕事をしている。だから請け合えるのだが、この境界線は本当に厳しく巡視されている。大半の人は、今でも人間を特別なものと思っているだろう。しかし私からすると、人間はそれほど特別ではない。そして矛盾するようだが、ここで述べてきたとおり、まさに私たちの動物への近さこそが、私たちに共通の人間性を明らかにするのである。

社会は科学で語れるか

社会性一式は人間の生物学的進化のうえに成り立っているもので、したがって人間社会の普遍的な特徴になっているという主張は、一部の批判者に言わせると、実証主義、還元主義、本質主義、決定論（いずれも追って定義する）の反映であるらしい。ある界隈では、これらは悪口として使われるのだが、それどころか罪悪であるとみなされることもある。

しかし実際のところ、そうした批判は、それぞれの世界の理解のしかたに関連する哲学的スタンスを反映しているにすぎない。

哲学に立脚したこれらの異論は、どれももとをたどれば、社会的現実の「偶発性」を正当に指摘して批判できるというところから発している。社会生活にかんして観察されることのほとんどが、考慮される特定の詳細しだいであるというのは、まったくそのとおりなのだ。特定の詳細というのは背景状況でもいいし、歴史上の時期でも、たまたまそのときそこにあった権力の力学や制度の形態でもよく、もっと言えば観察者の性質でもいい（たとえば観察者が男性なのか女性なのか、豊かなのか貧しいのか、といったことだ[26]）。

社会的現実がそんなにもさまざまで、そんなにも変わりやすく、もしかして観察も不可能なぐらいなら、どうしてそんなものを自然科学の通常のやり方で研究できるだろう？　社会的世界は一瞬たりとも同じではない、とまで言う批判者もいる。それは「ヘラクレイトスの川」のようなもので、川にはつねに違う水が流れており、まったく同じ川に二度は入れないのだ。私の同僚の一人は、たとえばポリアモリー（多重恋愛）の実例が世界に一つでも存在していれば、それだけで一夫一妻関係の形成に生物学的根拠があるという主張の否定になると思っている。だが、例外によって規則の存在がわかる場合もあるのは人間の社会的行動についても同様で、前に見た、ヒマラヤのナ族が尋常でない文化的策謀を駆使してまでロマンチックな愛着を抑制していたのもそれにあたる。

一部の社会科学者は、かたくななまでに自説を曲げず、社会的な現象を科学的に探求するのは不可能で、これは「解釈」にゆだねるしかなく、そもそも本当に説明のできないことなのかもしれないとまで主張する。私に言わせれば、これは科学を神学にしてしまっているも同然で、あまりにも極端であるような、その主張には断固として抵抗しなければならない。

実際に、社会科学で既定の事実とされてきたことが、私が生きてきたあいだだけでも何例も引っくり返されている。女子は数学の成績が平均以下だというのもその一つだった。[27] もっと劇的なところでは、一九世紀の社会科学で決着済みとされていた多くの事柄が、今では完全に排除されている——たとえば忌まわしい奴隷制を正当化するものとして広く行き渡っていた理屈である。結局のところ、ドラペトマニア——「奴隷の飽くなき逃亡願望」——という「診断」を考えついたのは、一九世紀の医師だったのだ。[28]

とかく修正の憂き目にあうのは社会科学ばかりではない。新しい発想や発見によって、多くの科学的主張が塗り替えられてきた。人間の細胞にある染色体の数も、地球の中心核の組成も、太陽系外惑星の存在も、さまざまな栄養素の健康上のリスクも、抗がん治療の有効性もそうだ。[29] しかし、科学的発見が本質的に当座のものだからといって、それで客観的な現実を見るのが不可能だということにはならないし、なりえない。時とともに、着想は形式化されて仮説になり、それがまた持続的な検証と多数の経験的証拠を重ねたのちに、事実として広く受け入れられるようになる。冷徹で、厳然たる事実になる。自然科学と同じように、社会科学も前進する。以前に誤りがあったからといって、現在それを拒絶する十分な根拠にはならない。

とくに社会科学においては、変化しているのが世界なのか、それとも世界に対する私たちの理解なのかを判断する必要がある。たとえば、社会のある重要な側面についての私たちの理解のしかたが更新されたからというだけで（たとえば新しい統計手法が発明されたとか、新しい理論が考案されて古い理論が退けられたとか）、その社会の同じ側面がどこか新しくなっているとは限らない。そうした変化のなかには予測できたものだってあるだろう。

人間の社会生活に見られる偶発性は、実のところ、それを普遍的に表出させられるように私たちが進化してきた結果なのだ。たとえば人間がほかの霊長類と違っているところの一つは、私たちが採用している配偶慣習の多様さだ。すでに見てきたように、それらの中心には一夫一妻関係の形成という主要な慣習が存在しているとはいえ、これほど多彩な様式が出てくる霊長類の種はほかにない。

そしてもう一つ付け加えておくと、社会生活のある側面が状況しだいでころころ変わるものだからといって、ほかの側面（たとえば社会性一式）も恒常的でないとは限らない。遺伝子が私たちの社会生活を形成するという考えを気に入らない人びとは、一連の藁人形論法を——それこそ必要以上に二項対立的な、生まれか育ちか論争のようなものを——繰り出してきた。だが、それはもはや、人間の条件に対する現代の理解には適合していないのだ。

実証主義を弁護する

生物学と人間行動を統合することに、どうしてこのような抵抗があるのだろうか。その背景には、四つの思想体系が絡んでいる。

一つめは「実証主義」だ。これは、科学的研究を通じてしか真実は知りえず、そのためには立証可能で再現可能なかたちで論理と数学を自然界に適用しなければならないとする考えである。この立場は、場合によっては一部の人びとから辛辣な批判を受けることになる。たとえば私のような科学者が、物理学的世界や生物学的世界で普遍的な通則が働くのと同じように社会学的世界でも通則は働いているはずだから、それを発見することで、社会現象は科学的に理解することが可能である、と主張したときだ。しかし私からすると、科学的洞察の完全性を極端に過信するのはたしかに問題だが、実証主義をまるごと拒絶するのもやはり問題のある姿勢だと思われる。

社会現象は科学的に理解できるとする実証主義のスタンスを、一九世紀半ばに近代で初めて提示したのが、哲学者のオーギュスト・コントだ。[30]同じころ、社会学の始祖の一人であるエミール・デュルケームも、実証主義に同意する論を展開していた。[31]デュルケームの社会現象へのアプローチが強調していたのは、社会現象も結局のところは自然界の一部であって、ゆえに客観性と合理性に重きを置く科学的手法を通じて研究できるということだった。

しかし、社会生活をどうやって理解するかについての議論は昔からあったもので、少なくともプラトンまでさかのぼれる。ただしプラトンが分析したのは詩と哲学の世界観である（当時それらは科学に近いものだった[32]）。

この議論の残響は、今日でも、世界の最善の捉え方についての人文学と科学の果てしない対話に見ることができる。一方には、人間の内的状態は科学的に調べられるものではなく、直観や解釈、ことによっては宗教も含めた、科学ではない手法で理解しなければならないという考えがあり、徹底した経験主義に傾倒している科学者でさえ、この見解をとっていることもある。

第3章で見た二〇世紀の代表的な行動主義提唱者であるB・F・スキナーは、内的心理状態は観察も定量化も不可能な主観的実在であり、したがって観察可能な（個人的および集合的）行動とは対照的に、客観的な科学的精査が及ぶ範囲の外に属するという推論を立てたことで知られる。[33]一部の哲学者や神学者は今でも、物質世界と精神世界を切り離した昔ながらの二元論を捨てていない。[34]その土台にある考えは、魂を科学で完全に理解するのが不可能なのはもちろんのこと、感情や、思考や、道徳や、美についても同様だというものだ。

しかし実際、魂については独自の問題として措くとして、感情も、思考も、道徳も、さらには美までも――これらの進化的起源とともに――昨今ではますます二一世紀の科学の手にゆだねられ、MRIや行動遺伝学などさまざまな技法によって探求されている。[35]

実証主義を戯画化するのは簡単だ。二〇世紀の物理学者ヴェルナー・ハイゼンベルク（不確定性原理で知られる）が言ったように、実証主義は世界の最も退屈な部分にしか関心がなく、もっとずっと大事で、ずっと興味深い、科学的には知りえないものの資質については無視していると主張することもできるだろう。[36]

実証主義は観察者バイアスや、事実でもなんでもないものを科学的「事実」にしてしまうようなイデオロギー的、詐欺的な目的のため科学を濫用するなどの真の問題を回避しているという、正当な批判も受けざるを得ない。二〇世紀初頭の優生学運動や、人体実験の野蛮な歴史は、後者の明らかな一例だ。[37]科学の遂行も一つの人間活動である以上、人間のなすあらゆることにつきまとう不完全性からは逃れられない。だが、科学の実践者に限界があるからといって、世界を知るのがまったく不可能だということにはならない。

もう一つ実証主義を擁護することを言うならば、まったく観察できないよりも、少しでも観察できたほうがましだというのは当然のことだと私は思う。手持ちのツールに限界があり、ときどき（あるいはしばしば）失敗することがあるからといって、それがまったく役立たずなわけではないだろう。ガリレオが初歩的な望遠鏡を使って木星の衛星や太陽の斑点や月のクレーターを見つけて以来、人間は実に多くのことを、現在の基準からすれば原始的なほどのツールを使って発見してきたのだ。

科学は反復的なプロセスである。かつて発明された初期の不完全な地上望遠鏡には光害や大気干渉に弱いという欠点があるからといって、過去に戻ってそれをなかったことにし、いっきに現代の宇宙望遠鏡にすげかえるわけにはいかないのである。多くの人が何世紀ものあいだナビゲーションに使ってきた紙の地図が、ＧＰＳが登場した今となってはなんの役にも立たないと言うのはいかがなものか、ということだ。

この本の主張は「単なる還元主義」なのか

人間にかかわることへの遺伝学的影響を検討する人びとは、しばしばもう一つの罪を告発する。複雑な現象や高度な現象を、その部分部分に還元することの罪である。「還元主義」は、全体を部分の総体と捉え、それ以上の何物でもないとみなす考え方だ。社会を一連の普遍的な特徴や、あるいはさらに小さなスケールの、私たちの遺伝子に部分的に暗号化されている一連の規則――たとえば社会性一式のようなもの――に還元しようとするのは、問題があることだとみなされている。そんな努力は、本質的に複雑で還元不可能なものを過度に単純化している以外の何物でもないというわけだ。

還元主義は、「創発」という過程が現実にあることを無視している。これは各部分からなる総体に、各部分にはない特性が現れることだ。

これまで見てきたなかで創発の一例とされるのが、同じ炭素原子の集合体でも配列しだいでグラファイトにもダイヤモンドにもなって、まったく別の特性を持つようになることだ。自然に現れる創発の例には、ほかにもいろいろと驚異的なものがある。おそらく最も感嘆させられるのは、炭素、水素、酸素、窒素、硫黄、リン、鉄、その他いくつかの元素が混合すると、なんと生命ができあがることである。そしてもちろん生命には、それを構成している各要素にはない特性があり、その生命を各要素に還元することもできない（少なくとも現在の科学では）。

もう一つの感動的な例は、脳内のニューロンの接続パターンから意識が生じることだ。これらの例で見るかぎり、複雑な系のなかでは部分部分のあいだに並々ならぬ相乗作用が働いている。

物理学者のフィリップ・アンダーソンは、創発についての議論のなかで、還元主義の考え方に鋭い批判を加えた。

「あらゆるものを単純な基本法則に還元することができたとしても、それらの法則を起点にして宇宙を再構成できるわけではない」[38]

これは一見すると逆説的だが、こうしたパラドクスが生まれる原因を、アンダーソンは「複雑さと尺度（スケール）という双子の難題」と表現する。系が軸に沿って拡大すると――つまり物理学的なものが一つにまとまると化学的なものになり、生物学的なものが一つにまとまると社会学的なものになるように――その系は新しい創発的な特性を獲得する。したがって、その系を理解するにはまったく新しいアプローチと、概念と、法則が必要になるのだ。

私はこれまでの論で、社会の秩序はある意味で還元主義的に、生物学的な原則と社会学的な事実に目を向けることで理解できると主張してきたところがある。だが、それと同時に、全体論（還元主義の正反対の考え）の重要性も主張してきたし、人間の社会生活における創発の役割についても述べてきた。

私はキャリアの大半を費やして、こと社会にかんするかぎり全体は各部分の総和より大きくなること、そして全体を構成する各要素には存在しない独自の特徴を持つようになることを示してきたつもりだ。したがって私たちがやっている社会生活研究は、還元主義と全体論の両方を受け入れている。人の集まりには、各個人の形質の総和を超えた資質がある。これを認識したうえで、集合的な現象に進化的な基盤があることを受け入れれば――たとえそれが還元主義的な試みであろうとも――協力や社会的ネットワークのような創発的な資質がいかにして生じうるのかが見えてくる。

過去数世紀のあいだ、科学は対象を理解しようとするにあたって、それをどんどん小さく分解していく方向に舵を切ってきた。この試みはたいへんうまくいった。今や私たちは物質を原子の尺度でも、もっと小さい陽子と電子と中性子の尺度でも、さらに小さいクォークとグルーオンの尺度でも、さらにその先の小さい尺度でも理解できている。生物についても同様で、私たちの理解は組織から細胞へ、細胞器官へ、そしてタンパク質とアミノ酸とＤＮＡへと、どんどん小さい単位に向かって進んできた。

逆に、対象を理解するために各部分をふたたびいっしょにして全体にまとめるのは、たいていもっと難しい試みになる。そのため、一般に全体論は科学者の成長過程でも、科学の専門分野の発達過程でも、比較的後期になってから取り組まれる。しかし、部分をふたたび全体にまとめるのも科学にとっては同じぐらい不可欠なことであり、生産的なことでもある。

ようするに私が言いたいのは、社会の遺伝的な基盤に注目するのはただの還元主義どころではなく、むしろ、社会生活についての真に全体論的な理解を得るための土台をつくっているということなのだ。

多様性を認めつつ「本質」を追求する

私たちが探求してきた考えは、また別の批判者から、本質主義的だとも決めつけられた。「本質主義」

というのは、物質世界の事物は（人間も社会も含めて）それぞれ一連の基本的な特性を持ち、その特性が、それをその事物たらしめているとする考え方だ。

実証主義と同じく本質主義も、もとをたどればプラトンまではさかのぼれる。プラトンは自身の「イデア論」を説明するにあたり、椅子はどれも異なっているが（たとえば食卓の椅子、アウトドアチェア、三本脚のスツール、バーカラウンジャーの高級リクライニングチェア、飛行機の射出座席、等々）、そのどれもに共通する点があり、それが椅子の「本質」であると述べた。

本質主義は事物の特定の例を見るのではなく、その先を見て、その事物の変わらない本質を見つけようとする。[39] この点で、たしかに私はあらゆる社会が普遍的で本質的な特性を共有していると論じてきた。しかし第1章で見たように、多くの批判者はこの主張を気に入らない。なぜならこの考えは、文化の役割を軽視し、人間の生活様式の信じがたいほどの多様さを平然と無視しているように感じられるからだ。

しかしながら私としては、こと社会にかんするかぎり、本質主義的な現実を受け入れつつも、社会生活を彩るきわめて多様なものがたくさん社会性一式を取り巻いていて、しかもそれが社会生活を円滑にしてもいるのだと認めることは可能だと考えている。

人間の柔軟さ

そして最後に出てくるのが、「決定論」だ。これは、どんな系においても現在の状態はその前の状態によって完全に決定されるとする考えである。私はある意味ではこの視点から、社会は人間の遺伝子によって有意に決定されうると述べてきた。厳密な「因果的決定論」では、どんなできごともひとりでには起こらず、原因のない事象はないとされる。極論を言えば、自然界の観察可能な特徴はすべて因果的にビッグバンにさかのぼれる！というわけだ。[40] この立場は明らかに、社会的な系における自由意志の有無や予測の概念にかかわってくる。[41]

しかしながら、絶対的な生物学的決定論への批判はときとして、もっと限定的な（そしてもっと妥当な）論を叩くためのこん棒としても使われる。私が主張しているのはその後者のほうで、ある特定の人間行動の流れを生物学が——完全に支配はしないまでも——誘導することはありうるという考えだ。

人間の本性についての本質主義は、明白にも暗黙にも、生まれか育ちかの二分法で言うところの生まれのほうに傾くが、それと違って決定論の概念は、人間の行動を「決定」するのが遺伝子なのか、環境なのか、文化なのかについては不可知論の立場をとる。もちろん、これまで見てきたように、現実にはそれらのどれもが重要になる。しかし決定論の批判者は、この中立性に目もくれず、決定論を生物学に適用するのは本当にひどいことで、本質主義よりよほど社会的に問題があると言わんばかりだ。[42]

だが、人間行動や社会生活を左右する基礎的な因子はほかにもいろいろあるのに、遺伝子もその一つであると結論することが、なぜそんなにも問題視されなくてはならないのだろう？　実際、変えることのできない非遺伝的な個人の特徴で、行動に影響を与えるものは——たとえば生まれ順、幼児教育、幼少期のトラウマなど——たくさんある。

必然的な社会への青写真という概念は、明らかに一種の決定論だろう。だが、ことはそう単純ではない。私たち人類は遺伝的遺産の欠かせない一部として、皮肉にも、生物学的に完全に束縛されずにいられる素質を受け継いでいる！　ホモ・サピエンスがどれほど多様な住環境で生命をつないで繁栄してきたか、そしてどれほど文化の才能を進化させてきたかを考えれば、これより柔軟な生物は地球上に存在したためしがないだろう。人類は、そのときどきで直面した無数の状況に、このうえなく器用に（協力と友情と社会的学習を頼りに）対応する才能を進化させてきた。この才能をもって、遺伝子によって培われた一種の制限つきの柔軟性を発揮しているのである。

「生まれか育ちか」という二分法を超えて

なんらかの行動現象（個人の性格から、うつ、回復力、暴力にいたるまで）に遺伝子が関係していることを新しい研究が発見するたびに、その結論には意地の悪い小さなアスタリスクがつけられる。[43] 遺伝子は運命ではない、と私たちは教えられる。遺伝子が私たちの今後を決定することはなく、本質的に定義することもない、と言われる。

人間の本性を説明するものとして遺伝を重視するのはよろしくないと、ことあるごとに勧告される理由の一つは、この主張がすんなり通ってしまうと、それが濫用されかねない恐れがあるからだろう。多くの良識ある人は、人間の行動に遺伝がかかわっている証拠があっても、そんなものはいらないと思う。その先には「深刻な危険が待っている」だけだと思っているからだ。[44] 警告音が鳴り止んだら、過去の忌まわしい優生学の弁明が出てきてしまうに決まっている。[45] 今でもそれは相変わらず存在する偏狭な考えを支えるのに利用されかねない。使い方を誤った有害な生物学的主張は、人種差別や女性蔑視、児童虐待、植民地主義、その他さまざまな暴力的な考えを広めるのに、昔からあちこちで利用されてきたではないか。

しかし人間にかかわる事柄を観察するときに、遺伝の役割をあまり差し引きすぎても、それはそれでまた別の問題が生じる。目の前で普通に起こっていることを無視せざるを得なくなるのだ。また、人間の苦境を改善する機会を失うことにもなりかねない。

そして何よりも、人間行動の遺伝的な説明を受け入れれば、なぜこんなにも多くの社会問題が異常なほどの割合で頻発するかが理解しやすくなる。

私は以前、社会的な事柄に生物学が果たす役割を完全に否定する、著名な社会科学者と話をしたことがある。犯罪性に遺伝が多少なりとも役割を果たしていると思わないかと私が尋ねると、「まったく思わない」と彼は答えた。そこで私がていねいに、投獄されている犯罪者の九三パーセントは男性で、たとえば人間以外の霊長類の攻撃性にテストステロンがかかわっていることを示す科学的な証拠もたくさんある（チンパンジーなら攻撃者の九二パーセント、被害者の七三パーセントがオスである）と指摘すると、彼はとまどってしまったようだった。[46]

優生学や差別への懸念は、もちろんいたって正当なものだ。しかし、だからといって、人間の社会生活の基盤がいつまでも意図的に無視されていいわけではない。この証拠を認めたとしても、それだけで絶対に差別につながるということはない。実際に差別が生じるには、また別の忌まわしい道徳観念や政治的なメッキが必要だ。そのようなメッキを否定するほうが、公序良俗はよほどよく働く結果になる。

実際、私の考えでは、科学的現実をしっかりと認めることこそが、道徳的に好ましくない結果を避けるための最善の道だ。もちろんその科学的現実が、さらなる研究によって修正される可能性をつねに認めておくことも、あわせて必要とされるだろう。こうした姿勢でいることで、最も人道的な政策を発想するのも可能になる。[47]

ほかのすべての条件が等しければ、人間の進化した本性を考慮するという習慣を採用したほうが、私たちのためになるはずだ。そうすることで、慣習からであれ法を通じてであれ、誤った禁止や抑圧を押しつけることによって個人や社会の幸せを損なわせてしまうことを（たとえば難民の子供たちを親から引き離すといった異様なことを）避けられる。社会学者で哲学者のエーリッヒ・フロムの言葉を借りるなら、人間を単なる「社会的取り決めのための操り人形」のように扱うのは、よいことでもなければ持続可能なことでもない[48]。反対に、もしも人間の進化した本性を認めたうえで、それに抵抗しようと決めた場合には、その先に直面するであろう深刻な課題にもっと意識的になり、必要な計画を入念に立てられるようになるだろう。

普遍的な社会性一式——自然選択によって形成され、人間の遺伝子にコードされているもの——は、ただ事実であるだけでなく、私たちの幸せの源でもある。それらは社会的取り決めがそもそも人間にとっていいことなのかを判断する能力に不可欠なものだ。フロムが言うように、「もし本当に人間が文化パターンの反射作用でしかないのなら、もはや『人間』の概念はなくなるのだから、人間の幸せの見地から社会秩序を批判したり判断したりすることはできなくなる[49]」。そして人間の幸せという概念もなくなるだろう。

あまりにも長いあいだ、誤った二分法が多くの人によって持続させられてきたために、今や人間行動に対する遺伝的な説明はとんでもなく時代遅れで、社会的な説明こそが進歩的なのだとみなされている。だが、こと人間の進化にかんするかぎり、現実から目を背けていることにはまた別の問題があり、その結果として出てくるのが過剰矯正である。人間のことにかんして遺伝的な説明より文化的な説明を選ぶのは、寛容さのあらわれではない。結局のところ、奴隷制にも民族大虐殺にも異端審問にも、文化は大きな役割を果たしてきたのだ。それなのに、どうして社会的決定因のほうが遺伝的決定因より——道徳的にであれ科学的にであれ——好ましいとみなされなくてはならないのだろう？

実際、人間は社会学的に変えられる存在であるという考えは、私の見るところ、人間には遺伝学的に変えられないところがあるという考えよりも、昔からよほど人間に害を及ぼしている。たとえば同性愛にかんしてである。これに生物学的な根拠をいっさい認めず、個人で制御できる生活様式の好みの問題とみなし、それを理由に他人が同性愛に非難や軽蔑、弾圧、暴力を向けてきたという、長い歴史が存在するのだ。[50]

ヨシフ・スターリン、毛沢東、ポル・ポトといった指導者の発起のもとに推進された社会工学的な試みは、無数の人民を殺したが、たいてい彼らを突き動かしていたのは、遺伝的にコードされた人間行動と社会秩序の基本的で普遍的な側面を、単純に一掃することができるという誤った信念だった。

たとえばスターリンは、「革命の権威」の創出を訴えた。それを活かして「生産的な関係による古い体制を力ずくで終わらせて、新しい体制を確立する。自発的な発展過程に代わって人民の意識的な行動を、平和的な発展に代わって暴力的な激変を、進化に代わって革命を」と考えていたからである。[51] スターリンは人間の本性を制御し、操作する科学について、いろいろと考え、いろいろと書いていた。また、前に触れたルイセンコ主義への（加えてパブロフ心理学への）熱烈な支持にあらわれているように、スターリンは動物の行動が完全に環境によって決定されるとみなし、したがって、行動を根本的に制御することも環境によって可能になると考えていた。[52]

だが、その考えはうまくいかなかった。歴史家の推定では、スターリンのせいで少なくとも三〇〇〇万人（もしかすると九〇〇〇万人以上）が死んだとされている。そのうち約八〇〇万人は処刑され、一七〇〇万人以上が強制収容所（グラーク）で死に、数十万人が少数民族の強制移住に関連して死んだ。[53]

毛沢東の哲学にも、人間の行動は個人レベルでも集団レベルでも叩き直すことができるという同様の確信が顕著にあらわれていた。社会改革は「完全に人間の意識と意志と活動しだいである」からして、人間の信念や行動を形成するのに国家が直接介入しなければならない、というのが毛沢東の考えだった。[54]誰もが生まれながらに共有する人間の本性という概念を、毛沢東はまったく尊重していなかった。[55]

人びとを分断し、互いに敵視させるための浅ましい遺伝学の利用には、長い歴史がある。これに対して、人間行動と社会組織の進化的起源についての経験的な証拠に無視を決め込む態度もあった。そうしていれば、いずれそれらの証拠は自然に消えていくだろうとの期待からだ。たしかに真実はときとして――誤解されたり、誤用されたり、誤った道徳的前提と組み合わされたりしたときには――危険なものになる。だが、だからといって抑圧されていいものではない。

私の意見を言うならば、私たちがこの先にとるべき道として、人間の類似点の太古のルーツを特定するために、人間の誰もが共有する進化的遺産をしっかり調べるほうがよほどいい。遺伝子とはまさにそれで、私たちの誰もが持っているものである。そして全人類のＤＮＡの少なくとも九九パーセントは、完全に同じなのだ。人間を科学的に理解することは、私たちが共有する人間性の深い源を特定することによって本当の正義を育むことにほかならない。ようやく理解されるようになってきた社会の基盤――私たちの青写真であるところの社会性一式――は、人間相互の違いではなく、人間の遺伝的な類似性にかかわっているに違いないのだ。

自然なものと善なるもの

しかし、その青写真が善いものであると断言できるのだろうか？

社会性一式の多くの要素は――個別性も、愛情も、友情も、協力も、学習も――明らかに喜ばしい、まさに善いものに見える。

だが、哲学者のジョージ・エドワード・ムーアは一〇〇年前に、善なるものと喜ばしいものを同等にみなすことはできないと論じている。それればかりか――私からすると虚無主義がすぎるようにも思うのだが――善性はまったく自然な属性ではないゆえに、定義ができないとまで言っているのだ。ムーアはこの考えを深めるために「自然主義的誤謬」という用語を考案した。この概念は、現代の用法では、あるものごとが自然だからといって善いとは限らないという主張を指している。出産時の母体の死は、現代科学の「人為的」な介入がない場合には珍しいことではないという意味で、自然なことだが、誰もこれを善なることとは言わないだろう。同じ意味で、絶対菜食主義も、外科手術も、国民国家も、すべて不自然なものではあるが、だからといってこれらが悪いとも、望ましくないともみなされない。

道徳哲学における長年の未解決問題は、道徳的価値観の根本的な起源に関係している。[56] 倫理は人間とは無関係に、宇宙の構造に自然に織り込まれているものなのか（あるいは一部の人びとが信じているように、神の御心のあらわれなのか）、それとも単に人間が創り出したものなのか？

もし後者なら、私たちにつきまとう相対主義の果てしない下方スパイラルにより、倫理はある特定の個人や集団のそのときの好みを反映しただけの、非難と礼賛のつまらないシーソーに落ちぶれてしまうのではないか？ これでは美学や宗教についての判断と何が違うというのか。倫理は国民投票や個人の好みによって決まるものになってしまうのか？

一部の進化生物学者に言わせると、実際に進化してきたのは、こうした道徳にかんする「熟慮」ができる素質であって（なぜならそれは人間において、適応度を高めるものであったに違いないから）、結果としてあらわれる倫理そのものの「中身」ではないという。[57] 道徳観念の揺れまでも含めて、道徳にかんする熟慮は一種の社会的セメントとして、ばらばらの集団を一つにまとめる役目を果たしてきた。なぜならこの熟慮には、集団レベルでの規範と他者の幸福との両方を意識して、両方に訴えかけることが必要だからだ。

倫理の起源という問題は、道徳哲学におけるもう一つの有名な二項対立である、「である／べきである問題」に関係している。これは実際の世界の状態と、こうあってほしいと思う世界の状態との区分のことだ。道徳的判断には暗黙のうちに指令が含まれる。「べきである」は私たちに何かをさせるよう誘導するが、「である」はそのような誘導はしない。この二項対立は、倫理を自然から分離し、自然の外に置くものでもある。なぜならこれは、ありえないほどユートピア的なコミュニティのような、存在しない、もしくは存在できないものごとの状態でも規定することができるからだ。しかしながら一方で、もし人間が自然界の一部であるなら、人間の道徳も同じくそうでなければならないと考える哲学者もいる。

道徳的判断は世界を叙述するものではなく、規定するものであるから、これに反証は不可能であり、したがって道徳的判断は科学的でないというのが一般的な感覚だ。地球は平らだという主張が正しいとか誤っているとか言うことはできるにしても、殺人は悪いことであるという主張に対して同じように客観的な見解を述べることはできない。にもかかわらず、倫理には何かしら客観的なものがあるようにも見える。ヒュームが論じたように、たしかに倫理は私たちが世界に見いだす客観的なものごとの状態に関係しているが、そこにはまた別の、「感情によって決定される」何かも含まれている。[58]

第二次大戦後、道徳哲学には奇妙なことが起こった。強制収容所の写真を見た哲学者たちは、これは一部の人が「ブーイング」をし、別の一部の（ナチスの医師のヨーゼフ・メンゲレのような）人が「万歳」を叫ぶような事例だと単純に決めつけることはできない、と強く感じたのである。そうした姿勢の違いに裁定をくだすにはなんらかの根拠がなくてはいけない、と彼らは感じた。

多くの世俗の道徳哲学者にとって、ホロコーストが教えてくれたことの一つは、第二次大戦前の倫理についての見方がいかに楽観的だったかということだ。哲学者で小説家のアイリス・マードックの言葉にあるように、人間を「基本的にまともなやつ」と見るなどということはできなかったのかもしれない。[59]この戦争は、倫理に客観的な根拠を見いだしたいという願望を刺激しただけでなく、人間は結局のところ相当に悪いやつなのではないのかという思いを喚起した。

後者はもちろん、私の見解ではない。むしろ正反対だ。私自身は、人間は基本的に善いものであると考えているし、これまで見てきたように、人間は道徳体系で善と見なされるものにあふれた社会をつくるようにあらかじめ仕立てられていると考えてもいる。社会の青写真は、私たちの人生にとって大事な善きものの源で、それは神学とも関係なければ、人間に依存してもいない。

第二次大戦後には、イギリスの哲学者リチャード・マーヴィン・ヘアの提唱による一連の考えも出てきた。[60]ヘアは一九四二年に捕虜になってから、クウェー川に沿っての長い行軍と日本軍の収容所生活を生き延びていた。人間は自由に価値観を選択できるとの認識を保持しながら、同時にヘアは、その選択は制約に抗ってなされるものだとも論じた。個人の倫理は、あちこちに揺れ動きながらも、最終的には数々の根本的な制約に突き当たる。その制約は、何か客観的なもの、みずからの外にあるもの、言い換えれば、自然によって課されている。少なくとも倫理のある部分は、突き詰めれば自然なものだと言えるのだ。

この論は、次のように展開される。何をもって時計であるとするか（それは時間を正確に告げるものである）を理解すれば、時計の果たす機能が善いのか悪いのかを判断する立場に立てる。同様に、何をもって人間であるとするかを理解すれば、人間のなす経験が善いのか悪いのかを判断する立場に立てる。

たとえば愛する資質を欠いた人間は、人間であることを完全に満たしてはおらず、それは悪いことであると言えるかもしれない。この見方からすると、一連の自然な制約と定義は、それらがなかったら果てしなく続く相対主義的な道徳の後退を止めることができる。[61] 社会が構成員の幸せや生存を強化するのなら、そのような社会は善いものだと言える。そうした制約に対して、進化も倫理も無縁ではない。これもまた古い考えで、少なくともプラトンとアリストテレスまでさかのぼれる。

哲学者のフィリッパ・フットは、「道徳哲学において、植物について考えることは有益であると信じる」という挑発的な発言をしたことで知られる。[62] 彼女は「善い」という概念について、それは樹木が「よい根」を持っていることであろうと、人間が「よい」状態にあることであろうと、根本的な違いはないと論じた。根には目的という満たさなければならない論理的な制約があり、その制約が、根がよいかそうでないかを判断する基準を定める。

たとえば人間と動物と植物は、すべて生き物である。三つのケースのいずれにおいても、それらが健康なのか不健康なのか、それぞれの部類の優秀な例なのか欠陥のある例なのかといったことを語ることができる。これはすなわち、それらが健康であることや優秀であることなどに資する資質を特徴づけられるということだ。

同じように、優しさや勇気といった人間の徳についても語ることができる。これらの徳は「自然な優秀性」であり、その反対は「自然な欠陥性」だ。[63] フットは「道徳的な行動は合理的な行動である」と論じ、倫理は人類の本性によって課される制約によって決定されうると説明した。人間の場合、「合理的」であるとは、人間は社会的に生きているときこそ善いということを意味する。人間は自然にそうするよう強いられているからだ。善い社会をつくることに関連するかぎりにおいて、人間が完全に人間であることを可能にする倫理は、人間の進化的過去に導かれている。

したがって、善い社会とは何ぞやという問いに答えるには、まず、こう問わねばならない――どのような種類の社会が私たちにとって善いものなのか？　人間は社会に、社会は人間に、何を求めているのか？　何を与えてやれるのか？　ここでもまた、青写真が答えを示してくれる。

マズローの欲求階層説

生存に必要なものと、人間の行動に動機を与えて活性化させるものという観点から人間の欲求を順序づけることには長い伝統があり、それを縮図化したのが心理学者のエイブラハム・マズローだ。[64] マズローはこれらの欲求を最も基本的なものから最も高度なものへと、「生理的欲求」、「安全」、「所属」、「承認」、「自己実現」の順に並べた。

彼の理論を単純化したバージョンでは、人はこれらの欲求を一方向に順々に進んでいくことで、特定の状況で、あるいは人生を通じて、まずは生理的な欲求を満たし、次いで安全の欲求を、次いで所属の欲求をと、順々に満たしていける。突き詰めれば、マズローの論は「人はパンのみにて生くるにあらず」というものだった。

たとえば第一の階層では、人は食事や睡眠や住居や性交への欲求を持つ。これらの欲求がひとたび満たされると、人は次の階層に移行する。その安全の階層では、人は感情的、身体的な安全への欲求を持つ。これらが満たされると、次は友情や愛情など、社会的な所属感への欲求を持つ。次の階層では、他者から認められること、地位を得ること、尊重されることへの欲求を持つ。そしてマズローの論では、人は最後に、自分の潜在能力を全面的に発揮し、みずからの外に何かしらの高度な動機を置くことによって意味を見いだして、「自己実現」をなすことへの欲求を持つ。マズローはのちに、この持論をやや拡張して、次のように述べている。

「超越欲求とは、最も高度で、最も包括的、ないしは全体的な階層の人間意識のことで、手段というよりは目的として、自分以外の重要な誰か、人間全般、他の生物種、自然、宇宙のために行動し、それらと関係を持とうとすることである[65]」

だが、この欲求と動機の順序は、おそらく逆にされるべきものだろう。たとえば難破した船の乗組員は、食事と住居と安全への欲求を満たせただろうが、それはひとえに、彼らが友情と協力と学習への欲求を第一に尊重して、しっかりと応じたからだった。後者が前者の基盤だったのだ。

実際、種としての人間は、そうした高位の欲求を持つように進化してきた。そこには超越欲求までも含まれている（それは自分の属する社会集団への義務感や、そうした無私の姿勢から得られる意義をともなうものだ）。そしてこの進化はまさしく、人生の基本的な要求をもっと効率的に満たせるようにするためなのである。

新しい社会的世界のエンジニアリング

私たちの社会的青写真を理解し、尊重することは、人類にまったく新しい力を与えて社会的世界に介入させる、抜本的に新しいテクノロジーに対処するのに大いに役に立つ。

もちろん人間は昔から、社会の組織に関連する破壊的なイノベーションに対処してこなければならなかった。たとえば都市の発明は、必然的に人間を移動生活から定住生活に移行させ、人口密度を高めることで、社会的交流に影響を及ぼした。人間はこれに個人としても新しい生き方を受け入れることで対応し、おそらく同時に種としても、新しい素質（たとえば従来とは異なる種類の、都市が広まりを助長する感染症に対する抵抗力など）を進化させることで対応した。

人間の移動速度よりも速いコミュニケーションを可能にしたテクノロジーの発明も、私たちの社会的交流に影響をもたらした。電信が発明されるまで——狼煙（のろし）や伝書鳩は例外としても——二人の人間のあいだでやりとりされるメッセージの速度は、人間の使者が徒歩で、馬で、あるいは船で移動する速度までに限られていた。しかし電信と電話の発明により、メッセージは人間より速く移動できるようになった。そしてインターネットの発明は、また新たな大躍進だった。速さの点ではそれほどではなくても、量と、範囲と、検索性においては、長足の進歩をとげたのだ。

これらのテクノロジーの影響は、子供たちへの教育法から、私たちの記憶の使い方まで、あらゆるものに見ることができる（なにしろ私たちのポケットにはグーグルを備えた電話が入っているのだ）。私たちの他者とのかかわり方——ある種の社会的な機微——も、いつコンピューター機器に任せられてもおかしくない。たとえば眼鏡をかけているだけで、他人の顔を認識したとたんにその人の素性がオンラインで届けられ、もはや近づいてくる相手が友なのか敵なのかを記憶しておかなくてもいいような、そんな世界に生きているとは、いったいどういうことなのだろう？

人類の何十万年もの歴史において、決定的に重要だったもの——各人のアイデンティティを知り、その人が自分をよく思っているのか悪く思っているのかを察知すること——が、今や機械にゆだねられようとしている。これらのありとあらゆる発展が、社会的交流、社会的組織、社会的行動に、これまでもこれからも影響を与える。

とはいえ、これまでのテクノロジーはいずれも——今のところ——社会性一式を根本的に変えたりはしていない。たとえばそれを示している一例が、人間の社会的ネットワークの基本的な構造や、人間の協力関係の基本的なあらましに、世界中でほとんど違いがあらわれていないということだ。これまで見てきたように、それらの基本要素は都市生活をしていない人びとのあいだでも、現代の電気通信をはじめとする種々のテクノロジーに触れる手段がない人びとのあいだでも一様なのだ。狩猟採集民も現代的な人口集団と共通する特定の行動を示しているのであれば（そして実際に示してもいる）、それは私たちの人間性に何か非常に深い、基礎的なものがあるということだ。

人工知能とCRISPR（クリスパー）

しかしながら、これまで人類が生み出してきたどんなものより重大な影響力を持ちそうな、新しいテクノロジーが二つある。

その一つめの急進的なテクノロジーは、人工知能（ＡＩ）だ。今までに人間が発明してきたテクノロジーと、現代のＡＩとの決定的な違いは、これまでのテクノロジーはすべて人間のためにあったということである。槍にしろ衛星にしろ、それらのテクノロジーはあくまでも、人間が定めた目的を達するための手段として働いていた。ところがＡＩには、自分で自分の目的を定め、自分の「願望」を持てるだけの潜在能力がある。

そして私から見るとさらに驚異的なのは、ＡＩに私たちの社会的組織を本当に変えてしまうほどの力がありそうなことだ。今の私たちは、社会システムにますます機械（たとえば無人乗用車）や自律的な主体（たとえばオンラインボット）を増やしている。これらの装置は、単純に私たちの仕事を肩代わりさせるだけの道具（たとえば顔認識眼鏡のようなもの）ではなく、いつか人間のようにふるまうかもしれない機械である。

今のところ、これらの装置は——感情を表現して単純な会話を実行するコンパニオンロボットにしろ、誤った情報を広めてしまうオンラインボットにしろ——まだ未熟だ。それでもすでに、これらのテクノロジーの多くは私たちと対等な立場で交流し、さも人間であるかのようなふるまいをしている。このような相互作用の場を、私は「ハイブリッド（混成／異種交配）システム」と呼んでいる。

この人間と機械とのハイブリッドシステムは、「社会的な」人工知能が存在する新しい世界の出現をもたらすかもしれない。

私の研究室では、こうしたＡＩが人間集団のパフォーマンスにどんな影響を与えられるかを探る実験を行なってきた。ある実験では、オンラインの人間集団にボットを加えてみた。すると、このボットは——非常に単純な（私たちが「頭の悪いＡＩ」と名づけたものを備えているだけの）つくりであるにもかかわらず——知能を持った人間の集団が各自の行動を協調させるにあたって生じる摩擦を軽減してやることで、集団の共同作業を円滑に促進してやれることがわかった[66]。

別の実験では、研究室に人を集めて四名ずつの集団に分け（そのうち三名は人間で、一名は人型ロボット）、各集団にゲームでの問題解決をする課題を与えた（仮想世界で鉄道線路を敷設するなど）。このロボットは多少の誤りを犯すようプログラムされており、さらに——ここが重要な点だが——まちがえたときには声に出してそれを認めることも組み込まれていた（たとえばこんなふうに——「すみません、みなさん、今回はまちがえました。信じがたいとは思いますが、ロボットだってまちがえるのです[67]」）。

この進んで過ちを認めるロボットの存在は、人間たちの交流に影響を与え、彼らの共同作業はいっそう順調になった。

そしてもう一つ、無人自動車が路上に及ぼす影響を考えてみてもらいたい。こうした自動運転の乗り物は、人間が運転する車のすぐ近くを走行するわけだから、衝突の可能性をできるだけ低める運転をするようプログラムされる[68]。これに対して、しばらくのあいだ無人車両の近くで運転をしていた人間は、ひとたびその無人車両から離れても、これまでとは少し違った運転をするようになるかもしれない。つまりロボット自動車は、みずからが直接接触している運転者の行動だけでなく、接触をしていない運転者の行動にまで変化をもたらして、利益のカスケードを生み出す可能性があるのだ[69]。

人工知能の進歩は、また別の面でも人間の社会生活に影響を及ぼすだろう。二〇一六年三月に、囲碁という長い歴史を持つゲームの対戦で当時の人間の王者イ・セドルを負かしたソフトウェア、アルファ碁の最も特筆すべき一つの特徴は、自力でこのゲームを学習できる驚異的な能力ではなく、対戦後にイ・セドルが語った次のような事実にある。なんと彼のほうが、このマシンの打った奇妙で美しい、それまで想像もされなかった手筋から、新しいことを学んだというのである[70]。つまり、この人工知能との接触は、セドルがそのあとほかの人間とどう接触するかに変化をもたらしたということだ。

碁の対局なら、それはなにも悩ましいことではなかった。しかし、ほかの場面でも教える機能を機械が奪取して、社会性一式の主要な一部である学習に影響を及ぼすとしたらどうだろう。これはＳＦの範疇かもしれないが、はたして私たちは自分の子供に、こういうときはこういうふうに親切にしようということを機械から教えてもらいたいだろうか？　ひょっとしたら機械は、利他行動について人間とは違った考えを持っているかもしれない。

社会性一式に影響するかもしれない二つめの急進的なテクノロジーは、遺伝子編集ツールのCRISPR(クリスパー)だ（これは「クラスター化されて規則的に間隔を空けた短い回文の繰り返し〔clustered regularly interspaced short palindromic repeat〕」の頭字語である）[71]。このような生物学的技法を用いれば、人間はみずからの遺伝子を組み替えて、その進化の方向を変えることができる。これは（第11章で見たように）単に文化を変えることによってではなく、もっと直接的に、迅速かつ意図的な方法で、ランダムでない突然変異と自然でない選択を利用することによってなされる遺伝子組み換えだ。

CRISPRによって実現が期待される遺伝子治療は、人間の体細胞組織を修正するだけでなく、おそらくは人間の生殖細胞系列までも修正して（すなわち、のちの世代を生み出す配偶子を改変して）、修正された遺伝子を人間の遺伝子プールに永久に取り込むことになるだろう。たとえば鎌状赤血球症の治療にかんしても、ここに従来との違いがある。これまでは患者の骨髄にある造血細胞を修正して、患者本人を治療するだけだったが、CRISPRによる遺伝子治療は患者の子孫がこの病気にならないように、患者の配偶子を修正するのだ。

もちろん、こうした生殖細胞系列の遺伝子編集や、その進化の方向づけの最初の試みは、良心的な目的を持った科学者によってなされるだろう。適用目的は遺伝病の予防だ[72]。これに反対する人はまずいない。だが、やがてこの技法は、単に人間を強化するために使われるようになるかもしれない。それはおそらく、もっと丈夫な人間をつくりだそうということだろう。

しかしそれだけにとどまらず、たとえば人間をもっと共感性の薄い、友好的でないものに改変しようとする動きが絶対に出てこないとも限らない。実際、なかにはそういうことを望む人だっているかもしれない。

そのような人間が含まれている、あるいはそのような人間ばかりでできている社会システムとは、いったいどんなものになるだろう？　ペットが導入されると人間どうしのコミュニケーションが改善されることはよく知られている。だとすれば、そうした新しい種類の人間が同じようにほかの人びとに強い影響を与えるかもしれないことは想像に難くない。そのとき人間の集団は、どれほど社会的で、どれほど協力的でいられるだろう？

私たちは機械的にも生物学的にもみずからを変えつつあり、それにともなって人間の社会をも変えつつある。こうした発展により、人間はまたしても、自分たちがいかに本来の自然から切り離されているかを真っ向から見つめさせられることになるだろう。ディストピア的な未来を迎えたくなければ、何か新しい社会契約が必要になるのかもしれない。その新しい契約で、これらのイノベーションが社会性一式を尊重するよう定めるべきなのかもしれない。

私のなかのある部分は、もちろん将来を恐れている。しかし私のなかには、楽観的な部分もある。なぜなら社会性一式は、私たちのなかに非常に深く染み込んでいる。だから故意にであれ不注意にであれ、現実的な時間枠のうちに何かが私たちの青写真を描き変えてしまえるとは考えにくいのだ。

この社会を弁護する

世界を見渡すと、いつの世にも変わらない、絶えることのない恐怖と、無知と、憎悪と、暴力がそこにある。一方、その同じところから人間集団を眺めると、それぞれの細かな特徴が果てしなく目について、互いの違いを微に入り細に入り強調できる。

だが、このように悪いところばかりを目立たせて、違いだけを強調し、人間をばらばらにとらえるような厭世(えんせい)的な見方をしていては、その根底にある重要な一致に気づかずに、誰もが共有する人間性を見過ごしてしまう。私たちがやってきた進化社会学のプロジェクトで明らかになっているように、全世界の人間はみな、ある一定のタイプの社会をつくるように最初からできている。それは、愛情と友情と協力と学習に満ちた社会である。

人間には多くの欠点もあれば違いもあるが、それでも寄り集まって生きることに総じて人類が成功してきた理由はなんなのだろう？　社会的世界の悪いところを知りながら、これを善いものとみなすにはどうしたらいいのか？

神学の世界では、これは弁神論として知られる問題である。世界にこれだけの悪がはびこっているのなら、その世界を創った神はどう正当化されるのか。私はこれに倣(なら)って、「弁社会論」で世界を見ることができると思う。[73]

たしかに社会にはあまたの不備がある。それでも社会の善性を信じることはできる。社会に善いところがあるのは誰の目にも明らかなのだから。この弁明は、ただの根拠のない楽観ではない。私たち人間のなかに根本的な善が備わっているのを認識すればこそのものである。

人間の歴史を見返すと、なんと悲惨な窮状と機能不全に満ちたものであったかと嘆きたくなる。百年単位で切り取っても千年単位で切り取っても、見えてくるのは恐ろしさばかりだ。たしかに一八世紀には、啓蒙運動の到来とその哲学的な価値観の広まりや、数々の科学的な発見によって状況が劇的に上向きになった。寿命は延び、生活は豊かになり、自由度も増して、平和にもなった。[74]

しかし、こうした最近の歴史上の発展だけに頼らずとも、人間は世界をよりよくすることができる。もっと古い、もっと強い力がつねに働いて、よい社会をさらに前へと進めていくからだ。

昔も今も、人間は競争的な衝動と協力的な衝動を併せ持ち、暴力的な傾向と情け深い傾向を併せ持っている。DNAの二重らせんの二本の糸のように、これらの対立する衝動が絡みあっている。人間は衝突し、憎みあうようにできている一方で、愛情や、友情や、協力を育むようにもできている。現代の社会は言うなれば、この進化的な青写真の表面を「文明」という緑青で覆っているようなものなのだ。

高台から降りて、丘ではなく山を見るべき理由はもう一つある。人間の社会を説明しようとするときに、進化的な力よりも歴史的な力のほうが突出しているとみなすことには重大な危うさがある。そうすると、人類の物語がもろくなってしまうのだ。歴史的な力のほうが上だと思えば、あきらめが生じて、よい社会秩序は不自然なものなのだとまで思ってしまうかもしれない。だが、私たちのまわりにあるよいものは、そもそも私たちを人間たらしめているものの一部なのである。

本能に反した社会を築きたい誘惑に駆られたならば、そのときは謙虚になろう。幸い、人間がよい暮らしを送るのに、どんな権威も行使する必要はない。マーティン・ルーサー・キング・ジュニアの言葉をもじって言うならば、人間の進化の歴史が描く弧は長い。されど、その弧は善いほうに向かって伸びているのだ。

謝辞

友人がいなければ、いまの私はないし、この本も書けなかっただろう。新しい友人、古い友人、なかには長年の友もいて、そのすべてが、たとえ思い出の中だけであっても、いまだに私の生の根幹の一部となっている。ここではそうした友人たちを、人生の最初の年から順番に挙げていこう。リサ・フランツィス、ディミトリス・ディミトレリアス、ケヴィン・シーハン、ジェイムズ・ビリントン、ナシ・サミー、モリス・パナー、アン・スタック、オフィーリア・ダール、ベミー・ジェリン、キャスリン・ヴィゲリー、レス・ヴィゲリー、ルネ・C・フォックス、カート・ラングロッツ、メアリー・レナード、ルーシー・トゥーズ、コーディーリア・ダイアー、ポール・アリソン、ダイアナ・ヤング、ビル・ブラウン、マリー・ランダッツォ、オズワルド・モラレス、ダニエル・ギルバート、ゲアリー・キング、ジェイムズ・ファウラー、ダグ・メルトン、マーク・パチュッキ、ウィンズロウ・キャロル、アダム・グリック、ナン・キャロル、ジョン・キャロル、ボブ・スティーヴンズ、エリザベス・アンダーソン、ジュリア・アダムズ、ハンス・ヴァン・ダイク。

以下に挙げる本書の研究助手たちにも感謝の意を表したい。彼らの多くはハーヴァード大学とイェール大学の学部生と大学院生で、出会ったころは学生であり、みなのみなぎる熱意と知性が私を鼓舞してくれた。ジョゼフ・ブレナン、ケヴィン・ガルシア、リビー・ヘンリー、アンドルー・リー、サム・サウスゲイト、ダンカン・トムリン、ナムラタ・ヴェディア、ザカリー・ウッド。

ほかにも、以下のような多くの人びとが本書の一部（人によっては全部）を読み、あるいは価値あるきわめて重要なコメントを寄せて、私の誤りを正し、思考を刺激してくれた。マーカス・アレグザンダー、ドーサ・アミール、コーレン・アピセラ、ディミトリ・クリスタキス、カトリーナ・クリスタキス、ピーター・デュワン、ブライアン・アープ、フィリクス・エルワート、ジョゼフ・ヘンリック、ヘザー・ヘイング、ヴィヴェカ・モリス、ジョナサン・シュルツ、サミュエル・スノウ、マーガレット・トレイガー。

本書で論じた私自身の研究の多くは、イェール大学ヒューマン・ネイチャー・ラボの傑出したスタッフの尽力のたまものだ。過去一〇年以上にわたり、以下の面々をはじめとする優秀な大学院生と博士研究員が本書で紹介したプロジェクトを多数推進してくれた。フェン・フー、ルーク・グロワッキ、アレグザンダー・イサコフ、デイヴィッド・キム、西晃弘、ジェシカ・パーキンス、白土寛和。マーク・マックナイトが私たちのソフトウェア・プラットフォーム、トレリスとブレッドボードの開発を指揮してくれた。これらのプラットフォームは世界中の社会的ネットワークのマッピングと、多数の被験者を対象とするオンライン上の実験に活用され、絶大な効果を発揮した。ライザ・ニコルはすべてのデータを巧みに管理してくれた。レニー・ネグロンがホンジュラスでの長期にわたる調査を超人的な能力で指揮してくれたおかげで、一七六の村で二万四八一二人の社会的ネットワークのマッピングができた。彼女の豊富な対人・マネジメントスキルに多大な感謝を捧げる。事務面での支援に対してキム・クジナにも感謝している。ヒューマン・ネイチャー・ラボを一〇年にわたり運営するトム・キーガンの判断力、創造性、先見性、忍耐力には感服しっぱなしだ。

エージェントのカティンカ・マトソンが、本書の企画の焦点を絞ってくれた。長年お世話になっている編集者トレイシー・ベハーは論点の明確化から根気強さにいたるまで、あらゆる点で秀でており、彼女の手にかかるとすべてが見違える。校閲者のトレイシー・ロウとバーバラ・ジャトコラにはばかげた誤りの数々を修正してもらい、大いに助けられた。本書で触れた私の研究の一部は、ビル＆メリンダ・ゲイツ財団、ロバート・ウッド・ジョンソン財団、ジョン・テンプルトン財団、タタ・サンズ社、アメリカ国立老化研究所の支援を受けた。

セバスチャン、ライサンダー、エレニと、新たに加わったオライエンが、目を見張るような行動、秀でた性格、温かい愛によって、よき生の意味を私に教えてくれた。この本は愛する妻エリカ・クリスタキスに献じたが、彼女の美しい心と精神が本書の内容を限りなく高めてくれたことに、この場を借りて改めて感謝を捧げる。

訳者あとがき

早いもので、世界を驚かせたドナルド・トランプ大統領の誕生から三年あまりが過ぎ、今秋には次なる選挙が予定されている。就任以来、その型破りな言動で周囲を振り回してきたトランプ大統領だが、しばしば批判されてきたのが、彼の「分断をあおる」政治手法だろう。移民、イスラム教徒、既存エリートなどを敵視し、みずからの支持層との対立を強調することによって自陣営の結束を固めようとするものだ。だが、こうした対立はアメリカだけに見られるわけではない。イギリスのブレグジット、フランスのイエローベスト運動、その他の諸国における極右勢力の台頭など、所得格差や民族に基づく対立と分断は世界中で広がっているように見える。このままではやがて社会がばらばらに崩壊してしまうのではないかとの懸念すら頭をもたげるが、みなが手を携えて繁栄を目指す安定した社会を実現することはできないのだろうか。

もちろん、できる。本書の著者であるニコラス・クリスタキスなら、もしかするとそう断言するかもしれない。というのも、彼によれば、私たち一人ひとりが「善き社会をつくりあげるためのブループリント（青写真）」を自分の内部に持っているというのだから。

ニコラス・クリスタキスは、医学博士、学術博士、公衆衛生学修士であり、イエール大学社会・自然科学スターリング・プロフェッサー。社会学、生態学、進化生物学、統計学およびデータサイエンス、医用生体工学、医学といった学部で仕事をしている。長年にわたり、ハーヴァード大学とシカゴ大学で研究に携わり、教鞭を執っていた。二〇〇九年にはタイム誌によって世界で最も影響力のある一〇〇人に選ばれている。また、二〇一一年まで、シカゴとボストンの医療サービスが行き届かない地域でホスピス医師として活躍した経験を持つ。社会的ネットワーク論の権威であり、その分野をテーマとした前著『つながり――社会的ネットワークの驚くべき力』（講談社）は、我が国でも多くの読者を獲得し、高い評価を得た。

では、私たちが自分の内部に持っているというブループリントとはいかなるものなのだろうか。クリスタキスによれば、私たちは、世界中のあらゆる人びとが共有する普遍的文化を持っているという。その普遍性ゆえに、それは進化によって形成され、人間の遺伝子に書き込まれたものだと考えられる。彼はこうした普遍的特性のリストを「社会性一式（social suite）」と名づけ、以下のようにまとめている。

（1）個人のアイデンティティを持つ、またそれを認識する能力
（2）パートナーや子供への愛情
（3）交友
（4）社会的ネットワーク
（5）協力
（6）自分が属する集団への好意（すなわち内集団バイアス）
（7）ゆるやかな階級制（すなわち相対的な平等主義）

（８）社会的な学習と指導

それぞれの特徴について簡単に説明してみよう。（１）個人のアイデンティティは、愛情、交友、協力の基盤となる。それがあってこそ、人びとは時と場所を超えて誰が誰なのかを追跡し、他人がほどこしてくれた恩に応えられるからだ。（２）愛情のおかげで、人間は近親者のみならず、血縁のない個人に対しても特別なつながりを感じるようになる。（３）それによって交友関係ができる。（４）結果として、人間は社会的ネットワークに加わり、（５）お互いに協力するようになる。（６）こうした協力の支えとなるのが、人間が集団を形成し、外部の人よりも内部の人を好きになるというバイアスだ。（８）さらに、協力は社会的学習に結びつく。人間はあらゆることを独力で学ぶ必要はなく、他人に教えてもらえるものと期待できる。（７）交友のネットワークと社会的学習は、ある種のゆるやかな階級制を準備する。人間はそこで、一部のメンバー――通常はものを教えてくれる人や多くのつながりを持つ人――に対してより大きな敬意を払う。

これらの特徴は人間の団結を助けるものであり、不確実な世界で生き延びるためにきわめて有益なものだ。言い換えれば、これらの特質は進化の観点から見て合理的である。人間の遺伝子は、社会的な感性や行動を私たちに授けることによって、大小の社会の形成を促すのである。

こうしてつくりだされた社会環境が、今度は、進化的時間を通じたフィードバックループを生み出す。人間にとって何より重要な環境要因は周囲の他人、すなわち社会である。自然の環境要因は多様であっても、周囲を取り囲む人間は誰にとっても似たようなものだと考えられる。そのため、進化を通じた適応によって獲得される特質は、必然的に社会的かつ普遍的なものとなる。

一致団結して社会を形成する能力は、実は人類の生物学的特徴であり、社会を構築する人間の能力は本能となっている。人間社会は私たちの外部からやって来るのではなく、内部から現れるのだ。

こうしてクリスタキスは、人間社会の基本的な特徴は、人類が長い歳月をかけてスケッチしてきた青写真に導かれているとする。ただし、青写真とは遺伝子そのものではなく、遺伝子というインクによって描かれていると言う。人類はある程度までなら青写真から逸脱できるが、それが過ぎれば社会は崩壊してしまうのである。

以上のような基本的構想のもと、彼はその正当性を実証すべく、さまざまな事例を挙げて論を進めていく。これらの事例は人間のみならず動物をも対象としつつきわめて多岐にわたっているのだが、そのうちの一つをごく簡単に紹介したい。

科学者の観点からすると、人間の社会性について研究する際、一定数の人びとをどこかに集め、さまざまに条件を変えながら長期にわたってゼロから共同体を構築してもらうといった実験ができれば得るものは多いかもしれない。だが、それを実際に行なうのはきわめて難しい。ところが、こうした実験に近い状況が現実に生じるケースがある。たとえば、難破船の乗組員が無人島に孤立してしまった場合や、南極観測隊が外部の世界と完全に切り離されて共同生活を送るといった場合だ。

こうした「自然実験」の一つとして、クリスタキスは二〇世紀のイスラエルで、新たな社会と人間をつくるという理想のもとに建設されたキブツというコミュニティを取り上げる。このコミュニティの特徴の一つに集団育児があった。これは、血のつながった親子を引き離し、それぞれ別々に集団生活を送らせるというものだ。女性を家庭生活の重荷から解放し、男性と同じ社会経済的土俵に乗せることがその目的だったという。しかし、こうした試みは結局うまくいかなかった。コミュニティのメンバーからの要望もあり、昔ながらの家族の形が復活したというのだ。社会性一式の重要な要素である親子の愛情の絆を断ち切ることはできなかったのだと、クリスタキスは結論している。

こうした具合に、各章を通じてさまざまな事例や実験が取り上げられていく。それぞれが実に興味深く、説得力に富むものである。好奇心に導かれてページを繰るうちに、そこで語られる事象の先に、人間の善性に対する著者の信頼が感じとれるに違いない。

本書はマイクロソフト創業者のビル・ゲイツ、グーグル元CEOのエリック・シュミット、進化心理学者のスティーヴン・ピンカーといった、各界のトップランナーがこぞって賛辞を寄せる注目の一冊である。ぜひとも手にとって、その議論に触れていただければ幸いである。

最後に、翻訳の分担について述べておくと、「はじめに」から第7章までを鬼澤が、第8章から第12章までを塩原が訳し、編集部と相談のうえ全体的な表現の統一を図った。翻訳作業を進めるに当たっては、ニューズピックス・パブリッシングの富川直泰氏に大変お世話になった。この場を借りてお礼申し上げたい。

二〇二〇年八月

訳者を代表して

鬼澤　忍

S. Gullans, *Evolving Ourselves: How Unnatural Selection and Nonrandom Mutation Are Changing Life on Earth* (New York: Current, 2015).

72. J. Hughes, *Citizen Cyborg: Why Democratic Societies Must Respond to the Redesigned Human of the Future* (New York: Basic Books, 2004); J. Harris, *Enhancing Evolution: The Ethical Case for Making Better People* (Princeton, NJ: Princeton University Press, 2007). 2018年11月、ある中国人科学者が、CRISPRの技術を使って双子の女児のゲノムを編集したと発表した。その目的は、HIVが細胞を感染させるときの経路を無効にするためだったという。双子は無事に健康な状態で誕生したようだが、この人間の生殖系列にCRISPRによる編集を適用した初の事例は、国際的に激しい批判を呼び起こした。以下を参照。D. Cyranoski and H. Ledford, "Genome-Edited Baby Claim Provokes International Outcry," *Nature* 563 (2018): 607–608.

73. 一般にこの言葉が使われることはめったになく、過去の使用例も私の使い方とはかなり異なる。たとえば社会学者のダニエル・ベルは、以下の論文において、社会学的概念の意味の進化を説明する行為を指すのにこの言葉を使っている。D. Bell, "Sociodicy: A Guide to Modern Usage," *American Scholar* 35 (1966): 696–714. また社会学者のピエール・ブルデューは、以下の論文において、その当時の状況を正当化するのにイデオロギーがどう働くかを説明するのにこの言葉を使っているようだ。P. Bourdieu, "Symbolic Power," *Critique of Anthropology* 4 (1979): 77–85.

74. S. A. Pinker, *Enlightenment Now: The Case for Reason, Science, Humanism, and Progress* (New York: Viking, 2018).（邦訳：『21世紀の啓蒙：理性、科学、ヒューマニズム、進歩』（上・下）橘明美、坂田雪子訳　草思社）

56.　友人の心理学者ダニエル・ギルバートに言わせれば、道徳性を人間はもともと持たないのかどうかを問うのは頭をこんがらがらせる謎かけで、「ニューヨーク市に行くのとバスで行くのとどっちが時間がかかる？」と問うようなものだという。とはいえ、これはきわめて刺激的な謎かけであることがわかっている。

57.　D. C. Lahti and B. S. Weinstein, "The Better Angels of Our Nature: Group Stability and the Evolution of Moral Tension," *Evolution and Human Behavior* 26 (205): 47–63.

58.　D. Hume, "Concerning Moral Sentiment," appendix 1 in *An Enquiry Concerning the Principles of Morals* (London: A. Millar, 1751), p. 289.（邦訳：『道徳原理の研究』松村文二郎、弘瀬潔訳　春秋社ほか）

59.　ドキュメンタリー映像作家のマイケル・チャナンが監督したテレビシリーズ『ロジック・レーン』（1972年）の一編における、アイリス・マードックとデイヴィッド・ピアーズの対話から。以下で引用されている。N. Krishna, "Is Goodness Natural?," *Aeon*, November 28, 2017, https://aeon .co/essays/how-philippa-foot-set-her-mind-against-prevailing-moral-philosophy.

60.　R. M. Hare, *The Language of Morals* (Oxford: Clarendon Press, 1952).（邦訳：『道徳の言語』小泉仰、大久保正健訳　勁草書房）

61.　D. Gilbert, *Stumbling on Happiness* (New York: Knopf, 2016).（邦訳：『明日の幸せを科学する』熊谷淳子訳　ハヤカワ文庫）

62.　以下で引用。R. Hursthouse, *On Virtue Ethics* (Oxford: Oxford University Press, 2002), p. 196.（邦訳：『徳倫理学について』土橋茂樹訳　知泉書館）以下も参照。P. Foot, "Does Moral Subjectivism Rest on a Mistake?," *Oxford Journal of Legal Studies* 15 (1995): 1–14.

63.　Foot, "Does Moral Subjectivism Rest on a Mistake?"

64.　A. H. Maslow, "A Theory of Human Motivation," *Psychological Review* 50 (1943): 370–396.

65.　A. H. Maslow, *The Farther Reaches of Human Nature* (New York: Viking, 1971), p. 279.（邦訳：『人間性の最高価値』上田吉一訳　誠信書房）

66.　H. Shirado and N. A. Christakis, "Locally Noisy Autonomous Agents Improve Global Human Coordination in Network Experiments," *Nature* 545 (2017): 370–375. この実験では、4000人からなる230の集団に協力して協調問題を解いてもらったが、私たちは各集団にひそかに人工知能ボットを紛れ込ませ、その結果がどうなるかを評価した。人間と機械からなるハイブリッドシステムの一部であるとき、人びとはどうふるまうか？　そしてわかったのは、ロボットがある種のふるまい方をすると（逆説的だが、私たちがあらかじめロボットに少しばかり不完全な意思決定をさせるように仕組んでおくと）、本物の人間はロボットの存在を気にせず、むしろ成績を上げるのだった。

67.　M. L. Traeger, S. S. Sebo, M. Jung, B. Scassellati, and N. A. Christakis, "Vulnerable Robots Positively Shape Human Conversational Dynamics in a Human-Robot Team" (unpublished manuscript, 2018). ロボット研究者のブライアン・スカセラティの研究グループによる別の実験では、集団内にロボットを組み込むことで、自閉症児のコミュニケーションがロボットを相手にする場合だけでなく、人間を相手にする場合でも変わってくることが示されている。E. S. Kim et al., "Social Robots as Embedded Reinforcers of Social Behavior in Children with Autism," *Journal of Autism and Developmental Disorders* 43 (2013): 1038–1049.

68.　E. Awad et al., "The Moral Machine Experiment," *Nature* 563 (2018): 59–64.

69.　ひょっとして人型ロボットと性交することがもっと普通になった暁には、人間どうしのセックスのしかたも修正されていくのかもしれない。

70.　D. Silver et al., "Mastering the Game of Go with Deep Neural Networks and Tree Search," *Nature* 529 (2016): 484–489; D. Silver et al., "Mastering the Game of Go Without Human Knowledge," *Nature* 550 (2017): 354–359.

71.　J. D. Sander and J. K. Joung, "CRISPR-Cas Systems for Editing, Regulating, and Targeting Genomes," *Nature Biotechnology* 32 (2014): 347–355. 包括的には以下を参照。J. Enriquez and

二つの例として、以下を参照。G. Guo, M. E. Roettger, and T. Cai, “The Integration of Genetic Propensities into Social-Control Models of Delinquency and Violence Among Male Youths,” *American Sociological Review* 73 (2008): 543–568; and A. Feder, E. J. Nestler, and D. S. Charney, “Psychobiology and Molecular Genetics of Resilience,” *Nature Reviews Neuroscience* 10 (2009): 446–457.

44. J. Hibbing, “Ten Misconceptions Concerning Neurobiology and Politics,” *Perspectives on Politics* 11 (2013): 475–489.

45. 初期の歴史については以下を参照。M. H. Haller, Eugenics: Hereditarian Attitudes in American Thought (New Brunswick, NJ: Rutgers University Press, 1963).

46. こうした空白の石版（ブランクスレート）説への極度の固執は、社会学ではまったく珍しくない。以下を参照。M. Horowitz, A. Haynor, and K. Kickham, “Sociology's Sacred Victims and the Politics of Knowledge: Moral Foundations Theory and Disciplinary Controversies,” American Sociologist (2018). 犯罪統計については以下を参照。E. A. Carson and D. Golinelli, “Prisoners in 2012—Advance Counts” (report no. NCJ 242467, *Bureau of Justice Statistics*, July 2013). チンパンジーにおいても人間と似たような割合で、圧倒的にオスのほうが暴力に（加害者としても被害者としても）かかわっていることにかんしては、以下を参照。M. L. Wilson et al., “Lethal Aggression in Pan Is Better Explained by Adaptive Strategies Than Human Impact,” *Nature* 513 (2014): 414–417; and J. M. Gomez, M. Verdo, A. Gonzalez-Negras, and M. Mendez, “The Phylogenetic Roots of Human Lethal Violence,” *Nature* 538 (2016): 233–237.

47. たとえ科学的現実を知ったことが無情にも優生学や人種差別につながったとしても、それによってその現実に無知でいることが正当化されるわけではない、という主張もある。これは、真実を認識することにこそ究極の価値があり、その真実がどういうものか、それを知ったことのコストがいかほどのものかは二の次だという考え方である。

48. E. Fromm, *Man for Himself: An Inquiry into the Psychology of Ethics* (New York: Rinehart, 1947), p. 20.（邦訳：『人間における自由』谷口隆之助、早坂泰次郎訳　東京創元社）

49. 同上。pp.20–21.

50. B. D. Earp, A. Sandeberg, and J. Savulescu, “Brave New Love: The Threat of High-Tech ‘Conversion’ Therapy and the Bio-Oppression of Sexual Minorities,” *AJOB Neuroscience* 5 (2014): 4–12.

51. Historicus, “Stalin on Revolution,” *Foreign Affairs*, January 1949, p. 196.

52. R. C. Tucker, “Stalin and the Uses of Psychology,” *World Politics* 8 (1956): 455–483. 以下も参照。E. van Ree, *The Political Thought of Joseph Stalin: A Study in Twentieth - Century Revolutionary Patriotism* (London: Routledge Curzon, 2002), p. 290.

53. J. A. Getty, G. T. Rittersporn, and V. N. Zemskov, “Victims of the Soviet Penal System in the Pre-War Years,” *American Historical Review* 98 (1993): 1017–1049; S. G. Wheatcroft, “The Scale and Nature of German and Soviet Repression and Mass Killings, 1930–45,” *Europe - Asia Studies* 48 (1996): 1319–1353; S. G. Wheatcroft, “More Light on the Scale of Repression and Excess Mortality in the Soviet Union in the 1930s,” *Soviet Studies* 42 (1990): 355–367; S. G. Wheatcroft, “Victims of Stalinism and the Soviet Secret Police: The Comparability and Reliability of the Archival Data. Not the Last Word,” *Europe - Asia Studies* 51 (1999): 315–345.

54. A. G. Walder, “Marxism, Maoism, and Social Change: A Re-Examination of the ‘Voluntarism’ in Mao's Strategy and Thought,” *Modern China* 3 (1977): 125–160.

55. たとえば有名な延安の座談会での講話で、毛沢東はこう主張した。「延安の一部の人間が自分たちの文芸論なるものの基盤として弁護する『人間の本性論』は、ただの上滑りなもので、完全にまちがっている」。M. Tse-Tung, *Selected Works of Mao Tse - Tung*, vol. 3 (Peking: People's Publish ing House, 1960), p. 90.（邦訳：『文芸講話』竹内好訳　岩波文庫ほか）

34. V. Reppert, *C. S. Lewis's Dangerous Idea: In Defense of the Argument from Reason* (Downers Grove, IL: InterVarsity Press, 2003).

35. 美については以下を参照。R. O. Prum, *The Evolution of Beauty: How Darwin's Forgotten Theory of Mate Choice Shapes the Animal World — and Us* (New York: Doubleday, 2017).

36. 物理学者のヴェルナー・ハイゼンベルクによる雄弁な要約は以下のとおり。「実証主義者は単純な解答を持っている。世界は私たちが明確に説明できる部分と、それ以外の黙って見過ごしたほうがいい部分とに分かれているのだと。だが、これ以上に無意味な哲学を思いつけるものだろうか。明確に説明できるものを数えあげてみたって、ほとんどないようなものなのだから。不明確な部分をすべて省略してしまえば、あとはおもしろくもない、どうでもいいトートロジーしか残らないだろう」。W. Heisenberg, *Physics and Beyond: Memories of a Life in Science* (London: George Allen and Unwin, 1971), p. 213.（邦訳：『部分と全体：私の生涯の偉大な出会いと対話』山崎和夫訳　みすず書房）観測可能な科学的事実のみを強調することによって、実証主義は「真実の大海」の全体像の大部分を見失っている。さらにハイゼンベルクは、実証主義は期せずしてみずからのプログラムを損なっているとも主張し、その例証として科学の歴史から、18世紀の隕石についての主張が「まったくの迷信として退けられた」が、もちろん、隕石は存在しているという実例を挙げた。

37. D. Kevles, *In the Name of Eugenics: Genetics and the Uses of Human Heredity* (New York: Knopf, 1985)（『優生学の名のもとに：「人類改良」の悪夢の百年』西俣総平訳　朝日新聞社）; R. Merton, *The Sociology of Science: Theoretical and Empirical Investigations* (Chicago: University of Chicago Press, 1973). また、2010年代に、心理学、経済学、物理学、生物学、疫学、腫瘍学など、多くの科学分野を悩ませた「再現性の危機」のことも認識しておくべきだろう。

38. P. W. Anderson, "More Is Different," *Science* 177 (1972): 393–396.

39. 興味深いことに、人間は生まれながらの本質主義者である。私たちは幼いうちから物体を基本的な共通点にしたがって類別し、それらのカテゴリーを区別して、それぞれに基礎的な本質を割り当てる。P. Bloom, How Pleasure Works: The New Science of Why We Like What We Like (New York: W. W. Norton, 2010)（『喜びはどれほど深い？：心の根源にあるもの』小松淳子訳　インターシフト）; S. A. Gelman, *The Essential Child: Origins of Essentialism in Everyday Thought* (New York: Oxford University Press, 2010).

40. そして最終的に出てくるのが、「ラプラスの悪魔」だ。フランスの数学者ピエール＝シモン・ラプラスは1814年、「そのような知性」にとって「不確実なものは何もなく、未来がまるで過去のように、その眼前に存在している」と述べた。P. S. Laplace, *A Philosophical Essay on Probabilities*, 6th ed., trans. F. W. Truscott and F. L. Emory (New York: Dover, 1951), p. 4.（邦訳：『確率の哲学的試論』内井惣七訳　岩波文庫ほか）

41. 世界は自然法則にしたがう予測可能なものであるという考えが、人間はまちがいなく自由意志を持てるという考えと折り合えるのかどうかについては、たしかに激しい議論がある。この二つの考え――決定論と自由意志――は、見たところどちらももっともであり、哲学的な裏づけにも経験的な裏づけにも事欠かないので、これらが両立しうるという見方をする人もおり、そうした人は「両立論者」（柔らかい決定論者）という特別の呼ばれ方をする。この問題が重要なのは、決定論がモラル評価の基盤全体を覆すからだ。ある人の選択や行動がみずからの制御の及ばない過去のできごとや、それこそ他者の選択や行動によって決定されているのなら、どうしてその人にその選択や行動の責任を負わせられようか？

42. R. Lewontin, *Biology as Ideology: The Doctrine of DNA* (Concord, ON: House of Anansi Press, 1991)（邦訳：『遺伝子という神話』川口啓明、菊地昌子訳　大月書店）; S. J. Gould, *The Mismeasure of Man* (New York: W. W. Norton, 1981).（『人間の測りまちがい：差別の科学史』鈴木善次、森脇靖子訳　河出書房新社）

43. D. Nelkin, "Biology Is Not Destiny," *New York Times*, September 28, 1995. こうした研究の

しば持ち出されるのが聖フランシスコの教えだ。アクィナスとは正反対に、みずからの種に接するのとまったく同じようにして自然界に接すべしとフランシスコは唱えた。しかし実際のところ、フランシスコの考えはカトリック教会の教義とは大きくかけ離れており、歴史家のリン・ホワイト・ジュニアは「聖フランシスコの最大の奇跡は、彼が磔柱で生涯を終えなかったことだ」と結論している。L. White, "The Historical Roots of Our Ecological Crisis," *Science* 155 (1967): 1203–1207.

19. したがって、ある意味では、一見すると世俗的な「科学革命」が、人間は神の御心にしたがって自然を制圧する権利と義務を持つという考えを育んだことになる。以下を参照。J. Agassi, *The Very Idea of Modern Science: Francis Bacon and Robert Boyle* (New York: Springer Dordrecht Heidelberg, 2012). 以下も参照。C. Merchant, *The Death of Nature: Women, Ecology, and the Scientific Revolution* (New York: HarperCollins, 1980).（邦訳：『自然の死：科学革命と女・エコロジー』団まりな、垂水雄二、樋口祐子訳　工作舎）
20. R. Descartes, *Meditations on First Philosophy*, trans. A. Anderson and L. Anderson (Baltimore: Agora, 2012).（邦訳：『省察』三木清訳　岩波文庫ほか）
21. I. Kant, *Groundwork of the Metaphysics of Morals*, ed. M. Gregor and J. Timmermann, rev. ed. (Cambridge: Cambridge University Press, 2012).（邦訳：『道徳形而上学原論』篠田英雄訳　岩波文庫ほか）
22. R. W. Emerson, *Nature, Addresses, and Lectures*, ed. A. R. Ferguson (Cambridge, MA: Belknap Press, 1971), pp. 13–28.
23. C. R. Darwin, *The Descent of Man, and Selection in Relation to Sex* (London: John Murray, 1871).（『人間の由来』（上・下）長谷川眞理子訳　講談社学術文庫ほか）
24. ただし、この手なずけられていない崇高な自然界への関心の高まりを完全に産業革命に帰するのも、はなはだ短絡的な見方と言えるだろう。これらの考えが最初に世に出てきたのは産業革命以前であり、多くの超越主義者は蒸気と石炭の力による進歩を好ましく思っていた。
25. 社会学、経済学、人類学、政治学、心理学などを包含する社会科学は、基盤にある主題も方法論も哲学もさまざまな、多くの異なる学問伝統で構成されている。L. McDonald, *Early Origins of the Social Sciences* (Montreal: McGill-Queen's University Press, 1993). 心理学の分野と、それよりは程度が低いものの人類学の分野には、生物学の要素がつねに色濃く含まれてきた。
26. J. Searle, *The Construction of Social Reality* (New York: Free Press, 1995).
27. S. M. Lindberg, J. S. Hyde, and J. L. Petersen, "New Trends in Gender and Mathematics Performance: A Meta-Analysis," *Psychological Bulletin* 136 (2010): 1123–1135.
28. S. A. Cartwright, "Diseases and Peculiarities of the Negro Race," *DeBow's Review, Southern and Western States*, vol. 9, (New Orleans: n.p., 1851).
29. S. Arbesman, *The Half-Life of Facts: Why Everything We Know Has an Expiration Date* (New York: Current, 2012).
30. A. Comte, *A General View of Positivism*, trans. J. H. Bridges (London: Trubner, 1865).
31. E. Durkheim, *The Rules of Sociological Method*, trans. W. D. Halls (New York: Free Press, 1982).（邦訳：『社会学的方法の規準』菊谷和宏訳　講談社学術文庫ほか）デュルケームは、個々の人間に還元されない一定の社会的事実が存在すること、個人の思考や行動を超越した一種の全体論的な社会的現実があること、この現実を理解するには特別な科学的方法が必要であることを主張した。
32. Plato, *The Republic*, trans. T. Griffith (Cambridge: Cambridge University Press, 2000)（邦訳：『国家』（上・下）藤沢令夫訳　岩波文庫ほか）; T. Gould, The Ancient Quarrel Between Poetry and Philosophy (Princeton, NJ: Princeton University Press, 1990).
33. B. F. Skinner, *About Behaviorism* (New York: Knopf, 1974).（邦訳：『行動工学とはなにか：スキナー心理学入門』犬田充訳　佑学社）

W. Mills, “Body Politic, Bodies Impolitic,” *Social Research* 78 (2011): 583–606.

8. T. Hobbes, *Leviathan* (Whitefish, MT: Kessinger, 2004), p. 1.（邦訳：『リヴァイアサン』（1〜4）水田洋訳　岩波文庫ほか）

9. リヴァイアサンは王冠を戴き、おそらく力と正義の象徴として、右手に剣を、左手に司教杖を握っている。これらの象徴（シンボル）は、ホッブズの国家観にも関係している。国家とは世俗的でもあり（剣／王）、キリスト教会的でもある（杖／司教）ということだ。口絵において巨大なリヴァイアサンの下に描かれている左右の部分も、この二分法にしたがって、城に対して教会、王冠に対して司教冠、大砲に対して破門、武器に対して論理、戦場に対して宗教裁判所と、相応する類似の力をあらわしている。ホッブズにとってリヴァイアサンとは、自己保存のためには暴力も辞さないところも含め、人間と同じような資質を持ったものなのである。L. Ostman, “The Frontispiece of Leviathan—Hobbes’Bible Use,” *Akademeia* 2 (2012): ea0112.

10. この一節は、聖書の現代英訳版では通常ヨブ記の41章33節に相当する。ホッブズはヨブ記に出てくる恐ろしい海獣レビヤタンの描写に精通していたに違いない。実際、口絵のリヴァイアサンの体に描かれている人間は、魚の鱗のように見える。

11. Hobbes, Leviathan, p.16.

12. 動物の権利については以下を参照。P. Singer, Animal *Liberation: A New Ethics for Our Treatment of Animals* (New York: Random House, 1975)（邦訳：『動物の解放』戸田清訳　人文書院）; and M. Scully, *Dominion: The Power of Man, the Suffering of Animals, and the Call to Mercy* (New York: St. Martin's, 2002).

13. N. K. Sanders, *The Epic of Gilgamesh* (Assyrian International News Agency Books Online, n.d.), tablet 1, p. 4, http://www.aina.org/books/eog/eog.pdf. 叙事詩の序盤では、この２人は——片方は野性的な存在として、もう片方は文明化された存在として——対立しているが、最終的には歩み寄って仲良しになる。ただしそれは、エンキドゥが手なずけられたあとである。

14. R. N. Bellah, *Religion in Human Evolution* (Cambridge, MA: Harvard University Press, 2011).

15. 神は人間にこう命じる。「産めよ、増えよ、地に満ちて地を従わせよ。海の魚、空の鳥、地の上を這う生き物をすべて支配せよ」。創世記１章28節〔翻訳は『聖書　新共同訳』より〕。自然界から分離して、自然界の上に立つという人間の位置づけは、神がアダムに地上のあらゆる生き物への名づけを命じることでさらに強化される。聖書の全体を通じて、自然のままの地はしばしば悪と危険の温床として描かれ、イエスもそこで悪魔からの厳しい試練にさらされる。これに対して哲学者のジョン・パスモアは、人間が自然との関連においてどうふるまうべきかについて、聖書はただ一つの統一原理を命じてはいないと主張する。J. A. Passmore, *Man's Responsibility for Nature: Ecological Problems and Western Traditions* (London: Duckworth, 1974).（邦訳：『自然に対する人間の責任』間瀬啓允訳　岩波現代選書）

16. Aristotle, *Politics*, trans. C. Lord (Chicago: University of Chicago Press, 2013).（邦訳：『政治学』山本光雄訳　岩波文庫ほか）　ただし、アリストテレスは人間の精神を自然とは別のものとみなしていたが、人間の肉体は、その欲望も含め、自然界のあらゆるものと同じぐらい動物的で、制御される必要があるものだと考えてもいた。

17. L. White Jr., “The Historical Roots of Our Ecological Crisis,” *Science* 155 (1967): 1203–1207.

18. T. Aquinas, *Summa Contra Gentiles*, trans. V. J. Bourke, bk. 3 (Notre Dame, IN: Notre Dame Press, 1975).（邦訳：『トマス・アクィナスの心身問題：「対異教徒大全」第2巻より』川添信介訳註　知泉書館）　アクィナスは人間の優位性を強調し、人間中心的な見方で自然の目的を説いているうえに、魂と理性を吹き込まれている人間がほかの生き物に対してなんらかの倫理的義務を負うかどうかについても考察した結果、その可能性を却下している。T. Aquinas, *Summa Theologica*, trans. Fathers of the English Dominica Province (Cincinnati: Benziger Brothers, 1974).（邦訳：『神学大全』（全45巻）稲垣良典ほか訳　創文社ほか）初期キリスト教は必ずしも人間と自然界との分離を生み出しはしなかったという見方を例証するために、しば険をともなうため、患者が性的成熟に達するまで生きられても医者から避妊を勧められ、生殖が未然に避けられることも多い。

80. D. G. Finniss, T. J. Kaptchuk, F. Miller, and F. Benedetti, "Biological, Clinical, and Ethical Advances of Placebo Effects," *Lancet* 375 (2010): 686–695.

81. 現代のイギリスのある人口集団において、知能と学業成績が負の選択を受けている（すなわち、そのような集団は繁殖力が低い）という証拠も出ている。J. S. Sanjak, J. Sidorenko, M. R. Robinson, K. R. Thornton, and P. M. Visscher, "Evidence of Directional and Stabilizing Selection in Contemporary Humans," *PNAS* 115 (2017): 151–156.

82. J. Tooby and L. Cosmides, "Evolutionary Psychology and the Generation of Culture. I: Theoretical Considerations," *Ethology and Sociobiology* 10 (1989): 29–49; J. H. Barkow, L. Cosmides, and J. Tooby, eds., *The Adapted Mind: Evolutionary Psychology and the Generation of Culture* (Oxford: Oxford University Press, 1992).

83. G. Cochran and H. Harpending, *The 10,000 Year Explosion: How Civilization Accelerated Human Evolution* (New York: Basic Books, 2009).（邦訳：『一万年の進化爆発：文明が進化を加速した』古川奈々子訳、日経BP社　2010年）

第12章

1. この類比は、たとえば免疫系が「軍隊」にたとえられる場合のように、体の働きを説明するのに使われることもある。しかし通常、体の比喩はそれとは逆に、社会の機能を浮かび上がらせるのに使われることが多い。以下を参照。E. Martin, *Flexible Bodies* (Boston: Beacon Press, 1995).（邦訳：『免疫複合：流動化する身体と社会』菅靖彦訳　青土社）。19世紀の代表的な医学者ルドルフ・フィルヒョウは、個々の細胞を市民になぞらえて、人体の機能を社会の観点から説明した。そして、生物は一種の「細胞民主制」「細胞共和制」「細胞国家」を具現しているとの見解を示した。R. Porter, *The Greatest Benefit to Mankind: A Medical History of Humanity* (New York: W. W. Norton, 1999), p. 331. 逆に、幅広い学問分野をかじっていた19世紀イギリスの著述家ハーバート・スペンサーは、人体のスケールアップした相似が人間社会だとみなしていた。H. Spencer, *The Principles of Biology* (London: Williams and Norgate, 1864).

2. T. L. Patavinus, *History of Rome*, trans. C. Roberts, bk. 2 (London: J. M. Dent and Sons, 1905).（邦訳：『ローマ建国史』鈴木一州訳　岩波文庫ほか）

3. イソップ寓話の一つ「胃袋と手足」の内容も、このメネニウス・アグリッパの演説に非常に近い。J. Jacobs, *The Fables of Aesop* (London: Macmillan, 1902), pp. 72– 73. 実際、著者のジェイコブズによれば、体と胃袋の寓話はほかのさまざまなテキストにも見つかるという。ウパニシャッドにも紀元前1250年のエジプトの寓話として、中国のアヴァダーナ（説話集）にも仏教寓話の一つとして、そして聖書のあちこちにもユダヤ教とキリスト教のさまざまな寓意として、同様の話が出てくる。

4. A. F. Jensen, *India: Its Culture and People* (New York: Longman, 1991), p. 32. このカースト制度は、一般に以下のように順位づけられる。最上位のバラモン（司祭階級）がいわば社会の頭で、クシャトリヤ（武人階級）が腕、ヴァイシャ（商人・地主階級）が脚、シュードラ（隷属民階級）が足。

5. Plato, *Republic*, bk. 4, 436b.（邦訳：『国家』（上・下）藤沢令夫訳　岩波文庫ほか）

6. コリントの信徒への手紙１、12章15-26節〔翻訳は『聖書　新共同訳』より〕

7. たとえば以下を参照。A. D. Harvey, *Body Politic: Political Metaphor and Political Violence* (Newcastle, UK: Cambridge Scholars, 2007). 政治家のトマス・モアも1518年の著作で次のような典型的な描写をしている。「王国は、そのすべての部分において、ひとりの人間のようなものだ。……王が頭であり、国民がほかの部分をなす」。同上。p. 23. 以下も参照。 C.

の絆が緊密になれば、子育てにかかわる多くの支援が生みの母親に提供されることにもなるだろう。したがって全体として見れば、場合によっては選択圧が逆に働いて、近親婚のほうが有利になるかもしれない。

72. R. Boyd and P. J. Richerson, "Cultural Transmission and the Evolution of Cooperative Behavior," *Human Ecology* 10 (1982): 325–351; R. Boyd and P. J. Richerson, "The Evolution of Reciprocity in Sizeable Groups," *Journal of Theoretical Biology* 132 (1988): 337–356; M. Chudek and J. Henrich, "Culture-Gene Coevolution, Norm-Psychology and the Emergence of Human Prosociality," *Trends in Cognitive Sciences* 15 (2011): 218–226; R. Boyd, H. Gintis, S. Bowles, and P. J. Richerson, "The Evolution of Altruistic Punishment," *PNAS* 100 (2003): 3531–3535; J. Henrich et al., "Costly Punishment Across Human Societies," *Science* 312 (2006): 1767–1770; H. Gintis, "The Hitchhiker's Guide to Altruism: Gene Culture Coevolution and the Internalization of Norms," *Journal of Theoretical Biology* 220 (2003): 407–418; H. Gintis, "The Genetic Side of Gene-Culture Coevolution: Internalization of Norms and Prosocial Emotions," *Journal of Economic Behavior and Organization* 53 (2004): 57–67. 同様の数理分析から、向社会的な感情（友達といっしょにいるときに感じられる温かな気持ち）の出現に説明を与えることもできる。

73. Laland, Odling-Smee, and Myles, "How Culture Shaped the Human Genome"; Hawks, et al., "Recent Acceleration of Human Adaptive Evolution." もちろん文化的な選択圧の出現以外にも、人間の進化を加速させる要因はあるだろう。たとえばもう一つの論点は、世界人口の増加だ。どの動物であれ、個体数が増えるほど、個体群のどこかにたまたま有益な突然変異が起こる確率も高くなる。ただし人間の場合、この個体数の増加は農業の発明に助けられてきた面もある。とはいえ、文化的な影響が途絶えたり逆行したりすることがあるのも事実であって、その場合、遺伝的変化は不完全に終わるだろう（遺伝子の「部分的一掃」にとどまって、その個体群での「固定」にいたらない）。

74. X. Yi et al., "Sequencing of Fifty Human Exomes Reveals Adaptation to High Altitude," *Science* 329 (2010): 75–78.

75. しかし私が想像するに、ここの住民は、周期的に低地への旅や巡礼に出向くことを「義務」とする文化的、宗教的なルールを定めていた（それによって、ふだん高地にいるあいだのストレスをいくらかでも軽減していた）のではないだろうか。そして現代なら、酸素ボンベを輸入することもできると思う。

76. 文化的適応が遺伝的適応に取って代わるにつれ、人間の遺伝的進化の速さは緩慢になっていったはずだと推論する科学者もいる。しかし実際のところ、そうとは考えにくい。過去４万年の進化のペースは速まっているという証拠があるうえに、新しい環境への移住と新しい文化的ニッチの形成は、人間集団内の新しい対立遺伝子変異（たとえば人口密度の高い集落で生じやすい新しい感染症や、新しい食料に対応できるもの）への選択圧を高めると考えられるからである。

77. ただし近年の近視の増加については、選択圧の弱まりが主要な原因ではなく、むしろ生活様式の変化が原因である。人間の眼は幼少期に発達するが、今や人間は屋内で過ごすことが増え、眼の焦点を合わせる距離も変わってきている。人間が多くの時間を屋内ではなく、野外で過ごしていたときのように、明るい光のなかで遠くのものに焦点を合わせていれば、必然的に近視にはならないかもしれない。東アジアではとくに近視の急増が見られる。中国では60年前、近視の人は全体の10パーセントから20パーセント程度だったが、現在、10代の青少年の近視の割合は最高90パーセントにのぼる。概説として以下を参照。E. Dolgin, "The Myopia Boom," *Nature* 519 (2015): 276–278.

78. O. S. Platt et al., "Mortality in Sickle Cell Disease—Life Expectancy and Risk Factors for Early Death," *New England Journal of Medicine* 330 (1994): 1639–1644.

79. 鎌状赤血球症に罹患している女性の場合、妊娠が母体にとっても胎児にとっても大きな危いる可能性がある。G. H. Perry, "Diet and the Evolution of Human Amylase Gene Copy Number Variation," *Nature Genetics* 39 (2007): 1256–1260.

65. W. H. Durham, *Coevolution: Genes, Culture, and Human Diversity* (Stanford, CA: Stanford University Press, 1991), pp.103–109. 以下も参照。M. J. O'Brien and K. N. Laland, "Genes, Culture, and Agriculture: An Example of Human Niche Construction," *Current Anthropology* 53 (2012): 434–470.

66. 悲しいかな、その同じ突然変異が一方では嚢胞性線維症のリスクを高めている。E. van de Vosse et al., "Susceptibility to Typhoid Fever Is Associated with a Polymorphism in the Cystic Fibrosis Transmembrane Conductance Regulator (CFTR)," *Human Genetics* 118 (2005): 138–140; E. M. Poolman and A. P. Galvani, "Evaluating Candidate Agents of Selective Pressure for Cystic Fibrosis," *Journal of the Royal Society Interface* 4 (2007): 91– 98. 以下も参照。J. Hawks, E. T. Wang, G. M. Cochran, H. C. Harpending, and R. K. Moyzis, "Recent Acceleration of Human Adaptive Evolution," *PNAS* 104 (2007): 20753–20758; and W. McNeill, *Plagues and Peoples* (Garden City, NY: Doubleday, 1976).（邦訳：『疫病と世界史』（上・下）佐々木昭夫訳　中公文庫）

67. C. L. Apicella, "High Levels of Rule-Bending in a Minimally Religious and Largely Egalitarian Forager Population," *Religion, Brain and Behavior* 8 (2018): 133–148. 以下も参照。A. Norenzayan et al., "The Cultural Evolution of Prosocial Religions," *Behavioral and Brain Sciences* 39 (2016): 1–65.

68. C. Apicella との個人的な会話から。2017年11月1日。

69. 概説として以下を参照。P. B. Gray and B. C. Campbell, "Human Male Testosterone, Pair-Bonding, and Fatherhood," in P. T. Ellison and P. B. Gray, eds., *Endocrinology of Social Relationships* (Cambridge, MA: Harvard University Press, 2009), pp. 270–293. 以下も参照。P. B. Gray, S. M. Kahlenberg, E. S. Barrett, S. F. Lipson, and P. T. Ellison, "Marriage and Fatherhood Are Associated with Lower Testosterone in Males," *Evolution and Human Behavior* 23 (2002): 193–201; A. E. Storey, C. J. Walsh, R. L. Quinton, and K. E. Wynne-Edwards, "Hormonal Correlates of Paternal Responsiveness in New and Expectant Fathers," *Evolution and Human Behavior* 21 (2000): 79–95; and S. M. van Anders and N. V. Watson, "Relationship Status and Testosterone in North American Heterosexual and Non-Heterosexual Men and Women: Cross-Sectional and Longitudinal Data," *Psychoneuroendocrinology* 31 (2006): 715–723. ただし一夫多妻社会では、男性が結婚して父親になっても必ずしもテストステロン濃度は下がらない。これは既婚の男性も依然として生殖パートナーを探しているためだと考えられる。P. B. Gray, "Marriage, Parenting, and Testosterone Variation Among Kenyan Swahili Men," *American Journal of Physical Anthropology* 122 (2003): 279–286. 自分の子供との直接的なコミュニケーションの必要性については以下を参照。M. N. Muller, F. W. Marlowe, R. Bugumba, and P. T. Ellison, "Testosterone and Paternal Care in East African Foragers and Pastoralists," *Proceedings of the Royal Society B* 276 (2009): 347–354.

70. J. F. Schulz, "The Churches' Ban on Consanguineous Marriages, Kin-Networks, and Democracy" (paper, June 12, 2017), https://ssrn.com/abstract=2877828.

71. A. H. Bittles and M. L. Black, "Consanguinity, Human Evolution, and Complex Diseases," *PNAS* 107 (2010): 1779–1786. いとこ婚で生まれた子の死亡率は、非近親婚で生まれた子の死亡率より3.5パーセントほど高い。近親間の生殖にはこのようなコストがあるとはいえ、少なくともある環境では、同族関係が緊密になるという社会的利益がそのコストを相殺する面もある。また、現代の環境とかつての伝統的な環境とでは、近親婚の影響が大きく違ってもいる。さらに、近親婚が許容される社会では女性の出産率がずっと高くなる（つまり多くの子が生まれる）ため、それによって幼児死亡率の増加も相殺されるかもしれない。近親婚によって一族でも洗練の面でもほとんど得るところがないかもしれない。だとすれば、社会的学習の才能がわざわざ進化する必要性もないだろう。

52. R. Wrangham, *Catching Fire: How Cooking Made Us Human* (New York: Basic Books, 2009).（邦訳：『火の賜物：ヒトは料理で進化した』依田卓巳訳、NTT出版）

53. 裸足での走行については以下を参照。D. E. Lieberman et al., "Foot Strike Patterns and Collision Forces in Habitually Barefoot Versus Shod Runners," *Nature* 463 (2010): 531–535.

54. D. E. Lieberman, *The Story of the Human Body: Evolution, Health, and Disease* (New York: Pantheon, 2013).（邦訳：『人体600万年史：科学が明かす進化・健康・疾病』（上・下）塩原通緒訳　ハヤカワ文庫）

55. M. W. Feldman and L. L. Cavalli-Sforza, "On the Theory of Evolution Under Genetic and Cultural Transmission, with Application to the Lactose Absorption Problem," in M. W. Feldman, ed., *Mathematical Evolutionary Theory* (Princeton, NJ: Princeton University Press, 1989), pp. 145–173; K. Aoki, "A Stochastic Model of Gene-Culture Coevolution Suggested by the 'Culture Historical Hypothesis' for the Evolution of Adult Lactose Absorption in Humans," *PNAS* 83 (1986): 2929–2933.

56. Y. Itan, B. L. Jones, C. J. E. Ingram, D. M. Swallow, and M. G. Thomas, "A Worldwide Correlation of Lactase Persistence Phenotype and Genotype," *BMC Evolutionary Biology* 10 (2019): 36.

57. S. A. Tishkoff et al., "Convergent Adaptation of Human Lactase Persistence in Africa and Europe," *Nature Genetics* 39 (2007): 31–40. ほかの研究から、これに関連する遺伝子変異は祖先の人類にはなかったことが例証されている。
J. Burger, M. Kirchner, B. Bramanti, W. Haak, and M. G. Thomas, "Absence of Lactase-Persistence-Associated Alleles in Early Neolithic Europeans," *PNAS* 104 (2007): 3736–3741. おそらく独立して進化したものと思われる、ラクダの家畜化に対応してのラクターゼ保持の進化については以下を参照。N. S. Enattah et al., "Independent Introduction of Two Lactase-Persistence Alleles into Human Populations Reflects Different History of Adaptation to Milk Culture," *American Journal of Human Genetics* 82 (2008): 57–72.

58. C. Sather, *The Bajau Laut: Adaptations, History, and Fate in a Maritime Fishing Society of South - Eastern Sabah* (Oxford: Oxford University Press, 1997).

59. E. Schagatay, A. Lodin-Sundstrom, and E. Abrahamsson, "Underwater Working Times in Two Groups of Traditional Apnea Divers in Asia: The Ama and the Bajau," *Diving and Hyperbaric Medicine* 41 (2011): 27–30.

60. M. A. Ilardo et al., "Physiological and Genetic Adaptations to Diving in Sea Nomads," *Cell* 173 (2018): 569–580.

61. S. Myles et al., "Identification of a Candidate Genetic Variant for the High Prevalence of Type Two Diabetes in Polynesians," *European Journal of Human Genetics* 15 (2007): 584–589; J. R. Binden and P. T. Baker, "Bergmann's Rule and the Thrifty Genotype," *American Journal of Physical Anthropology* 104 (1997): 201–210; P. Houghton, "The Adaptive Significance of Polynesian Body Form," *Annals of Human Biology* 17 (1990): 19–32. 以下も参照。R. L. Minster et al., "A Thrifty Variant in CREBRF Strongly Influences Body Mass Index in Samoans," *Nature Genetics* 48 (2016): 1049–1054.

62. D. Dediu and D. R. Ladd, "Linguistic Tone Is Related to the Population Frequency of the Adaptive Haplogroups of Two Brain Size Genes, ASP and Microcephalin," *PNAS* 104 (2007): 10944–10949.

63. O. Galor and Ö. Özak, "The Agricultural Origins of Time Preference," *American Economic Review* 106 (2016): 3064–3103.

64. 澱粉質の食物とアミラーゼの場合、コピー数多型など、特定の遺伝メカニズムが異なって

47–59; P. V. Kirch, “The Archaeological Study of Adaptation: Theoretical and Methodological Issues,” *Advances in Archaeological Method and Theory* 3 (1980): 101–156.

41. ことによると、知識は完全に失われる。「アンティキティラ島の機械」と呼ばれる歯車式の複雑な天文装置（1902年にギリシャの海中から発見された）が製作されて以来、同じようなものは1000年以上ものあいだつくられることがなかった。T. Freeth et al., “Decoding the Ancient Greek Astronomical Calculator Known as the Antikythera Mechanism,” *Nature* 444 (2006): 587–591. もう一つ例を挙げれば、2017年現在、シーシルク〔訳注：ハボウキガイ科の二枚貝が分泌する繊維で、繊細な織物素材として珍重された〕を扱えるお針子はイタリアに最後の一人が残っているだけで、彼女が亡くなれば、その母系氏族が1000年以上にわたって保持してきた秘伝の技法は完全に失われることになる。E. Stein, “The Last Surviving Sea Silk Seamstress,” *BBC*, September 6, 2017, http://www .bbc.com/travel/story/20170906-the-last-surviving-sea-silk-seamstress. ちなみに、この見方からすると、祖先のヒトの種のような認知機能的に同一の人口集団から異なる考古学的証拠が残されているのは、彼らの脳のせいではなく、人口規模のせいかもしれないということになる。Henrich, Secret of Our Success, chapter 13.
42. N. Casey, “Thousands Spoke His Language in the Amazon. Now, He's the Only One,” *New York Times*, December 26, 2017.
43. L. Bromham, X. Hua, T. G. Fitzpatrick, and S. J. Greenhill, “Rate of Language Evolution Is Affected by Population Size,” *PNAS* 112 (2015): 2097–2102.
44. M. A. Kline and R. Boyd, “Population Size Predicts Technological Complexity in Oceania,” *Proceedings of the Royal Society B* 277 (2010): 2559–2564. しかし、次の二つの論文のような見解もある。これらは北アメリカの北西部沿岸地域の人口集団を調査したもので、人口規模と道具の多彩さとの関係について相反する証拠が示されている。M. Collard, M. Kemery, and S. Banks, “Causes of Tool Kit Variation Among Hunter-Gatherers: A Test of Four Competing Hypotheses,” *Canadian Journal of Archeology* 29 (2005): 1–19; D. Read, “An Interaction Model for Resource Implement Complexity Based on Risk and Number of Annual Moves,” *American Antiquity* 73 (2008): 599–625.
45. W. Oswalt, *An Anthropological Analysis of Food - Getting Technology* (New York: John Wiley and Sons, 1976)（邦訳：『食料獲得の技術誌』加藤晋平、禿仁志訳　法政大学出版局）; R. Torrence, “Hunter-Gatherer Technology: Macro and Microscale Approaches,” in C. Panter-Brick, R. H. Layton, and P. Rowley-Conwy, eds., *Hunter - Gatherers: An Interdisciplinary Perspective* (Cambridge: Cambridge University Press, 2000), pp. 99–143.
46. Collard, Kemery, and Banks, “Causes of Tool Kit Variation.”
47. M. Derex, M.-P. Beugin, B. Godelle, and M. Raymond, “Experimental Evidence for the Influence of Group Size on Cultural Complexity,” *Nature* 503 (2013): 389–391.
48. 初期の簡素なモデルについては以下を参照。J. Henrich, “The Evolution of Innovation-Enhancing Institutions,” in M. J. O'Brien and S. J. Shennan, eds., *Innovation in Cultural Systems: Contributions from Evolutionary Anthropology* (Cambridge, MA: MIT Press, 2010), pp. 99–120.
49. おそらく文化は私たちの種、ホモ・サピエンス以前からあっただろう。人間は確実にその文化の何かしらの側面を引き継いでいる。というのも、人間が行なってきた複雑な狩猟採集は、少なくともホモ・エレクトス（190万年前ごろから14万3000年前ごろまで生きていたヒトの種）までさかのぼるからである。したがって、文化は100万年以上前から私たちの遺伝子を形成しはじめたと考えられる。
50. さらに考古学的記録から、およそ40万年前ごろには石器に地域差があらわれていることもわかる。これは場所によって地域文化がさまざまに異なっていたことの裏づけだ。
51. 対極的に、環境が十分に安定しているなら個人的学習で十分で、社会的学習には効率の面要な研究を経て、1980年代のロバート・ボイドとピーター・リチャーソンの研究に引き継がれ、さらに現在進行中のジョー・ヘンリックやケン・ラランドらの研究に発展している。以下を参照。M. Feldman and L. Cavalli-Sforza, "Cultural and Biological Evolutionary Processes, Selection for a Trait Under Complex Transmission," *Theoretical Population Biology* 9 (1976): 238–259.

31. M. T. Pfeffer, "Implications of New Studies of Hawaiian Fishhook Variability for Our Understanding of Polynesian Settlement History," in G. Rakita and T. Hurt, eds., *Style and Function: Conceptual Issues in Evolutionary Archaeology* (Westport, CT: Bergin and Garvey, 2001), pp. 165–181.

32. 釣り針の発明の広まりと同時発生は、いまだ全容の解明されていない取り組み甲斐のある難題だ。そしてもちろん、発明者と違って、自然選択があらかじめなんらかの目的を持っていることはない。F. Jacob, "Evolution and Tinkering," *Science* 196 (1977): 1161–1166. 以下も参照。P. V. Kirch, *Feathered Gods and Fishhooks: An Introduction to Hawaiian Archaeology and Prehistory* (Honolulu: University of Hawaii Press, 1997).

33. R. C. Dunnell, "Style and Function: A Fundamental Dichotomy," *American Antiquity* 43 (1978): 192–202.

34. 科学者はずいぶん前から、本質的に異なる標本（たとえば生物、機械、社会など）のあいだに、共通の（たとえば生物学的、技術的、文化的な）形質が存在することに気づいていた。19世紀から、解剖学者（リチャード・オーウェンなど）は同じ機能と形態を共有しながらも種類の異なる生物学的構造を、それぞれ「相同」もしくは「相似」と呼んで概念的に区別しはじめた。相同構造が共通の進化的起源から遺伝を通じて生じるのに対し、相似構造は似たような環境的課題に対する共通の解決策として独立に進化するものだ。したがって相似性の形質は、収斂進化のプロセスを通じて出現する。もちろん、文化的な系統を共有した相同性の形質が機能的であるということもありうる。結局のところ、多くのさまざまなプロセス——収斂から放散まで——が機能的形質と様式的形質の両方を存続させられるのである。

35. F. M. Reinman, "Fishing: An Aspect of Oceanic Economy; An Archaeological Approach," *Fieldiana: Anthropology* 56 (1967): 95–208.

36. S. O'Connor, R. Ono, and C. Clarkson, "Pelagic Fishing at 42,000 Years Before the Present and the Maritime Skills of Modern Humans," *Science* 334 (2011): 1117–1121.

37. B. Gramsch, J. Beran, S. Hanik, and R. S. Sommer, "A Palaeolithic Fishhook Made of Ivory and the Earliest Fishhook Tradition in Europe," *Journal of Archaeological Science* 40 (2013): 2458–2463.

38. D. Sahrhage and J. Lundbeck, *A History of Fishing* (Berlin: Springer-Verlag, 1992). これらの釣り針に、銛についているような返しが組み込まれたのは約1万1000年前のことと見られる。その後、返しと糸をつけた典型的な釣り針がユーラシア大陸の北部から、まずはヨーロッパ北東部（西部は含まれない）と中国に広まり、次いで日本、ポリネシア、アメリカ大陸の北西部沿岸に伝わったようである。そして約4300年前の青銅器時代には、伝統的な素材（骨や火打石など）でできた釣り針と並んで、金属製の釣り針が沿岸部の人口集団のあいだでほぼ普遍的に使われるようになっていた。

39. R. F. Heizer, "Artifact Transport by Migratory Animals and Other Means," *American Antiquity* 9 (1944): 395–400. 以下も参照。L. C. W. Landberg, "Tuna Tagging and the Extra-Oceanic Distribution of Curved, Single-Piece Shell Fishhooks in the Pacific," *American Antiquity* 31 (1966): 485–493; and F. M. Reinman, "Tuna Tagging and Shell Fishhooks: A Comment from Oceania," *American Antiquity* 33 (1968): 95–100.

40. Reinman, "Tuna Tagging"; F. M. Reinman, "Fishhook Variability: Implications for the History and Distribution of Fishing Gear in Oceania," in R. C. Green and M. Kelly, eds., *Studies in Oceanic Culture History*, vol. 1 (Honolulu: Bernice Pauahi Bishop Museum, 1970) pp.

a Mechanism for Enhancing the Benefits of Cultural Transmission," *Evolution and Human Behavior* 22 (2001): 165–196.

18. I. G. Kulanci, A. A. Ghazanfar, and D. I. Rubenstein, "Knowledgeable Lemurs Become More Central in Social Networks," *Current Biology* 28 (2018): 1306–1310.

19. M. Chudek et al., "Prestige-Biased Cultural Learning"; P. L. Harris and K. H. Corriveau, "Young Children's Selective Trust in Informants," *Philosophical Transactions of the Royal Society B* 366 (2011): 1179–1187.

20. Henrich and Broesch, "Nature of Cultural Transmission Networks."

21. 社会階層における遺伝子と遺伝性の役割については、いまだ解明の途中である。以下を参照。M. A. Vanderkooij and C. Sandi, "The Genetics of Social Hierarchies," *Current Opinions in Behavioral Sciences* 2 (2015): 52–57. ただし、（男性の）支配力が遺伝によって生じようとほかの原因によって生じようと、この特質が男系子孫に何世代も先まで伝えられるようには見えない。以下を参照。J. S. Lansing et al., "Male Dominance Rank Skews the Frequency Distribution of Y Chromosome Haplotypes in Human Populations," *PNAS* 105 (2008): 11645–11650.

22. J. L. Martin, "Is Power Sexy?," *American Journal of Sociology* 111 (2005): 408–446.

23. J. Snyder, L. Kirkpatrick, and C. Barrett, "The Dominance Dilemma: Do Women Really Prefer Dominant Men as Mates?," *Personal Relations* 15 (2008): 425–444.

24. C. von Ruden, M. Gurven, and H. Kaplan, "Why Do Men Seek? Fitness Payoffs to Dominance and Prestige," *Proceedings of the Royal Society B* 278 (2011): 2223–2232. ここでは概して男性の持っている友達の数がそのまま威信として勘定されている。チマネ族においては支配力による地位がピークに達してから約10年後に威信による地位がピークを迎えている（これはほかの人口集団でも同じだと思われる）。以下を参照。C. C. von Ruden, M. Gurven, and H. Kaplan, "The Multiple Dimensions of Male Social Status in an Amazonian Society," *Evolution and Human Behavior* 29 (2008): 402–415.

25. この表現は人類学者のロバート・ボイドによるもの。Henrich, *Secret of Our Success*, p. 26.

26. 同上。p. 27.

27. R. E. Schultes, "Ethnopharmacological Conservation: A Key to Progress in Medicine," *Acta Amazonica* 18 (1988): 393–406.

28. 調合した毒の強さを測るのに、捕獲した試験用のカエルが毒針を刺されたあとに何回跳躍できるかを数えるという方法を編み出していた部族もある。また別の基準として、サルが吹き矢で射られたあとに何本の木を飛び移れるかを数えるというのもある。これが１本であれば、その毒は非常に強い致死性のものだが、３本まで飛び移れるような弱めの毒は、動物を生かしたままおとなしくさせ、ペットにしておくのに使われる。全般に、小動物なら吹き矢で瞬時に殺せるが、大型のサルやバクを死なせるには何本もの吹き矢が必要になり、時間も20分ぐらいはかかるという。民族植物学者のスティーヴ・ベイヤーは、ペルーとエクアドルの境に住むシャプラ族というかつての首狩り族の一員から、人間１人を倒すのには最高20本の吹き矢が必要だとの話を聞かされた。S. Beyer, "Arrow Poisons," *Singing to the Plants: Steve Beyer's Blog on Ayahuasca and the Amazon*, http://www.singingtotheplants .com/2008/01/arrow-poisons/; S. V. Beyer, *Singing to the Plants: A Guide to Mestizo Shamanism in the Upper Amazon* (Albuquerque: University of New Mexico Press, 2009).

29. 部族によっては準備手順がもっと単純で短いこともある。L. Rival, "Blowpipes and Spears: The Social Significance of Huaorani Technological Choices," in P. Descola and G. Palsson, eds., *Nature and Society: Anthropological Perspectives* (London: Routledge, 1996), pp. 145–164.

30. C. R. Darwin, *The Descent of Man, and Selection in Relation to Sex* (London: John Murray, 1871).（邦訳：『人間の由来』（上・下）長谷川眞理子訳　講談社学術文庫）。この考えは、遺伝学者のマーカス・フェルドマンとルイジ・ルカ・カヴァリ＝スフォルツァによる1970年代の重

Department of Agriculture, Economic Information Bulletin 3 (2005).
6. 技術的革新が進む速さは国によって違ったため、どこに生まれるかも重要だった。
7. D. Tuzin, *The Cassowary's Revenge: The Life and Death of Masculinity in a New Guinea Society* (Chicago: University of Chicago Press, 1997), p. 102.
8. ある見積もりでは、「1エーカーの土地を鋤で耕すなら96時間（5760分）、くびきでつないだ2頭のウシに犂を引かせて耕すなら24時間（1440分）、ジョン・ディアが開発したような鋼鉄の犂で耕すなら5時間から8時間（300分から480分）かかった。しかし1998年には、15ボトムの犂を引っぱる425馬力の四輪駆動トラクター、ジョン・ディア9400が、3.2分ごとに1エーカーを耕した。……こうして安価な食物の豊富な供給を享受できるようになったのも、ジョン・ディアと彼の開発した犂のおかげと感謝すべきだろう」。H. M. Drache, "The Impact of John Deere's Plow," *Illinois History Teacher* 8, no. 1 (2001): 2–13, http://www.lib.niu.edu/2001/iht810102.html. 知識の増大についての考察としては以下を参照。C. Hidalgo, *Why Information Grows: The Evolution of Order, from Atoms to Economies* (New York: Basic Books, 2015).
9. M. Fackler, "Tsunami Warnings, Written in Stone," New York Times, April 20, 2011. 一方、ヨーロッパの河川には最低水位の指標を残すという現象がある。チェコ共和国のエルベ川には500年前にさかのぼる「飢餓の岩」が点在する。これは歴史的な旱魃を後世に伝えるもので、「私が見えたら涙を流して」と刻まれている。以下を参照。C. Domonoske, "Drought in Central Europe Reveals Cautionary 'Hunger Stones' in Czech Republic," *NPR*, August 24, 2018.
10. S. Bhuamik, "Tsunami Folklore 'Saved Islanders,'" *BBC News*, January 20, 2005.
11. いくつか例外もある。たとえばチンパンジーが虫を釣り上げるための棒の先端につけているブラシや、鳥のさえずりは、場所ごとに特有で、世代を重ねるにつれ複雑になっていく。J. Henrich and C. Tennie, "Cultural Evolution in Chimpanzees and Humans," in M. Muller, R. Wrangham, and D. Pilbeam, eds., *Chimpanzees and Human Evolution* (Cambridge, MA: Harvard University Press, 2017), pp. 645–702.
12. P. J. Richerson and R. Boyd, *Not by Genes Alone: How Culture Transformed Human Evolution* (Chicago: University of Chicago Press, 2005), p. 5.
13. J. Henrich, *The Secret of Our Success: How Culture Is Driving Human Evolution, Domesticating Our Species, and Making Us Smarter* (Princeton, NJ: Princeton University Press, 2016).（邦訳：『文化がヒトを進化させた：人類の繁栄と〈文化 - 遺伝子革命〉』今西康子訳　白揚社）。以下も参照。K. N. Laland, J. Odling-Smee, and S. Myles, "How Culture Shaped the Human Genome: Bringing Genetics and the Human Sciences Together," *Nature Reviews Genetics* 11 (2010): 137–148; and P. J. Richerson, R. Boyd, and J. Henrich, "Gene-Culture Coevolution in the Age of Genomics," *PNAS* 107 (2010): 8985–8992.
14. J. Henrich and J. Broesch,"On the Nature of Cultural Transmission Networks: Evidence from Fijian Village for Adaptive Learning Biases," *Philosophical Transactions of the Royal Society B* 366 (2011): 1139–1148; M. Chudek, S. Heller, S. Birch, and J. Henrich, "Prestige-Biased Cultural Learning: Bystanders' Differential Attention to Potential Models Influences Children's Learning," *Evolution and Human Behavior* 38 (2012): 46–56.
15. M. Nielsen and K. Tomaselli, "Overimitation in Kalahari Bushman Children and the Origins of Human Cultural Cognition," *Psychological Science* 21 (2010): 729–736.
16. B. G. Galef, "Strategies for Social Learning: Testing Predictions from Formal Theory," *Advances in the Study of Behavior* 39 (2009): 117–151; W. Hoppitt and K. N. Laland, "Social Processes Influencing Learning in Animals: A Review of the Evidence," *Advances in the Study of Behavior* 38 (2008): 105–165.
17. J. Henrich and F. J. Gil-White, "The Evolution of Prestige: Freely Conferred Deference as

Social Networks," *PNAS: Proceedings of the National Academy of Sciences* 106 (2009): 1720–1724.

42. L. N. Trut, "Early Canid Domestication: The Farm-Fox Experiment," *American Scientist* 87 (1999): 160–169.
43. 同上。p. 163.
44. E. Ratliff, "Taming the Wild," *National Geographic*, March 2011.
45. B. Hare, V. Wobber, and R. Wrangham, "The Self-Domestication Hypothesis: Evolution of Bonobo Psychology Is Due to Selection Against Aggression," *Animal Behaviour* 83 (2012): 573–585.
46. K. Pruferetal., "The Bonobo Genome Compared with the Chimpanzee and Human Genomes," *Nature* 486 (2012): 527–531.
47. B. Hare and S. Kwetuenda, "Bonobos Voluntarily Share Their Own Food with Others," *Current Biology* 20 (2010): 230–231.
48. Hare, Wobber, and Wrangham, "Self-Domestication Hypothesis."
49. C. Theofanopoulou et al., "Self-Domestication in Homo sapiens: Insights from Comparative Genomics," *PLOS ONE* 12 (2017): e0185306.
50. S. Pinker, *Better Angels of Our Nature: Why Violence Has Declined* (New York: Viking, 2011).（邦訳：『暴力の人類史』（上・下）幾島幸子、塩原通緒訳　青土社）
51. "Intentional Homicides (per 100,000 People)," World Bank, https://data.worldbank.org/indicator/VC.IHR.PSRC.P5?year_high_desc=false.

第11章

1. A. D. Carlson, "The Wheat Farmer's Dilemma: Notes from Tractor Land," *Harper's*, July 1931, pp. 209–210. わかりやすくするために句読点は多少変えてある。以下も参照。R. C. Williams, *Fordson, Farmall, and Poppin' Johnny: A History of the Farm Tractor and Its Impact on America* (Champaign: University of Illinois Press, 1987).
2. 農業史家のブルース・ガードナーの見積もりによれば、トラクターは１台でウマ５頭分の仕事をこなした。また、ウマとラバの頭数は1920年ごろにピークに達し（推定およそ2500万頭）、トラクターの台数は1960年ごろにピークに達した（推定およそ500万台）。この二つの動力源からの出力が農場においてほぼ同じになった交差点は、1945年ごろと見られる。B. L. Gardner, *American Agriculture in the Twentieth Century: How It Flourished and What It Cost* (Cambridge, MA: Harvard University Press, 2006).
3. "Mechanization on the Farm in the Early Twentieth Century," excerpt from *The People in the Pictures: Stories from the Wettach Farm Photos* (Iowa Public Television, 2003), Iowa Pathways, http://www.iptv.org/iowapathways/artifact/mechanization-farm-early-20th-century.
4. 一方、いくつかの潜在的に不利な面も全員に影響を与えた。たとえばトラクターの普及によって農民の自立度が高まったため、労働の交換にかんする社会的慣習がすたれ、以前ほど隣人どうしが互いを頼りにする必要がなくなった。
5. D. Thompson,"How America Spends Money: 100 Years in the Life of the Family Budget," *Atlantic*, April 5, 2012. 以下も参照。US Department of Agriculture Economic Research Service, "Food Expenditures," data available at https://www.ers.usda.gov/data-products/food-expenditures/. 1900年には労働人口の41パーセントが農業に従事していたが、2000年にはその割合が1.9パーセントにまで激減している。以下を参照。C. Dimitri, A. Effland, and N. Conklin, "The 20th Century Transformation of U.S. Agriculture and Farm Policy," *United States*

26. S. A. Adamo, "The Strings of the Puppet Master: How Parasites Change Host Behavior," in D. P. Hughes, J. Brodeur, and F. Thomas, eds., *Host Manipulation by Parasites* (Oxford: Oxford University Press, 2012), pp. 36–53.
27. M. A. Fredericksen et al., "Three-Dimensional Visualization and a Deep-Learning Model Reveal Complex Fungal Parasite Networks in Behaviorally Manipulated Ants," *PNAS: Proceedings of the National Academy of Sciences* 114 (2017): 12590–12595.
28. D. P. Hughes, T. Wappler, and C. C. Labandeira, "Ancient Death-Grip Leaf Scars Reveal Ant-Fungal Parasitism," *Biology Letters* 7 (2011): 67–70.
29. T. R. Sampson and S. K. Mazmanian, "Control of Brain Development, Function, and Behavior by the Microbiome," *Cell Host and Microbe* 17 (2015): 565–576.
30. A. D. Blackwell et al., "Helminth Infection, Fecundity, and Age of First Pregnancy in Women," *Science* 350 (2015): 970–972.
31. A. Y. Panchin, A. I. Tuzhikov, and Y. V. Panchin, "Midichlorians—the Biomeme Hypothesis: Is There a Microbial Component to Religious Rituals?," *Biology Direct* 9 (2014): 14. 以下も参照。S. K. Johnson et al., "Risky Business: Linking *Toxoplasma gondii* Infection and Entrepreneurship Behaviours Across Individuals and Countries," *Proceedings of the Royal Society B* 285 (2018): 20180822.
32. L. T. Morran et al., "Running with the Red Queen: Host-Parasite Coevolution Selects for Biparental Sex," *Science* 333 (2011): 216–218. この「足踏み」現象が有性生殖の起源を説明するのかもしれない。以下を参照。M. Ridley, *The Red Queen: Sex and the Evolution of Human Nature* (New York: Macmillan, 1993).(『赤の女王：性とヒトの進化』長谷川真理子訳　ハヤカワ文庫)
33. J. W. Bradbury and S. L. Vehrencamp, *Principles of Animal Communication*, 2nd ed. (Oxford: Oxford University Press, 2011).
34. N. Demandt, B. Saus, R. H. J. M. Kurvers, J. Krause, J. Kurtz, and J. P. Scharsack, "Parasite-Infected Sticklebacks Increase the Risk-Taking Behavior of Uninfected Group Members," *Proceedings of the Royal Society* B 285 (2018): 20180956.
35. こんな例でも場合によっては複雑になる。糞便の堆積のしかたによって土壌が肥沃になり、生物にとって利益となるなら、たしかにそれは外的表現型効果とみなせるだろう。
36. Dawkins, *Extended Phenotype*, pp. 206–207.
37. L. Glowacki, A. Isakov, R. W. Wrangham, R. McDermott, J. H. Fowler, and N. A. Christakis, "Formation of Raiding Parties for Intergroup Violence Is Mediated by Social Network Structure," *PNAS: Proceedings of the National Academy of Sciences* 113 (2016): 12114–12119.
38. F. Biscarini, H. Bovenhuis, J. van der Poel, T. B. Rodenburg, A. P. Jungerius, and J. A. M. van Arendonk, "Across-Line SNP Association Study for Direct and Associative Effect on Feather Damage in Laying Hens," *Behavior Genetics* 40 (2010): 715–727.
39. Dawkins, *Extended Phenotype*, p. 230.
40. P. Lieberman, "The Evolution of Human Speech," *Current Anthropology* 48 (2007): 39–66; D. Ploog, "The Neural Basis of Vocalization," in T. J. Crow, ed., *The Speciation of Modern Homo Sapiens* (Oxford: Oxford University Press, 2002), pp. 121–135; W. Enard et al., "Molecular Evolution of FOXP2, a Gene Involved in Speech and Language," *Nature* 418 (2002): 869–872; F. Vargha-Khadem, D. G. Gadian, A. Copp, and M. Mishkin, "FOXP2 and the Neuroanatomy of Speech and Language," *Nature Reviews Neuroscience* 6 (2005): 131–138; E. G. Atkinson, "No Evidence for Recent Selection at FOXP2 Among Diverse Human Populations," *Cell* 174 (2018): 1424–1435（ここでは人間の発話におけるFOXP2遺伝子の決定的な役割に疑問が投げかけられている）。
41. J. H. Fowler, C. T. Dawes, and N. A. Christakis, "Model of Genetic Variation in Human

現在の青い眼の人口の多さを考えると、なぜ青い眼の人間がそうでない人間にくらべて５パーセントほど繁殖で有利なのかという疑問が出てくる。J. Hawks et al., "Recent Acceleration of Human Adaptive Evolution," *PNAS: Proceedings of the National Academy of Sciences* 104 (2007): 20753–20758.

14. D. Peshek, N. Semmaknejad, D. Hoffman, and P. Foley,"Preliminary Evidence That the Limbal Ring Influences Facial Attractiveness," *Evolutionary Psychology* 9 (2011): 137–146.

15. ただし、褐色の目をしているほうが信頼できる人間とみなされるとしている研究もある。K. Kleisner, L. Priplatova, P. Frost, and J. Flegr, "Trustworthy-Looking Face Meets Brown Eyes," *PLOS ONE* 8 (2013): e53285.

16. Dawkins, "Extended Phenotype."

17. 家の建築は文化の領域に属する。ただし、建築は別の手段、すなわち第11章で論じる遺伝子と文化の共進化というプロセスを通じて、人間の進化に影響を及ぼすかもしれない。

18. I. Arndt and J. Tautz, *Animal Architecture* (New York: Harry N. Abrams, 2014)（邦訳：『建築する動物』川岸史訳　スペースシャワーネットワーク）; M. Hansell, *Built by Animals: The Natural History of Animal Architecture* (Oxford: Oxford University Press, 2007).（邦訳：『建築する動物たち：ビーバーの水上邸宅からシロアリの超高層ビルまで』長野敬、赤松眞紀訳　青土社）

19. T. A. Blackledge, N. Scharff, J. A. Coddington, T. Szüts, J. W. Wenzel, C. Y. Hayashi, and I. Agnarssona, "Reconstructing Web Evolution and Spider Diversification in the Molecular Era," *PNAS: Proceedings of the National Academy of Sciences* 106 (2009): 5229– 5234. クモの網の進化と起源についてはいまだ議論がある。J. E. Garb, T. DiMauro, V. Vo, and C. Y. Hayashi, "Silk Genes Support the Single Origin of Orb Webs," *Science* 312 (2006): 1762. クモの網には構造上の差異があるだけでなく、紫外線反射（紫外線の反射が弱いほど、その網は獲物から見えにくい）、粘着性、繊維強度、張力維持の仕組みといった特徴の面でも差異がある。

20. 適応放散の最もよく知られる一例は、チャールズ・ダーウィンが1835年のガラパゴス諸島への航海中に観察したフィンチのくちばしである。フィンチのくちばしは、諸島内のどこに食料源があるかによって、種子の殻を叩き割れる厚いくちばしや、サボテンから蜜を吸い出せる薄いくちばしなど、形状にさまざまな違いがあった。フィンチにおいてはAlx1という遺伝子に種類の違いがあり、それがくちばしの形状に影響を及ぼしている。S. Lamichhaney et al., "Evolution of Darwin's Finches and Their Beaks Revealed by Genome Sequencing," *Nature* 518 (2015): 371–375. ちなみに、このAlx1遺伝子はマウスと人間においても顔の特徴に影響を及ぼすことがわかっている。もちろんクモの網の場合、多様なのは身体部位ではなく、外的な構築物である。

21. 概して羽毛が地味な種ほど凝ったバワーを築き、羽毛が色鮮やかな種ほど地味なバワーを築く傾向がある。それはあたかも、種によっては時が経つにつれて身体的な表現型を強調する方向から、行動での外的表現型を強調する方向へと移行したかのようである。Dawkins, *Extended Phenotype*, p. 199.

22. J. N. Weber, B. K. Peterson, and H. E. Hoekstra, "Discrete Genetic Modules Are Responsible for Complex Burrow Evolution in *Peromyscus* Mice," *Nature* 493 (2013): 402–405.

23. D. P. Hughes, "On the Origins of Parasite Extended Phenotypes," *Integrative and Comparative Biology* 54 (2014): 210–217.

24. W. M. Ingram, L. M. Goodrich, E. A. Robey, and M. B. Eisen, "Mice Infected with Low-Virulence Strains of *Toxoplasma gondii* Lose Their Innate Aversion to Cat Urine, Even After Extensive Parasite Clearance," *PLOS ONE* 8 (2013): e75246.

25. D. G. Biron, F. Ponton, C. Joly, A. Menigoz, B. Hanelt, and F. Thomas, "Water-Seeking Behavior in Insects Harboring Hairworms: Should the Host Collaborate?," *Behavioral Ecology* 16 (2005): 656–660.

Shapes the Animal World — and Us (New York: Doubleday, 2017), p. 188.

3. J. Diamond, "Animal Art: Variation in Bower Decorating Style Among Male Bowerbirds *Amblyornis inornatus*," *PNAS: Proceedings of the National Academy of Sciences* 83 (1986): 3042–3046.
4. L. A. Kelly and J. A. Ender, "Male Great Bowerbirds Create Forced Perspective Illusions with Consistently Different Individual Quality," *PNAS Proceedings of the National Academy of Sciences* 109 (2012): 20980–20985.
5. Prum, *Evolution of Beauty*, p. 199.
6. ジェームズ・ファウラーと私は2005年当時、社会的ネットワーク内で相互接続している人びとのあいだにうつが広まるかどうかを調べていた。その最終報告を発表したのが以下だ。J. N. Rosenquist, J. H. Fowler, and N. A. Christakis, "Social Network Determinants of Depression," *Molecular Psychiatry* 16 (2011): 273–281. この研究をしているあいだに、私たちは精神科医が表現型をどう考えているかを詳しく知ることになった。というのも精神科医からすると、表現型というのは必ずしも目に見えるものではなく、むしろかなり捉えにくいものなのだ。精神科医は、明白な表現型にいたる前の因果経路にある中間的で内部的な表現型のことを、「エンドフェノタイプ」（直訳すれば「内的表現型」）という用語であらわす。たとえば双極性障害の症状を示している人は、顔認識に問題を抱えていることがあるが、それはもとをたどると、少なくとも１個の遺伝子の機能に障害があるためなのかもしれない。この障害が、エンドフェノタイプである。そこで、この問題を考えているうちに、エクソフェノタイプ（外的表現型）というのもありうるのではないかという考えが私たちの頭に浮かんだわけである。最初にエンドフェノタイプという言葉を考え出したのはバーナード・ジョンとケネス・ルイスで、形態構造的には同じように見えるのに異なる行動を示すバッタにかんしてこの言葉が使われた。B. John and K. R. Lewis, "Chromosome Variability and Geographic Distribution in Insects," *Science* 152 (1966): 711–721.
7. R. Dawkins, *The Extended Phenotype: The Long Reach of the Gene* (Oxford: W. H. Freeman, 1982), p. vi.（邦訳：『延長された表現型：自然淘汰の単位としての遺伝子』日高敏隆、遠藤彰、遠藤知二訳　紀伊國屋書店）
8. ドーキンスは1982年のこの著書で、自分の主張にかんする証拠は乏しく、これは「弁護」の書と見るべきである、と断っている。同上。p. vii. 科学者として経験しうる最も屈辱的にして、最も心強いことの一つは、ある特定のアイデアを抱いた最初の人物が自分ではないと認めることだ。
9. 同上。 ドーキンスは20年後にふたたびこの問題を取り扱っている。R. Dawkins, "Extended Phenotype — But Not Too Extended: A Reply to Laland, Turner, and Jablonka," *Biology and Philosophy* 19 (2004): 377–396.
10. H. Eiberg et al., "Blue Eye Color in Humans May Be Caused by a Perfectly Associated Founder Mutation in a Regulatory Element Located Within the HERC2 Gene Inhibiting OCA2 Expression," *Human Genetics* 123 (2008): 177–187. この青色は、青い色素に起因するのではなく、眼をつくっている物質の物理的な構成に起因している（クジャクの羽の色素が実際にはすべて茶色なのに、光を散乱させることによって青や緑に見せているのと同じ仕組みだ）。
11. 同上。以下も参照。J. J. Negro, M. C. Blázquez, and I. Galván, "Intraspecific Eye Color Variability in Birds and Mammals: A Recent Evolutionary Event Exclusive to Humans and Domestic Animals," *Frontiers in Zoology* 14 (2017): 53.
12. たとえば以下を参照。R. N. Frank, J. E. Puklin, C. Stock, and L. A. Canter, "Race, Iris Color, and Age-Related Macular Degeneration," *Transactions of the American Ophthalmological Society* 98 (2000): 109–117; and R. Ferguson et al., "Genetic Markers of Pigmentation Are Novel Risk Loci for Uveal Melanoma," *Scientific Reports* 6 (2016): 31191.
13. 人類学者のジョン・ホークスによれば、１万年前には青い眼の人間は皆無だったという。

Nature 433 (2005): 121. カラスの道具の形状に地域差が見られるのも、累積的な文化の進化を反映しているのかもしれない。
115. K. N. Laland and V. M. Janik, "The Animal Culture Debate," *Trends in Ecology and Evolution* 21 (2006): 542–547.
116. S. Mineka and M. Cook, "Social Learning and the Acquisition of Snake Fear in Monkeys," in T. R. Zentall and E. G. Galef Jr., eds., Social Learning: *Psychological and Biological Perspective* (Hillsdale, NJ: Lawrence Erlbaum, 1988), pp. 51–74.
117. B. Sznajder, M. W. Sabelis, and M. Egas, "How Adaptive Learning Affects Evolution: Reviewing Theory on the Baldwin Effect," *Evolutionary Biology* 39 (2012): 301–310.
118. A. Whiten, "The Second Inheritance System of Chimpanzees and Humans," *Nature* 437 (2005): 52–55.v
119. D. P. Schofield, W. C. McGrew, A. Takahashi, and S. Hirata, "Cumulative Culture in Nonhumans: Overlooked Findings from Japanese Monkeys?," *Primates* 59 (2017): 113–122.
120. Boesch, "Teaching Among Wild Chimpanzees."
121. オランウータンの六つの個体群を比較調査した研究では、葉っぱの人形のつくり方、ねぐらの日除け幕のかけ方、自慰用の道具の使用に差異が見られた。オマキザルにかんしても同様の分析がなされている。C. P. van Schaik et al., "Orangutan Cultures and the Evolution of Material Culture," *Science* 299 (2003): 102–105; S. Perry et al., "Social Conventions in Wild Capuchin Monkeys: Evidence for Behavioral Traditions in a Neotropical Primate," *Current Anthropology* 44 (2003): 241–268.
122. C. Hobaiter, T. Poisot, K. Zuberbuhler, W. Hoppitt, and T. Gruber,"Social Network Analysis Shows Direct Evidence for Social Transmission of Tool Use in Wild Chimpanzees," *PLOS Biology* 12 (2014): e1001960.
123. J. Allen, M. Weinrich, W. Hoppitt, and L. Rendell, "Network-Based Diffusion Analysis Reveals Cultural Transmission of Lobtail Feeding in Humpback Whales," *Science* 340 (2013): 485–488.
124. D. Wroclavsky, "Killer Whales Bring the Hunt onto Land," Reuters, April 17, 2008, https://www.reuters.com/article/us-argentina-orcas-feature-idUSMAR719014 20080417?src=RSS-SCI.
125. H. Whitehead and L. Rendell, *The Cultural Lives of Whales and Dolphins* (Chicago: University of Chicago Press, 2014).
126. E. J. C. van Leewen, K. A. Cronin, and D. B. M. Haun, "A Group-Specific Arbitrary Tradition in Chimpanzees (*Pan troglodytes*)," *Animal Cognition* 17 (2014): 1421–1425.
127. D. Kim et al., "Social Network Targeting to Maximise Population Behaviour Change: A Cluster Randomised Controlled Trial," *Lancet* 386 (2015): 145–153.
128. 念のため言っておくと、ほかの理由によっても無益な習慣や有害な習慣が集団内で保持されることはある。たとえば処罰が可能なら、適応度を低めるような行動でも持続できるだろう。以下を参照。R. Boyd and P. J. Richerson, "Punishment Allows the Evolution of Cooperation (or Anything Else) in Sizable Groups," *Ethology and Sociobiology* 13 (1992): 171–195.

第10章

1. D. Attenborough, *Animal Behavior of the Australian Bowerbird*, BBC Studios, February 9, 2007, https://www.youtube.com/watch?v=GPbWJPsBPdA. この映像で、アッテンボローはオーストラリアではなくニューギニアにいると断っている。
2. R. O. Prum, *The Evolution of Beauty: How Darwin's Forgotten Theory of Mate Choice*

99. アリ、ミーアキャット、チメドリに見られる教えの実験的証拠については以下を参照。N. R. Franks and T. Richardson, "Teaching in Tandem Running Ants," *Nature* 439 (2006): 153; A. Thornton and K. McAuliffe, "Teaching in Wild Meerkats," *Science* 313 (2006): 227–229; and N. J. Raihani and A. R. Ridley, "Experimental Evidence for Teaching in Wild Pied Babblers," *Animal Behaviour* 75 (2008): 3–11.

100. 興味深いことに、もともと人間から学習したことを霊長類が互いに教えあう例もある。たとえばサイン言語に精通したチンパンジーの母親が、その使い方を子に教えているところが確認されている。R. S. Fouts, A. D. Hirsch, and D. H. Fouts, "Cultural Transmission of a Human Language in a Chimpanzee Mother-Infant Relationship," in H. E. Fitzgerald, J. A. Mullins, and P. Gage, eds., *Child Nurturance* (New York: Plenum Press, 1982), pp. 159–193. 同じように、ゴリラのココもサイン言語を人間に教えようと、人間の手をとって特定のかたちをつくらせたことがある。F. Patterson and E. Linden, *The Education of Koko* (New York: Holt, Rinehart and Winston, 1981).（邦訳：『ココ、お話しよう』都守淳夫訳　どうぶつ社）

101. C. Boesch, "Teaching Among Wild Chimpanzees," *Animal Behaviour* 41 (1991): 530–532.

102. S. Yamamoto, T. Humle, and M. Tanaka, "Basis for Cumulative Cultural Evolution in Chimpanzees: Social Learning of a More Efficient Tool-Use Technique," *PLOS ONE* 8 (2013): e55768.

103. T. Humle and T. Matsuzawa, "Ant-Dipping Among the Chimpanzees of Bossou, Guinea, and Some Comparisons with Other Sites," *American Journal of Primatology* 58 (2002): 133–148.

104. A. Whiten et al., "Cultures in Chimpanzees," *Nature* 399 (1999): 682–685.

105. F. Brotcorne et al., "Intergroup Variation in Robbing and Bartering by Long-Tailed Macaques at Uluwatu Temple (Bali, Indonesia)," *Primates* 58 (2017): 505–516.

106. B. Owens, "Monkey Mafia Steal Your Stuff, Then Sell It Back for a Cracker," *New Scientist*, May 25, 2017.

107. P. I. Chiyo, C. J. Moss, and S. C. Alberts, "The Influence of Life History Milestone and Association Networks on Crop-Raiding Behavior in Male African Elephants," *PLOS ONE* 7 (2012): e31382. これに関連したイルカの道具使用の例については以下を参照。J. Mann, M. A. Stanton, E. M. Patterson, E. J. Bienenstock, and L. O. Singh, "Social Networks Reveal Cultural Behaviour in Tool-Using Dolphins," *Nature Communications* 3 (2012): 980.

108. ネットワーク密度を実感してもらうため、10名からなるネットワークを想像してみよう。理論上、この人びとのあいだには、(10×9)÷2 = 45のつながりがあると考えられ、その一部、もしくはその全部が実際に存在している。この割合が、ネットワーク密度である。

109. Chiyo, Moss, and Alberts, "Influence of Life History."

110. C. Foley, N. Pettorelli, and L. Foley, "Severe Drought and Calf Survival in Elephants," *Biology Letters* 4 (2008): 541–544.

111. 皮肉にも、クジラにとっては食料欠乏の原因となるエルニーニョ現象が、ゾウにとっては食料余剰をもたらしてくれる。
G. Wittemyer, I. Douglas-Hamilton, and W. M. Getz, "The Socioecology of Elephants: Analysis of the Processes Creating Multi-Tiered Social Structures," *Animal Behaviour* 69 (2005): 1357–1371. 天候のような外因的な事象が動物の社会構造に影響を及ぼしうるというのは興味深いことで、この場合は繁殖の同期化と出生コホートの一律化のメカニズムを通じて影響が及ぶ。

112. L. Weilgart, H. Whitehead, and K. Payne, "A Colossal Convergence," *American Scientist* 84 (1996): 278–287. ゾウとクジラは、大きな体、長い寿命、低い出産率、共同での子育てといった資質も共有している。

113. Whiten et al., "Cultures in Chimpanzees."

114. B. Kenward et al., "Behavioural Ecology: Tool Manufacture by Naïve Juvenile Crows,"

ーセントが利己的すぎる（たとえばもらった額の半分未満しか与えないような）独裁者を罰することを選んだ。E. Fehr and U. Fischbacher, "Third-Party Punishment and Social Norms," *Evolution and Human Behavior* 25 (2004): 63–87.

88. Henrich et al.,"Costly Punishment."この著者たちは、人口集団に広まっている利他行動の遺伝的基盤に文化的規範の効果が及んでいるかもしれないとも論じており、遺伝子と文化の共進化をうかがわせる（第11章を参照）。処罰行動が一般的に行なわれる社会では、その社会的環境がそこに住む人びとのあいだに、罰の実施を当然のこととして罰されないようにする心理的形質を遺伝的に進化させることもありうるだろう。

89. S. Lotz, T. G. Okimoto, T. Schlösser, and D. Fetchenhauer, "Punitive Versus Compensatory Reactions to Injustice: Emotional Antecedents to Third-Party Interventions," *Journal of Experimental Social Psychology* 47 (2011): 477–480.

90. E. Fehr and S. Gächter, "Altruistic Punishment in Humans," *Nature* 415 (2002): 137–140.

91. R. Boyd, H. Gintis, S. Bowles, and P. J. Richerson, "The Evolution of Altruistic Punishment," *PNAS: Proceedings of the National Academy of Sciences* 100 (2003): 3531–3535.

92. C. Hauert, S. De Monte, J. Hofbauer, and K. Sigmund, "Volunteering as Red Queen Mechanism for Cooperation in Public Goods Games," *Science* 296 (2002): 1129–1132.

93. この循環パターンは、ルイス・キャロルの『鏡の国のアリス』の登場人物にちなんで、「赤の女王」力学と呼ばれてきた。自分のいる国ではうんと速く走りつづければ必ずどこかに着く、とアリスが言うと、赤の女王はこう答える。「のろまな国だ！……ここではね、全速力で走っていても、同じ場所にとどまるだけだよ」

94. これらの進化の数理モデルからは、罰がどうして出現できたのかについての重要な洞察が得られる。孤独者という選択肢が存在していると、協力者と処罰者以外の全員が絶滅に向かうが、コストのかかる処罰を必要とする裏切り者がいなくなるので、そこで処罰者が出現して生き残れる（そして協力者と同様の報いを得られる）ようになる。J. H. Fowler, "Altruistic Punishment and the Origin of Cooperation," *PNAS: Proceedings of the National Academy of Sciences* 102 (2005): 7047–7049. その後の研究はこれをもとにして構築された。単純な進化モデルでは、人口集団内の変化は決定論的に起こる。つまり、あるタイプが別のタイプよりもうまくやれれば、その集団では確実にそのタイプが増えていくということだ。しかし必ずしも、適者がつねに生存できるというものでもない。進化は確率論的なものである。C. Hauert, A. Traulsen, H. Brandt, M. A. Nowak, and K. Sigmund, "Via Freedom to Coercion: The Emergence of Costly Punishment," *Science* 316 (2007): 1905–1907.

95. B. Wallace, D. Cesarini, P. Lichtenstein, and M. Johannesson, "Heritability of Ultimatum Game Responder Behavior,"*PNAS: Proceedings of the National Academy of Sciences* 104 (2007): 15631–15634; D. Cesarini, C. Dawes, J. H. Fowler, M. Johannesson, P. Lichtenstein, and B. Wallace, "Heritability of Cooperative Behavior in the Trust Game," *PNAS: Proceedings of the National Academy of Sciences* 105 (2008): 3271–3276; D. Cesarini, C. T. Dawes, M. Johannesson, P. Lichtenstein, and B. Wallace, "Genetic Variation in Preferences for Giving and Risk Taking," *Quarterly Journal of Economics* 124 (2009): 809–842.

96. 種にとっては、社会性一式のほかの側面がいっさいなくても、ただ集団で生きているだけで利益がある。たとえば採餌効率が上がる、多様な環境をよりうまく利用できる（群れをなす動物が草原を踏みつけるだけで自己の利益となるように）、捕食リスクが減る（群れをなす魚の場合のように）といったことだ。もちろん、これらの利益のどれもが集団で生きるすべての動物に見られるわけではない。

97. T. M. Caro and M. D. Hauser, "Is There Teaching in Non-Human Animals?," *Quarterly Review of Biology* 67 (1992): 151–174.

98. B. S. Hewlett and C. J. Roulette, "Teaching in Hunter-Gatherer Infancy," *Royal Society Open Science* 3 (2015): 150403.

September 11, 2001, Terrorist Attacks" (Washington, DC, August 1, 2002). たとえばニューヨーク市だけでも、世界貿易センター攻撃への対応と復旧のために285の篤志消防隊から約2600人の救急隊員が出動し、43,700時間以上の奉仕活動をした。2005年のハリケーン・カトリーナの襲来後には、約575,554人のアメリカ人が湾岸地域でボランティア活動にあたり、1800万人が救援活動に寄付をした。"The Power of Help and Hope After Katrina by the Numbers: Volunteers in the Gulf," Corporation for National and Community Service, September 18, 2006, https://www.nationalservice.gov/pdf/ katrina_volunteers_respond.pdf.

73. ハッザ族における協力と血縁以外とのつながりについては以下を参照。C. L. Apicella, F. W. Marlowe, J. H. Fowler, and N. A. Christakis, "Social Networks and Cooperation in Hunter-Gatherers," *Nature* 481 (2012): 497–501, and K. M. Smith, T. Larroucau, I. A. Mabulla, and C. L. Apicella, "Hunter-Gatherers Maintain Assortativity in Cooperation Despite High Levels of Residential Change and Mixing," *Current Biology* 28 (2018): 1–6.

74. R. Axelrod and W. D. Hamilton, "The Evolution of Cooperation," *Science* 211 (1981): 1390–1396.

75. M. A. Nowak and K. Sigmund, "Evolution of Indirect Reciprocity," *Nature* 437 (2005): 1291–1298.

76. G. Hardin, "The Tragedy of the Commons," *Science* 162 (1968): 1243–1248.

77. V. Capraro and H. Barcelo, "Group Size Effect on Cooperation in One-Shot Social Dilemmas. II: Curvilinear Effect," *PLOS ONE* 10 (2015): e0138744; R. M. Isaac and J. M. Walker, "Group Size Effects in Public Goods Provision: The Voluntary Contributions Mechanism," *Quarterly Journal of Economics* 103 (1988): 179–199.

78. B. Allen et al., "Evolutionary Dynamics on Any Population Structure," *Nature* 544 (2017): 227–230.

79. C. Boehm, *Hierarchy in the Forest: The Evolution of Egalitarian Behavior* (Cambridge, MA: Harvard University Press, 2001).

80. J. Henrich et al., "Costly Punishment Across Human Societies," *Science* 312 (2006): 1767–1770; J. Henrich et al., "'Economic Man' in Cross-Cultural Perspective: Ethnography and Experiments from 15 Small-Scale Societies," *Behavioral and Brain Sciences* 28 (2005): 795–855.

81. W. Güth, R. Schmittberger, and B. Schwarze, "An Experimental Analysis of Ultimatum Bargaining," *Journal of Economic Behavior and Organization* 3 (1982): 367–388; M. A. Nowak, K. M. Page, and K. Sigmund, "Fairness Versus Reason in the Ultimatum Game,"*Science* 289 (2000): 1773–1775.

82. この変種の一つは信頼ゲームといって、プレーヤー２にいくらあげるかをプレーヤー１が決めたら、調査者がその額を３倍にする。プレーヤー２はをそれを受けて、プレーヤー１にいくら戻すかを決める。プレーヤー１はプレーヤー２を信頼していないかぎり多額をあげないし、プレーヤー２はプレーヤー１にたくさん戻さないと大いに信頼に足る人物だとはみなされない。

83. Henrich et al., "Costly Punishment."

84. J. Henrich, "Does Culture Matter in Economic Behavior? Ultimatum Game Bargaining Among the Machiguenga of the Peruvian Amazon," *American Economic Review* 90 (2000): 973–979.

85. Henrich et al., "Costly Punishment."

86. J. Henrich et al., "Overview and Synthesis," in J. Henrich, R. Boyd, S. Bowles, C. Camerer, W. Fehr, and H. Gintis, eds., *Foundations of Human Sociality: Economic Experiments and Ethnographic Evidence from Fifteen Small - Scale Societies* (Oxford: Oxford University Press, 2004), pp. 8–54.

87. 典型的な独裁者ゲームに第三者の処罰者が加えられると、世界的に見て、処罰者の約60パ

Ren, D. Li, Y. Zhang, and M. Li, "Maternal Responses to Dead Infants in Yunnan Snub-Nosed Monkey (*Rhinopithecus bieti*) in the Baimaxue- shan Nature Reserve, Yunnan, China," *Primates* 53 (2012): 127–132.

59. E. J. C. van Leeuwen, K. A. Cronin, and D. B. M. Haun, "Tool Use for Corpse Cleaning in Chimpanzees," *Scientific Reports* 7 (2017): 44091. ただし、このチンパンジーの行動は単なる社会的な清掃行動で、遺体清掃ではなかった可能性もある。この行動は悲嘆からではなく、母性本能からなされたのかもしれない。W. C. McGrew and D. E. G. Tutin, "Chimpanzee Tool Use in Dental Grooming," *Nature* 241 (1973): 477–478. ちなみに、道具は社会的に使用されるものであって、ただ個体の行動を向上させるために使用されるわけではないことを断っておくべきだろう。

60. C. Moss, *Echo of the Elephants: The Story of an Elephant Family* (New York: William Morrow, 1992), p. 60.（邦訳：『象のエコーと愛の物語：滅びゆくアフリカ象の美しくも哀しい生活を追って』佐草一優訳　騎虎書房）。加えてモスは、ゾウはほかのどの動物の骨に対してもこのような敬意は見せないが、ゾウによって殺されたと見られる人間についてだけは例外だったと述べている(p. 61)。

61. J. Poole, *Coming of Age with Elephants: A Memoir* (New York: Hyperion, 1996), p. 95. このような葬儀の例は、科学文献にも民間文献にも広く見られる。一例として以下を参照。M. Meredith, *Elephant Destiny: Biography of an Endangered Species in Africa* (New York: PublicAffairs, 2004).

62. Poole, *Coming of Age*, p. 165.

63. 同上。p. 161.

64. "World: South Asia Elephant Dies of Grief," BBC News, May 6, 1999, http://news.bbc.co.uk/2/hi/south_asia/337356.stm.

65. G. A. Bradshaw, A. N. Schore, J. L. Brown, J. H. Poole, and C. J. Moss, "Elephant Breakdown," *Nature* 433 (2005): 807.

66. たとえば以下を参照。O. Karasapan,"Syria's Mental Health Crisis,"Brookings Institution, April 25, 2016, https://www.brookings.edu/blog/future-development/2016/04/25/syrias-mental-health-crisis/.

67. M. P. Crawford, "The Cooperative Solving of Problems by Young Chimpanzees," *Com parative Psychology Monographs* 14 (1937).

68. K. A. Mendres and F. B. M. de Waal, "Capuchins Do Cooperate: The Advantage of an Intuitive Task," *Animal Behaviour* 60 (2000): 523–529. 血のつながりのないワタボウシタマリンのペアも非常に協力的で、同様のテストにおいて97パーセントの割合で共同作業に成功した。K. A. Cronin, A. V. Kurian, and C. T. Snowdon, "Cooperative Problem Solving in a Cooperatively Breeding Primate *(Saguinus oedipus)*," *Animal Behaviour* 69 (2005): 133–142.

69. J. M. Plotnik, R. Lair, W. Suphachoksahakun, and F. B. M. de Waal, "Elephants Know When They Need a Helping Trunk in a Cooperative Task," *PNAS: Proceedings of the National Academy of Sciences* 108 (2011): 5116–5121. イルカでも同様の実験が行なわれている。以下を参　照。K. Jaakkola, E. Guarino, K. Donegan, and S. L. King, "Bottlenose Dolphins Can Understand Their Partner's Role in a Cooperative Task," *Proceedings of the Royal Society B* 285 (2018): 20180948.

70. M. A. Nowak, "Five Rules for the Evolution of Cooperation," *Science* 314 (2006): 1560–1563.

71. M. Lynn and A. Grassman, "Restaurant Tipping: An Examination of Three 'Rational' Explanations," *Journal of Economic Psychology* 11, no. 2 (1990): 169–181; O. H. Azar, "What Sustains Social Norms and How They Evolve? The Case of Tipping," *Journal of Economic Behavior and Organization* 54 (2004): 49–64.

72. National Volunteer Fire Council,"Final Report: The Role of Volunteer Fire Service in the

Stroebe, *Bereavement and Health: The Psychological and Physical Consequences of Partner Loss* (Cambridge: Cambridge University Press, 1987). 感情的な苦痛の身体的な性質については以下を参照。D. N. DeWall et al., "Acetaminophen Reduces Social Pain: Behavioral and Neural Evidence," *Psychological Science* 21 (2010): 931–937.

49. H. Williams, *Historical and Archaeological Aspects of Egyptian Funerary Culture* (Leiden: Brill, 2014); J. Toynbee, *Death and Burial in the Roman World* (Ithaca, NY: Cornell University Press, 1971); B. Effros, *Merovingian Mortuary Archaeology and the Making of the Early Middle Ages* (Berkeley: University of California Press, 2003); A. Reynolds, *Anglo - Saxon Deviant Burial Customs* (Oxford: Oxford University Press, 2009).

50. M. F. Oxenham et al., "Paralysis and Severe Disability Requiring Intensive Care in Neolithic Asia," *Anthropological Science* 117 (2009): 107–112. 以下も参照。L. Tilley and M. F. Oxenham, "Survival Against the Odds: Modeling the Social Implications of Care Provision to Seriously Disabled Individuals," *International Journal of Paleopathology* 1 (2011): 35–42.

51. E. Crubezy and E. Trinkaus, "Shanidar 1: A Case of Hyperostotic Disease (DISH) in the Middle Paleolithic," *American Journal of Physical Anthropology* 89 (1992): 411–420. この人物は聴力にも障害があった可能性があり、だとすると、ネアンデルタール人のあいだに社会的支援と協力があったことのさらなる間接証拠になる。E. Trinkaus and S. Villotee, "External Auditory Exostoses and Hearing Loss in the Shanidar 1 Neanderthal," *PLOS ONE* 12 (2017): e0186684.

52. D. W. Frayer, W. E. Horton, R. Macchiarelli, and M. Mussi, "Dwarfism in an Adolescent from the Italian Late Upper Paleolithic," *Nature* 330 (1987): 60–62. 遺骨から判断して、この少年の身長は100センチメートル余り、ひじはほとんど曲がらなかったと思われ、移動続きの狩猟採集集団にとっては非常に厄介な障害だっただろう。亡くなったあとの彼は、生前に高い地位にあったことをうかがわせる格別な扱いで「重要な洞穴」に埋葬された。

53. D. N. Dickel and G. H. Doran, "Severe Neural Tube Defect Syndrome from the Early Archaic of Florida," *American Journal of Physical Anthropology* 80 (1989): 325–334. この少年は脊椎披裂による麻痺のせいで歩行もままならなかった。下肢に感覚喪失と感染症の証拠も見られる（これらの症状は現代においてもこの種の麻痺から生じうる）。

54. J. Goodall, *Through a Window: My Thirty Years with the Chimpanzees of Gombe* (Boston: Houghton Mifflin, 1990).（邦訳：『心の窓：チンパンジーとの三〇年』高崎和美、高崎浩幸、伊谷純一郎訳　どうぶつ社）

55. J. Anderson, A. Gillies, and L. Lock, "Pan Thanatology," *Current Biology* 20 (2010): R349–R351.

56. A. L. Engh et al., "Behavioural and Hormonal Responses to Predation in Female Chacma Baboons *(Papio hamadryas ursinus)*," *Proceedings of the Royal Society B* 273 (2006): 707–712.

57. A. J. Willingham, "A Mourning Orca Mom Carried Her Dead Baby for Days Through the Ocean," CNN, July 27, 2018, https://www.cnn.com/2018/07/27/us/killer-whale-mother-dead-baby-trnd/index.html?no-st=1532790132. イルカにおいても同様に、死んだ仲間の体を「ガード」する行動が報告されている。K. M. Dudzinski, M. Sakai, M. Masaki, K. Kogi, T. Hishii, and M. Kurimoto, "Behavioural Observations of Bottle- nose Dolphins Towards Two Dead Conspecifics," *Aquatic Mammals* 29 (2003): 108–116; F. Ritter, "Behavioral Responses of Rough-Toothed Dolphins to a Dead Newborn Calf," *Marine Mammal Science* 23 (2007): 429–433.

58. Y. Warren and E. A. Williamson, "Transport of Dead Infant Mountain Gorillas by Mothers and Unrelated Females," *Zoo Biology* 23 (2004): 375–378; D. Biro, T. Humle, K. Koops, C. Sousa, M. Hayashi, and T. Matsuzawa, "Chimpanzee Mothers at Bossou, Guinea Carry the Mummified Remains of Their Dead Infants," *Current Biology* 20 (2010): R351–R352; T. Li, B.

Attempts to Promote and Engineer Self-Recognition in Primates," *Primates* 56 (2015): 317–326. 以下も参照。C. W. Hyatt and W. D. Hopkins, "Self-Awareness in Bonobos and Chimpanzees: A Comparative Perspective," in S. T. Parker, R. W. Mitchell, and M. L. Boccia, eds., *Self - Awareness in Animals and Humans* (Cambridge: Cambridge University Press, 1994), pp. 248–253; S. D. Suarez and G. G. Gallup Jr., "Self-Recognition in Chimpanzees and Orangutans, but Not Gorillas," *Journal of Human Evolution* 10 (1981): 175– 188; J. Riopelle, R. Nos, and A. Jonch, "Situational Determinants of Dominance in Captive Gorillas," in J. Biegert and W. Leutenegger, eds., *Proceedings of the Third International Congress on Primatology, Zurich,* 1970 (Basel: Karger, 1971), pp. 86–91.

38. G. G. Gallup, M. K. McClure, S. D. Hill, and R. A. Bundy,"Capacity for Self-Recognition in Differentially Reared Chimpanzees," *Psychological Record* 21 (1971): 69–74.

39. これはある意味で、人間でも同じなのかもしれない。ある研究によると、子育てにおいて個別性と自律性が重んじられているかどうかの文化的違いによって、幼児の自己認知行動の性質と開始時期に多少の違いが出てくるという。Kartner et al., "Development of Mirror Self-Recognition."

40. F. G. P. Patterson and R. H. Cohn, "Self-Recognition and Self-Awareness in Lowland Gorillas," in S. T. Parker, R. Mitchell, and M. L. Boccia, eds., *Self - Awareness in Animals and Humans* (Cambridge: Cambridge University Press, 1994), pp. 273–290.

41. R. Cohn, *Michael's Story, Where He Signs About His Family* (KokoFlix, March 23, 2008), video recording, https://www.youtube.com/watch?v=DXKsPqQ0Ycc. 以下も参照。R. Morin, "A Conversation with Koko the Gorilla," Atlantic, August 28, 2015.

42. K. Gold and B. Scassellati, "A Bayesian Robot That Distinguishes 'Self' from 'Other,'" *Proceedings of the Annual Meeting of the Cognitive Science Society* 29 (2007): 1037–1042.

43. ネコやイヌは鏡像自己認知テストに失敗し、たいてい鏡像を他者とみなす。イヌには意外と自己認知能力があるのかもしれないが、そもそも視覚能力的に向いていないのでミラーテストには成功できない。ある研究では、イヌが自分の尿と別のイヌの尿を識別できたことが確認されている。M. Bekoff, "Observations of Scent-Marking and Discriminating Self from Others by a Domestic Dog *(Canis familiaris)*: Tales of Displaced Yellow Snow," *Behavioural Processes* 55 (2001): 75–79. 以下も参照。A. Horowitz, "Smelling Themselves: Dogs Investigate Their Own Odours Longer When Modified in an 'Olfactory Mirror' Test," *Behavioural Processes* 143 (2017): 17–24.

44. Plotnik, de Waal, and Reiss, "Self-Recognition in an Asian Elephant."

45. 同上。3頭のゾウのうちハッピーしかマークテストに合格できなかったことは、とくに重大な問題ではない。霊長類においても同じようなパーセンテージであることが観察されているし、マキシンとパティにかんしても、鏡に映っているのが自分の像であると理解していたことは別の観察証拠から確認されている。

46. Reiss and Marino, "Mirror Self-Recognition in the Bottlenose Dolphin." 興味深いことに、ほかの種(たとえばチンパンジー)は他者につけられたマークにも関心を向けるのに、イルカは自分につけられたマークしか気にしない。これはイルカに毛づくろい行動が備わっていないからだろう。

47. F. Delfour and K. Marten, "Mirror Image Processing in Three Marine Mammal Species: Killer Whales *(Orcinus orca)*, False Killer Whales *(Pseudorca crassidens)* and California Sea Lions *(Zalophus californianus)*," *Behavioural Processes* 53 (2001): 181–190.

48. 悲嘆は普遍的なものだが、服喪儀礼は文化によって異なる。J. Archer, *The Nature of Grief: The Evolution and Psychology of Reactions to Loss* (London: Routledge, 1999); P. C. Rosenblatt, R. P. Walsh, and D. A. Jackson, *Grief and Mourning in Cross - Cultural Perspective* (New Haven, CT: Human Relations Area File Press, 1976); W. Stroebe and M. S.

the Royal Society B 366 (2011): 1764–1777.

28. L. A. Parr, J. T. Winslow, W. D. Hopkins, and F. B. de Waal, "Recognizing Facial Cues: Individual Discrimination by Chimpanzees *(Pan troglodytes)* and Rhesus Monkeys *(Macaca mulatta),*" *Journal of Comparative Psychology* 114 (2000): 47–60. 以下も参照。S. A. Rosenfeld and G. W. Van Hoesen, "Face Recognition in the Rhesus Monkey," *Neuropsychologia* 17 (1979): 503–509.
29. J. A. Pineda, G. Sebestyen, and C. Nava, "Face Recognition as a Function of Social Attention in Non-Human Primates: An ERP Study," *Cognitive Brain Research* 2 (1994): 1–12.
30. L. A. Parr, M. Heintz, E. Lonsdorf, and E. Wroblewski, "Visual Kin Recognition in Nonhuman Primates *(Pan troglodytes and Macaca mulatta)*: Inbreeding Avoidance or Male Distinctiveness?," *Journal of Comparative Psychology* 124 (2010): 343–350; C. Almstrom and M. Knight, "Using a Paired-Associate Learning Task to Assess Parent-Child Phenotypic Similarity," *Psychology Reports* 97 (2005): 129–137.
31. K. McComb, C. Moss, S. M. Durant, L. Baker, and S. Sayialel, "Matriarchs as Reposito ries of Social Knowledge in African Elephants," *Science* 292 (2001): 491–494. これは有益な情報だ。ゾウは見慣れない個体に近づいたときには防衛反応として自然に結集する習性があり、したがって友と敵を正確に識別する能力が重要なのである。
32. S. L. King and V. M. Janik, "Bottlenose Dolphins Can Use Learned Vocal Labels to Address Each Other," *PNAS: Proceedings of the National Academy of Sciences* 110 (2013): 13216–13221.
33. S. L. King, L. S. Sayigh, R. S. Wells, W. Fellner, and V. M. Janik, "Vocal Copying of Individually Distinctive Signature Whistles in Bottlenose Dolphins," *Proceedings of the Royal Society B* 280 (2013): 20130053. オウムも互いに呼びあうための名前を持っているかもしれない。おそらくそれは、ヒナがまだ巣にいるあいだに母親から与えられるものだろう。K. S. Berg et al., "Vertical Transmission of Learned Signatures in a Wild Parrot," *Proceedings of the Royal Society B* 279 (2012): 585–591.
34. B. Amsterdam, "Mirror Self-Image Reactions Before Age Two," *Developmental Psychobiology* 5 (1972): 297–305. 鏡像自己認知に文化による差はない（鏡のないところでもこの能力はある）が、これができるようになる正確な年齢は文化状況によって多少変わることもある。以下を参照。J. Kartner, H. Keller, N. Chaudhary, and R. D. Yovsi, "The Development of Mirror Self-Recognition in Different Sociocultural Contexts," *Monographs of the Society for Research in Child Development* 77 (2012).
35. J. R. Anderson and G. G. Gallup Jr., "Which Primates Recognize Themselves in Mirrors?," *PLOS Biology* 9 (2011): e1001024; J. M. Plotnik, F. B. M. de Waal, and D. Reiss, "Self-Recognition in an Asian Elephant," *PNAS: Proceedings of the National Academy of Sciences* 103 (2006): 17053–17057; D. Reiss and L. Marino, "Mirror Self-Recognition in the Bottlenose Dolphin: A Case of Cognitive Convergence," *PNAS: Proceedings of the National Academy of Sciences* 98 (2001): 5937–5942. 鏡像自己認知ができるとわかっている動物は少ない。一部の霊長類、ゾウ、クジラ目以外だと、カササギが確認されているほか、アリとオニイトマキエイも候補に入る。H. Prior, A. Schwarz, and O. Gunturkun, "Mirror-Induced Behavior in the Magpie (*Pica pica*): Evidence of Self-Recognition," *PLOS Biology* 6 (2008): e202; M. Cammaerts and R. Cammaerts, "Are Ants *(Hymenoptera, Formicidae)* Capable of Self-Recognition?," *Journal of Science* 5 (2015): 521–532; C. Ari and D. P. D'Agostino, "Contingency Checking and Self-Directed Behaviors in Giant Manta Rays: Do Elasmobranchs Have Self-Awareness?," *Journal of Ethology* 34 (2016): 167–174.
36. G. G. Gallup Jr., "Chimpanzees: Self-Recognition," *Science* 167 (1970): 86–87.
37. J. R. Anderson and G. G. Gallup, "Mirror Self-Recognition: A Review and Critique of

That Human Faces Have Evolved to Signal Individual Identity," *Nature Communications* 5 (2014): 4800. 以下も参照。G. Yovel and W. A. Freiwald, "Face Recognition Systems in Monkey and Human: Are They the Same Thing?," *F1000Prime Reports* 5 (2013): 10.

15. C. Schlitz et al., "Impaired Face Discrimination in Acquired Prosopagnosia Is Associated with Abnormal Response to Individual Faces in the Right Middle Fusiform Gyrus," *Cerebral Cortex* 16 (2006): 574–586; P. Shah, "Identification, Diagnosis and Treatment of Prosopagnosia," *British Journal of Psychiatry* 208 (2016): 94–95.

16. E. Prichard, "Prosopagnosia: How Face Blindness Means I Can't Recognize My Mum," *BBC News Magazine*, July 1, 2016.

17. Sheehan and Nachman, "Morphological and Population Genomic Evidence."

18. 原則として、こうした「手がかり」は獲得されることもありうる。たとえばクジラの尾に固着するフジツボや、ゾウの耳の裂け目などは、個体独特のものとなって個体の識別を可能にする。

19. 哺乳類と鳥類以外では、個体（とくにつがいの相手以外の個体）が認識される例はきわめて希少だ。R. W. Wrangham, "Social Relationships in Comparative Perspective," in R. A. Hinde, ed., *Primate Social Relationships: An Integrated Approach* (Oxford: Blackwell, 1983), pp. 325–334; P. d'Ettorre, "Multiple Levels of Recognition in Ants: A Feature of Complex Societies," *Biological Theory* 3 (2008): 108–113. 協力にかんしては以下を参照。J. M. McNamara, Z. Barta, and A. I. Houston, "Variation in Behaviour Promotes Cooperation in the Prisoner's Dilemma Game," *Nature* 428 (2004): 745–748; and S. F. Brosnan, L. Salwiczek, and R. Bshary, "The Interplay of Cognition and Cooperation," *Philosophical Transactions of the Royal Society B* 365 (2010): 2699–2710.

20. 中国の西安を訪ねれば、人間の顔の多様性のみごとなまでの証拠が見られる。ここには兵士をかたどったテラコッタの像（兵馬俑）が何千と残されており、そのすべてが互いに異なる独自の形の耳を持っている。したがって、これはおそらく当時の生身の兵士たちをモデルにしたのだろうと考えられている。E. Quill, "Were the Terracotta Warriors Based on Actual People?," *Smithsonian*, March 2015.

21. 興味深いことに、総じて人間の顔は左右にほんの少ししか違いがない。そして顔面の対称性は、しばしば美しさの一基準とみなされる。B. C. Jones et al., "Facial Symmetry and Judgements of Apparent Health," *Evolution and Human Behavior* 22 (2001): 417–429; K. Grammer and R. Thornhill, "Human *(Homo sapiens)* Facial Attractiveness and Sexual Selection: The Role of Symmetry and Averageness," *Journal of Comparative Psychology* 108 (1994): 233–242; J. E. Scheib, S. W. Gangestad, and R. Thornhill, "Facial Attractiveness, Symmetry and Cues of Good Genes," *Proceedings of the Royal Society* B 266 (1999): 1913–1917.

22. Sheehan and Nachman, "Morphological and Population Genomic Evidence."

23. J. Freund et al., "Emergence of Individuality in Genetically Identical Mice," *Science* 340 (2013): 756–759.

24. その利点の一つは、誰がどれだけ協力的であるかを伝えあえることだったのかもしれない。実際、人間のおとなは他者の顔だけにもとづいて、その人がどれだけ寛大に返礼してくれそうかを即座に、直観的に、正確に判断できるという証拠がある。以下を参照。J. F. Bonnefon, A. Hopfensitz, and W. De Neys, "Can We Detect Cooperators by Looking at Their Face?," *Current Directions in Psychological Science* 26 (2017): 276–281.

25. R. A. Hinde, "Interactions, Relationships and Social Structure," *Man* 11 (1976): 1–17.

26. J. van Lawick-Goodall, *In the Shadow of Man* (Boston: Houghton Mifflin, 1971).（邦訳：『森の隣人：チンパンジーと私』河合雅雄訳　朝日選書）

27. L. A. Parr, "The Evolution of Face Processing in Primates," *Philosophical Transactions of*

3. 芸術家や語り部はずっと昔から、人間と動物の混成物が持つ不穏な本質を探ってきた。その歴史は少なくともギリシャ神話のキマイラまでさかのぼる。しかし近代科学はそうした混成物に対して独自の執着を持つ。17世紀には動物から人間への輸血が行なわれ、1838年には史上初の異種移植としてブタの角膜が人間に移植され、1984年にはヒヒの心臓が生まれたばかりの女児「ベイビー・フェイ」に埋め込まれ、2017年には人間の幹細胞を成長中のブタの胚に統合する試みが成功した。D. K. C. Cooper, "A Brief History of Cross-Species Organ Transplantation,"*Baylor University Medical Center Proceedings* 25 (2012): 49–57; K. Reemtsma, "Xenotransplantation: A Historical Perspective," *Institute for Laboratory Animal Research Journal* 37 (1995): 9–12.
4. B. Hölldobler and E. O. Wilson, *The Ants* (Cambridge, MA: Harvard University Press, 1990).
5. ハダカデバネズミやダマラランドデバネズミなど、デバネズミ科のいくつかの種は真社会性を有していると考えられる。また、ハタネズミの一部の社会的な種も真社会性の行動を示している可能性がある。H. Burda, R. L. Honeycutt, S. Begall, O. Locker-Grütjen, and A. Scharff, "Are Naked and Common Mole-Rats Eusocial and If So, Why?," *Behavioral Ecology and Sociobiology* 47 (2000): 293–303.
6. これらのほかに真社会性の専門的な基準として、コロニー内に世代重複があるということが挙げられる。真社会性は、ミツバチ科、スズメバチ科、アリ科、シロアリ目といった昆虫のいくつかの分類群や、サンゴ礁に生息するテッポウエビ科の一部の種（ここでは何度も！）、哺乳類では（興味深い例外として）デバネズミなどにおいて、それぞれ独立して進化してきた。真社会性の集団は、協力して子の世話をする、世代重複している、繁殖をする下位集団としない下位集団で分業がなされるという三つの特質を備えた一種の社会組織と定義される。
7. M. dos Reis, J. Inoue, M. Hasegawa, R. J. Asher, P. C. J. Donoghue, and Z. Yang, "Phylogenomic Datasets Provide Both Precision and Accuracy in Estimating the Time-scale of Placental Mammal Phylogeny," *Proceedings of the Royal Society B* 279 (2012): 3491–3500. しかたのないことだが、これらの推定値は必ずしも正確ではない。たとえば人間とチンパンジーの分岐点は、1300万年前から400万年前のあいだのどこかだと考えられている。
8. J. Parker, G. Tsagkogeorga, J. A. Cotton, Y. Liu, P. Provero, E. Stupka, and S. J. Rossiter, "Genome-Wide Signatures of Convergent Evolution in Echolocating Mammals," *Nature* 502 (2013): 228–231. 反響定位にかんしては、コウモリとイルカのように分類的に遠く離れた生物のあいだでも、収斂進化した表現型にかかわる遺伝子は類似しているようであることがわかっている。
9. S. C. Morris, Life's Solution: *Inevitable Humans in a Lonely Universe* (Cambridge: Cambridge University Press, 2003), p. 128.（邦訳：『進化の運命：孤独な宇宙の必然としての人間』遠藤一佳、更科功訳　講談社）
10. 同上。
11. 同上。p. 248.
12. S. Gould, *Wonderful Life: The Burgess Shale and the Nature of History* (New York: W. W. Norton, 1990).（邦訳：『ワンダフル・ライフ：バージェス頁岩と生物進化の物語』渡辺政隆訳　ハヤカワ文庫）
13. 個性にかんする一つの興味深い疑問は、各人の個性が時間を経てもほとんど変わらない一方で、個人ごとの個性の違いがこうも多様なのはなぜなのかということだ。たとえば以下を参照。M. Wolf, G. S. van Doorn, O. Leimar, and F. J. Weissing, "Life-History Trade-Offs Favour the Evolution of Animal Personalities," *Nature* 447 (2007): 581–584; and M. Wolf and F. J. Weissing, "An Explanatory Framework for Adaptive Personality Differences," *Philosophical Transactions of the Royal Society B* 365 (2010): 3959–3968.
14. M. J. Sheehan and M. W. Nachman, "Morphological and Population Genomic Evidence

Human Behavior 38 (2017): 102–108.

75. R. A. Hammond and R. Axelrod, "The Evolution of Ethnocentrism," *Journal of Conflict Resolution* 50 (2006): 1–11.

76. F. Fu, C. E. Tarnita, N. A. Christakis, L. Wang, D. G. Rand, and M. A. Nowak, "Evolution of Ingroup Favoritism," *Scientific Reports* 2 (2012): 460.

77. この話は以下に記されている。R. M. Sapolsky, Behave: *The Biology of Humans at Our Best and Worst* (New York: Penguin, 2017), p. 409. アーミステッドは残念ながらその病院で亡くなった。

78. Y. Dunham, E. E. Chen, and M. R. Banaji, "Two Signatures of Implicit Intergroup Attitudes: Developmental Invariance and Early Enculturation, "*Psychological Science* 24 (2013): 860–868; Y. Dunham, A. S. Baron, and M. R. Banaji, "The Development of Implicit Intergroup Cognition," *Trends in Cognitive Sciences* 12 (2008): 248–253. もちろん文化化の役割も大きいのは明らかだ。

79. A. V. Shkurko, "Is Social Categorization Based on Relational Ingroup/Outgroup Opposition? A Meta-Analysis," *Social Cognitive and Affective Neuroscience* 8 (2013): 870–877.

80. M. B. Brewer, "The Psychology of Prejudice: Ingroup Love or Outgroup Hatred?," *Journal of Social Issues* 55 (1999): 429–444.

81. Yamagishi, Jin, and Kiyonari, "Bounded Generalized Reciprocity," p. 173.

82. G. Allport, *The Nature of Prejudice* (Reading, MA: Addison-Wesley, 1954), p. 42.（邦訳：『偏見の心理』原谷達夫、野村昭共訳　培風館）

83. 内集団バイアスは、上位ゴールを共有することの効果さえも覆しかねない。たとえ実際に外集団と上位ゴールを共有していても、それは必ずしも外集団に対してポジティブな見方をすることにはつながらず、ましてやそれゆえに外集団に優しさが向けられることもない。それは結局、この規模が大きくなった集団にも内集団があいかわらず自分たちの期待を投影するからなのかもしれない。せいぜい望めるのは、内集団が外集団に属する個人を、今や全員が属している上位集団の駄目なメンバーとみなすことぐらいだろう。

84. H. C. Triandis, *Individualism and Collectivism* (Boulder, CO: Westview Press, 1995)（邦訳：『個人主義と集団主義：2つのレンズを通して読み解く文化』神山貴弥、藤原武弘編訳　北大路書房）

85. C. Lévi-Strauss, *Structural Anthropology*, trans. C. Jacobson and B. G. Schoepf (New York: Basic Books, 1967).（邦訳：『構造人類学』荒川幾男ほか訳　みすず書房）。ちなみに、社会的対立を二元的に捉える人間の見方（「われわれ」対「かれら」）は、私たちがなぜフィクションで描かれるもっと複雑で競争的な接触――『続・夕陽のガンマン』（原題を直訳すれば「善玉、悪玉、卑劣漢」）における三つ巴の決闘や、『ホビット　決戦のゆくえ』における五軍の合戦など――に喜びながらも混乱するのかを説明する一助となるだろう。

86. R. W. Emerson, *Essays and English Traits by Ralph Waldo Emerson* (1841; New York: Cosimo Classics, 1909), pp. 109–124.

87. *Hruschka,Friendship.*

第9章

1. A. Starr and M. L. Edwards, "Mitral Replacement: Clinical Experience with a Ball-Valve Prosthesis," *Annals of Surgery* 154 (1961): 726–740.

2. J. P. Binet, A. Carpentier, J. Langlois, C. Duran, and P. Colvez, "Implantation de valves hétérogènes dans le traitement des cardiopathies aortiques," *Comptes rendus des séances de l'Académie des sciences. Série D, Sciences naturelles* 261 (1965): 5733–5734.

Penguin Books India, 1992), p. 520.（邦訳：『実利論：古代インドの帝王学』（上・下）上村勝彦訳　岩波文庫）

58. A. Rapoport, "Mathematical Models of Social Interaction," in R. A. Galanter, R. R. Lace, and E. Bush, eds., *Handbook of Mathematical Sociology*, vol. 2 (New York: John Wiley and Sons, 1963), 493–580.

59. H. Tajfel, M. Billig, R. Bundy, and C. Flament, "Social Categorization in Intergroup Behaviour," *European Journal of Social Psychology* 1 (1971): 149–178.

60. "Paul Klee and Wassily Kandinsky," Wassily Kandinsky: Biography, Paintings, and Quotes, Wassily-Kandinsky.org, 2011, http://www.wassily-kandinsky.org/kandinsky -and-paul-klee.jsp.

61. M. Billig and H. Tajfel, "Social Categorization and Similarity in Intergroup Behaviour," *European Journal of Social Psychology* 3 (1973): 27–55.

62. Tajfel et al., "Social Categorization."

63. T. Yamagishi, N. Jin, and T. Kiyonari, "Bounded Generalized Reciprocity: Ingroup Boasting and Ingroup Favoritism," *Advances in Group Processes* 16 (1999): 161–197.

64. 報酬が集団内の他者の行動に依存していない場合、人は内集団バイアスを示さないことが実験でわかっている。J. M. Rabbie and H. F. M. Lodewijkx, "Conflict and Aggression: An Individual-Group Continuum," *Advances in Group Processes* 11 (1994): 139–174.

65. 協力というコストの高い行動がどうして人間集団のなかに生じ、なくなりもしないのかについては、これまでに多くの説が出されてきた。制裁権を持つ中央の権威が全体をまとめられるから。（ハミルトンが論じたように）血縁関係にもとづく包括適応度の面で有利だから。あるいは市場相互作用、連続的な交流にもとづく互恵関係、社会規範などを通じた非中央集権的な実施、群選択などに答えを見いだす説もある。

66. M. B. Brewer, "The Psychology of Prejudice: Ingroup Love or Outgroup Hatred?," *Journal of Social Issues* 55 (1999): 429–444.

67. M. Sherif, O. J. Harvey, B. J. White, W. R. Hood, and C. W. Sherif, *Intergroup Conflict and Cooperation: The Robbers Cave Experiment* (Norman: Institute of Group Relations, University of Oklahoma, 1961). この研究で報告されている実験は、シェリフが行なった最初の実験ではないと見られる。別の少年集団は想定された行動をしなかったために、シェリフはその結果を認めようとしなかった。G. Perry, *The Lost Boys: Inside Muzafer Sherif's Robbers Cave Experiment* (Melbourne: Scribe, 2018).

68. Sherif et al., *Intergroup Conflict*, p. 98.

69. 同上。p. 151.

70. 同上。

71. 2001年9月11日の夜にも似たようなことが起こった。アメリカ連邦議会の150名の議員が党派を超えて国会議事堂の階段に集まり、全員で「ゴッド・ブレス・アメリカ」を歌った。"The Singing of 'God Bless America' on September 11, 2001," History, Art and Archives, U.S. House of Representatives, http://history.house.gov/HistoricalHighlight/Detail/36778.

72. W. G. Sumner, *Folkways: A Study of the Sociological Importance of Usages, Manners, Customs, Mores, and Morals* (Boston: Ginn, 1906), pp. 12–13.（邦訳：『フォークウェイズ』青柳清孝、園田恭一、山本英治訳　青木書店）

73. 同じ種に属する個体を殺すことも動物界では珍しい。以下を参照。J. M. Gomez, M. Verdo, A. Gonzalez-Negras, and M. Mendez, "The Phylogenetic Roots of Human Lethal Violence," *Nature* 538 (2016): 233–237.

74. J. K. Choi and S. Bowles, "The Coevolution of Parochial Altruism and War," *Science* 318 (2007): 636–640. 以下も参照。M. R. Jordan, J. J. Jordan, and D. G. Rand, "No Unique Effect of Intergroup Competition on Cooperation: Non-Competitive Thresholds Are as Effective as Competitions Between Groups for Increasing Human Cooperative Behavior," *Evolution and*

る）。

46. J. Perkins, S. Subramanian, and N. A. Christakis, “A Systematic Review of Sociocentric Network Studies on Health Issues in Low-and Middle-Income Countries,” *Social Science and Medicine* 125 (2015): 60–78.

47. Apicella et al., “Social Networks and Cooperation.”

48. C. M. Rawlings and N. E. Friedkin, “The Structural Balance Theory of Sentiment Networks: Elaboration and Test,” *American Journal of Sociology* 123 (2017): 510–548.

49. S. Sampson, “Crisis in a Cloister”(PhD diss., Cornell University, 1969).

50. ソシオセントリックなネットワークのマッピングをともなういじめの研究については、以下を参照。C. Salmivalli, A. Huttunen, and K. M. J. Lagerspetz, “Peer Networks and Bullying in Schools,” *Scandinavian Journal of Psychology* 38 (1997): 305–312; and G. Huitsing and R. Veenstra, “Bullying in Classrooms: Participant Roles from a Social Network Perspective,” *Aggressive Behavior* 38 (2012): 494–509. 職場についての研究には、以下のようなものがある。L. Xia, Y. C. Yuan, and G. Gay, “Exploring Negative Group Dynamics: Adversarial Network, Personality, and Performance in Project Groups,” *Management Communication Quarterly* 23 (2009): 32–62; A. Gerbasi, C. L. Porath, A. Parker, G. Spreitzer, and R. Cross, “Destructive De-Energizing Relationships: How Thriving Buffers Their Effect on Performance,” *Journal of Applied Psychology* 100 (2015): 1423–1433; and G. Labianca and D. J. Brass, “Exploring the Social Ledger: Negative Relationships and Negative Asymmetry in Social Networks in Organi- zations,” *Academy of Management Review* 31 (2006): 596–614.

51. 18,819名のプレーヤーが参加した445日間にわたるゲームの分析結果は、さまざまな種類のポジティブなつながり（直接メッセージを送るなど）とネガティブなつながり（敵に賞金をかけるなど）を明らかにした。ポジティブなつながりの数はネガティブなつながりの数を10倍から10倍の範囲で上回っていた。ポジティブなつながりが全体の約60パーセントから80パーセントの割合で相互関係だったのに対し、ネガティブなつながりが相互関係になっていたのは約10パーセントから20パーセントでしかなかった。M. Szell, R. Lambiotte, and S. Thurner, “Multirelational Organization of Large-Scale Social Networks in an Online World,” *PNAS: Proceedings of the National Academy of Sciences* 107 (2010): 13636–13641. オンラインネットワークでのネガティブなつながりの別の例は、以下を参照。G. Facchetti, G. Iacono, and C. Altafini, “Computing Global Structural Balance in Large-Scale Signed Social Networks” *PNAS: Proceedings of the National Academy of Sciences* 108 (2011): 20953–20958.

52. Shakya et al., “Exploiting Social Influence.” 敵対的なつながりについての私たちの研究は以下に記述してある。A. Isakov, J. H. Fowler, E. M. Airoldi, and N. A. Christakis, “The Structure of Negative Ties in Human Social Networks”

53. 世界銀行によれば、ホンジュラスの殺人率は2011年に10万人当たり93.2人でピークに達し、2014年には10万人当たり74.6人にまで低下している。比較のために、ほかの国の統計を挙げておく。2013年のアメリカでは10万人当たり3.9人、2013年のイギリスでは10万人当たり0.9人、2014年のロシア連邦では10万人当たり9.5人。“Intentional Homicides (per 100,000 People),” World Bank, https://data.worldbank.org/indicator/ VC.IHR.PSRC.P5?year_high_desc=false.

54. この測定の標準偏差は2.6。

55. 標準偏差は1.2。

56. 標準偏差は1.3。

57. G. Simmel, *The Sociology of Georg Simmel* (New York: Simon and Schuster, 1950); F. Heider, “Attitudes and Cognitive Organization,” *Journal of Psychology* 21 (1946): 107–112; D. Cartwright and F. Harary, “Structural Balance: A Generalization of Heider’s Theory,” *Psychology Review* 63 (1956): 277–293.「敵の敵は友」という見方は、わかっているかぎり最も古いところで紀元前4世紀から現れている。L. N. Rangarajan, *The Arthashastra* (New Delhi:

ある。「いっしょにスポーツをする相手は誰ですか」「健康上のアドバイスを求める相手は誰ですか」等々。

44. A. J. O'Malley, S. Arbesman, D. M. Steiger, J. H. Fowler, and N. A. Christakis, "Egocentric Social Network Structure, Health, and Pro-Social Behaviors in a National Panel Study of Americans," *PLOS ONE* 7 (2012): e36250. これは先行研究とも一致する。以下を参照。P. V. Marsden, "Core Discussion Networks of Americans," *American Sociological Review* 52 (1987): 122–131; M. McPherson, L. Smith-Lovin, and M. E. Brashears, "Social Isolation in America: Changes in Core Discussion Networks over Two Decades," *American Sociological Review* 71 (2006): 353–375. 人は当然ながら、これらの質問に対して配偶者やきょうだいも答えに含める。したがって類縁関係のない友達のみに限って特定したいなら、縁者は選択肢から外しておくといい。

45. この図版の各図の説明は以下のとおり。(a)スーダンのニャンガトム族の男性91名のあいだでの贈答ネットワーク（誰が誰に匿名の贈り物をするかを示したつながり）。つながりのうち、34が家族間（きょうだいへ）のつながりで、239が友達間のつながり。(b)ウガンダのある村に住む男性96名のあいだでの贈答ネットワーク。35が家族間のつながりで、151が友達間のつながり。 (c)タンザニアのハッザ族の女性103名のネットワーク。住まいを今後ともにしたい理想的な相手は誰かという質問に対する回答にもとづいて作成。179が家族間のつながりで、183が友達間のつながり。(d)ホンジュラスのある村の住民216名（男性78名、女性138名）のネットワーク。235が家族間のつながりで、505が友達間のつながり。この村では男女がほどよく交じりあっているように見える（男性をあらわす青い点と女性をあらわす赤い点が交互に点在している）。もう一つの注意点として、時計の盤面の1時のあたりから7時のあたりまで一本の線が引かれているようなら、その村は二つの社会的コミュニティに分けられると見ていい（そこではコミュニティ間よりもコミュニティ内でのつながりのほうが多い）。(e) ウガンダのある村の住民261名（男性121名、女性140名）のネットワーク。173が家族間のつながりで、657が友達間のつながり。この村の注目点は、男女が比較的分離しているところだ（青い点と赤い点があまり均一に混在しておらず、したがって男性は男性と、女性は女性とつきあう傾向が強いと言える）。(f)インドのある村の住民214名（男性95名、女性119名）のネットワーク。107が家族間のつながりで、569が友達間のつながり。ここでも男女が社会的に分離して、青い点の集まりと赤い点の集まりをつくっている。これらのデータは、インドの村にかんするものを除き、すべて私の研究室がみずから収集したものと発表済みの論文から採取したものである（インドの村については別のところが集めた生データを利用した）。以下を参照。L. Glowacki, A. Isakov, R. W. Wrangham, R. McDermott, J. H. Fowler, and N. A. Christakis, "Formation of Raiding Parties for Intergroup Violence Is Mediated by Social Network Structure," *PNAS: Proceedings of the National Academy of Sciences* 113 (2016): 12114–12119; J. M. Perkins et al., "Food Insecurity, Social Networks and Symptoms of Depression Among Men and Women in Rural Uganda: A Cross-Sectional, Population-Based Study," *Public Health Nutrition* 21 (2018): 838–848; C. L. Apicella, F. W. Marlowe, J. H. Fowler, and N. A. Christakis, "Social Networks and Cooperation in Hunter-Gatherers," *Nature* 481 (2012): 497–501; H. N. Shakya et al., "Exploiting Social Influence to Magnify Population-Level Behaviour Change in Maternal and Child Health: Study Protocol for a Randomised Controlled Trial of Network Targeting Algorithms in Rural Honduras," *BMJ Open* 7 (2017): e012996; H. B. Shakya, N. A. Christakis, and J. H. Fowler, "Social Network Predictors of Latrine Ownership," *Social Science and Medicine* 125 (2015): 129–138. ホンジュラス、ウガンダ、インドの村にかんしては少々異なるネーム・ジェネレーターが使われているが、つながりの定義は全般に、誰から社会的支援を得ているか、誰といっしょに過ごしているかという質問に対する回答にもとづいている。そのような相手として家族を挙げる答えもあった（節点間のオレンジ色の線で示されている）が、ほとんどの答えでは、近しい家族ではない誰かがその対象になっていた（灰色の線で示されてい

of the National Academy of Sciences 111 (2014): 10796–10801. ほかの種におけるホモフィリーについては以下を参照。D. Lusseau and M. E. J. Newman, "Identifying the Role That Animals Play in Their Social Networks," *Proceedings of the Royal Society B* 271 (2004): S477–S481; L. J. H. Brent, J. Lehmann, and G. Ramos-Fernández, "Social Network Analysis in the Study of Nonhuman Primates: A Historical Perspective," *American Journal of Primatology* 73 (2011): 720–730.

33. L. M. Guth and S. M. Roth, "Genetic Influence on Athletic Performance," *Current Opinion in Pediatrics* 25 (2013): 653–658.

34. Y. T. Tan, G. E. McPherson, I. Peretz, S. F. Berkovic, and S. J. Wilson, "The Genetic Basis of Music Ability," *Front Psychology* 5 (2014): 658.

35. ホモフィリーはヘテロフィリーよりもずっと多様な条件のもとで進化している。適応度の面で、相違していることの有利さが類似していることの有利さを上回る場合でさえ、ホモフィリーのほうが進化する。F. Fu, M. A. Nowak, N. A. Christakis, and J. H. Fowler, "The Evolution of Homophily," *Scientific Reports* 2 (2012): 845.

36. Christakis and Fowler, "Friendship and Natural Selection." 以下も参照。B. W. Domingue, D. W. Belsky, J. M. Fletcher, D. Conley, J. D. Boardman, and K. M. Harris, "The Social Genome of Friends and Schoolmates in the National Longitudinal Study of Adolescent to Adult Health," *PNAS: Proceedings of the National Academy of Sciences* 115 (2018): 702–707; and J. H. Fowler, J. E. Settle, and N. A. Christakis, "Correlated Genotypes in Friendship Networks," *PNAS: Proceedings of the National Academy of Sciences* 108 (2011): 1993–1997.

37. 友情スコアの１標準偏差の変動で、友情関係の有無における分散の約1.4パーセントを説明できる。Christakis and Fowler, "Friendship and Natural Selection." これは、現時点で最良の遺伝スコアによって、ある程度の統合失調症と双極性障害の分散（0.4パーセントから3.2パーセント）やボディマス指数の分散（1.5パーセント）が説明されるのと同じようなものである。比較として以下を参照。S. M. Purcell et al., "Common Polygenic Variation Contributes to Risk of Schizophrenia and Bipolar Disorder," *Nature* 460 (2009): 748–752; and E. K. Speliotes et al., "Association Analyses of 249,796 Individuals Reveal 18 New Loci Associated with Body Mass Index," *Nature Genetics* 42 (2010): 937–948.

38. D. Lieberman, J. Tooby, and L. Cosmides, "The Architecture of Human Kin Detection," *Nature* 445 (2007): 727–731.

39. 実際、この考えに合致するように、仮想の血縁に結びついた慣習は非常に多くの社会に見られる。人間は親友のことを「代父（コンパードレ）」と呼んだり、「名付け親」や「乳母」を持ったり、戦友のことを「戦場での兄弟（ブラザーズ・イン・アームズ）」と称したり、友達に対して「兄弟（ブロ）」や「姉妹（シス）」と呼びかけたりするのである。

40. E. Herrmann et al., "Humans Have Evolved Specialized Skills of Social Cognition: The Cultural Intelligence Hypothesis," *Science* 317 (2007): 1360–1366.

41. こうした効果は、本質的に相乗作用を持つ表現型の進化をとくに加速させただろう。だとすれば、人間の進化が加速しているという説の補強にもなるかもしれない。J. Hawks, E. T. Wang, G. M. Cochran, H. C. Harpending, and R. K. Moyzis, "Recent Acceleration of Human Adaptive Evolution," *PNAS: Proceedings of the National Academy of Sciences* 104 (2007): 20753–20758.

42. W. D. Hamilton, "Innate Social Aptitudes of Man: An Approach from Evolutionary Genetics," in R. Fox, ed., *Biosocial Anthropology* (London: Malaby Press, 1975), pp. 133– 153; J. M. Smith, "Group Selection," *Quarterly Review of Biology* 51 (1976): 277–283.

43. H.B. Shakya, N. A. Christakis, and J. H. Fowler, "An Exploratory Comparison of Name Generator Content: Data from Rural India," *Social Networks* 48 (2017): 157–168. もちろんこれら以外にも、さまざまな特殊なつながりや軽いつながりを特定するのに使える質問はたくさん

はなく、親の代からの引き継ぎや、氏族の絆にもとづいて、あるいは年長者の薦めにしたがって友情関係が結ばれる。また、婚姻と同じように、公的、私的な儀式のもとで友情関係が固められることもある。

16. F. Kaplan, "The Idealist in the Bluebonnets: What Bush's Meeting with the Saudi Ruler Really Means," *Slate*, April 26, 2005.

17. Hruschka, *Friendship*, p.17.

18. S. Perry, "Capuchin Traditions Project," UCLA Department of Anthropology, http://www.sscnet.ucla.edu/anthro/faculty/sperry/ctp.html.

19. たとえば経済的にも法的にも先が予測しにくい（腐敗国家のような）社会では、人は自分の友達を守るために進んで嘘をつく。Hruschka, Friendship, p. 186.

20. J. C. Williams, *White Working Class: Overcoming Class Cluelessness in America* (Boston: Harvard Business Review Press, 2017)（邦訳：『アメリカを動かす「ホワイト・ワーキング・クラス」という人々：世界に吹き荒れるポピュリズムを支える"真・中間層"の実体』山田美明、井上大剛訳　集英社）。以下も参照。M. Small, *Unanticipated Gains: Origins of Network Inequality in Everyday Life* (Oxford: Oxford University Press, 2009).

21. B. Bigelow, "Children's Friendship Expectations: A Cognitive-Developmental Study," *Child Development* 48 (1977): 246–253.

22. M. Taylor, *Imaginary Companions and the Children Who Create Them* (New York: Oxford University Press, 1999), pp. 30–33. かつては想像上の友達を持つのは心理学的に不適応とみなされていたが、今ではそのように解釈されることはない。むしろ想像上の友達を持つ子供は、持たない子供よりも外向的で、知能も社会的能力も高い。

23. E. A. Madsen, R. J. Tunney, F. Fieldman, and H. C. Plotkin, "Kinship and Altruism: A Cross-Cultural Experimental Study," *British Journal of Psychology* 93 (2007): 339–359.

24. ただし友情が必ずしも互恵関係ではなさそうだからといって、友情の究極的な起源に互恵関係がないということにはならない。

25. J. Tooby and L. Cosmides, "Friendship and the Banker's Paradox: Other Pathways to the Evolution of Adaptations for Altruism," *Proceedings of the British Academy* 88 (1996): 119–143.

26. 同上。p. 132.

27. Hruschka, *Friendship*; R. M. Seyfarth and D. L. Cheney, "The Evolutionary Origins of Friendship," *Annual Review of Psychology* 63 (2012): 153–177. 以下も参照。A. Burt, "A Mechanistic Explanation of Popularity: Genes, Rule Breaking, and Evocative Gene-Environment Correlations," *Journal of Personality and Social Psychology* 96 (2009): 783–794; G. Guo, "Genetic Similarity Shared by Best Friends Among Adolescents," *Twin Research and Human Genetics* 9 (2006): 113–121; J. H. Fowler, C. T. Dawes, and N. A. Christakis, "Model of Genetic Variation in Human Social Networks," *PNAS: Proceedings of the National Academy of Sciences* 106 (2009): 1720–1724; J. D. Boardman, B. W. Domingue, and J. M. Fletcher, "How Social and Genetic Factors Predict Friendship Networks," *PNAS: Proceedings of the National Academy of Sciences* 109 (2012): 17377–17381; and M. Brendgen, "Genetics and Peer Relations: A Review," *Journal of Research on Adolescence* 22 (2012): 419–437.

28. Fowler, Dawes, and Christakis, "Model of Genetic Variation."

29. Tooby and Cosmides, "Friendship and the Banker's Paradox," p. 137.

30. M. McPherson, L. Smith-Lovin, and J. M. Cook, "Birds of a Feather: Homophily in Social Networks," *Annual Review of Sociology* 27 (2001): 415–444.

31. C. Parkinson, A. M. Kleinbaum, and T. Wheatley, "Similar Neural Responses Predict Friendship," *Nature Communications* 9 (2018): 332.

32. N. A. Christakis and J. H. Fowler, "Friendship and Natural Selection," *PNAS: Proceedings*

Prendergast, K. Sheehan, and P. DeGregory, "Mom Dies After Saving Daughter from Out-of-Control Car," *New York Post*, May 14, 2017; and K. Mettler, "She Dived in the Water to Save Her Son," *Washington Post*, August 29, 2016. 以下も参照。R. Wright, *The Moral Animal* (New York: Vintage, 1995)（邦訳：『モラル・アニマル』（上・下）ロバート・ライト著、小川敏子訳　講談社、1995年）; W. B. Swann et al., "What Makes a Group Worth Dying For? Identity Fusion Fosters Perception of Familial Ties, Promoting Self-Sacrifice," *Journal of Personality Social Psychology* 106 (2014): 912–926; and R. M. Fields and C. Owens, *Martyrdom: The Psychology, Theology, and Politics of Self - Sacrifice* (Westport, CT: Greenwood, 2004).

6. ヨハネによる福音書15章13節。（翻訳は『聖書　新共同訳』より）
7. P. Holley, "Zaevion Dobson, High School Football Hero Who Died Shielding Girls from Gunmen, Honored at ESPYS," *Washington Post*, July 13, 2016.
8. S. Goldstein, "Connecticut Teen Is Fatally Hit by Car While Saving Friend, Unwittingly Completes Bucket List," *New York Daily News*, July 13, 2015.
9. Tribune Media Wire, "Teen Completes 'Bucket List' by Sacrificing Her Life to Save Friend," WNEP-TV (Moosic, PA) July 14, 2015.
10. A. Spital, "Public Attitudes Toward Kidney Donation by Friends and Altruistic Strangers in the United States," *Transplantation* 71 (2001): 1061–1064. アメリカでの調査では、回答者の90パーセントが友人のために臓器を提供してもよいと答え、80パーセントが見知らぬ他人のためにも提供できると答えている。友人への臓器提供については、以下の報道を参照。C. Watts, "Amy Grant's Daughter Donates Kidney to Best Friend," *USA Today*, January 26, 2017; and A. Wilson, "'Heard Urine Need of a Kidney': Friend Donates Kidney to Man 'Days Away from Failure,'" Global News, July 27, 2016. 以下には、ナチのユダヤ人強制収容所での非常に印象的な利他行動の例が列挙されている。A. B. Shostak, Stealth Altruism: *Forbidden Care as Jewish Resistance in the Holocaust* (London: Routledge, 2017). 人は赤の他人のためにもみずからの命を危険にさらすことがあり、しかもしばしば本能的にその行動を選ぶ。実際にそのような行動をした人物に贈られるカーネギー英雄基金のメダルの受賞者51名（平均年齢36歳、82パーセントが男性）の事例については、以下を参照。D. G. Rand and Z. G. Epstein, "Risking Your Life Without a Second Thought: Intuitive Decision-Making and Extreme Altruism," *PLOS ONE* 9 (2014): e109687.
11. D. Gilbert, *Stumbling on Happiness* (New York: Knopf, 2006)（邦訳：『明日の幸せを科学する』熊谷淳子訳　ハヤカワ文庫）
12. D. J. Hruschka, *Friendship: Development, Ecology, and Evolution of a Relationship* (Berkeley: University of California Press, 2010), p. 35. 友情についてのシニカルな（そして不正確な）説——人間以外の社会的な種に見られる友情関係の証拠とも一致せず、進化的な見方をすれば費用と便益はつねに最終的には釣り合っているという現実にも一致しない説——では、友情とは、誰かがつねに別の誰かの便益のために利用されている不平等な関係を標準化し、正当化するための文化的制度にすぎないとされる。
13. 歴史家のミシェル・フーコーは同性愛を一種の友情として論じたが、私の見解では、同性愛欲求は同性間友情よりも異性愛欲求に似たものである。M. Foucault, "Friendship as a Way of Life," in M. Foucault and P. Rabinow, eds., *Essential Works of Foucault*, 1954–1984, vol. 1, *Ethics: Subjectivity and Truth* (New York: New Press, 1997), pp. 135–140.（邦訳：「生の様式としての友情について」、『同性愛と生存の美学』増田一夫訳　哲学書房　所収）
14. A. Aron, E. N. Aron, and D. Smollan, "Inclusion of Other in the Self Scale and the Structure of Interpersonal Closeness," *Journal of Personality and Social Psychology* 63 (1992): 596–612.
15. Hruschka, *Friendship*. いくつかの社会では、友達とは必ずしも個人がみずから選ぶもので

Social Behaviour," *Journal of Theoretical Biology* 7 (1964): 17–52. 一つの遺伝子がその所有者に、形質を発現できる能力と、他者の形質を察知する能力と、その形質を持つ相手を助けたいという意欲を同時に与えることもあり得る。リチャード・ドーキンスはそれを「緑ひげ効果」と名づけた。そのような遺伝子が、ある動物に緑色のひげを生やすと同時に、緑色のひげを持つ他者を好むよう仕向けるのではないかと想像したのだ。興味をそそられる考えだが、概念上・進化上の問題も少なくないとされる。たとえば、たった一つの遺伝子が（または一組の遺伝子でさえ）そのような効果のすべてを持つのは実際には難しい。それでも、このメカニズムはある種の微生物に見られるようだ。R. Dawkins, *The Selfish Gene* (Oxford: Oxford University Press, 1976)（邦訳：『利己的な遺伝子』日高敏隆、岸由二、羽田節子、垂水雄二訳 紀伊國屋書店）。S. A. West and A. Gardner, "Altruism, Spite, and Greenbeards," *Science* 327 (2010): 1341–1344も参照のこと。

88. D. Lieberman, J. Tooby, and L. Cosmides, "The Architecture of Human Kin Detection," *Nature* 445 (2007): 727–731. きょうだいの認識にかんしては、以下も参照のこと。M. F. Dal Martello and L. T. Maloney, "Where Are Kin Recognition Signals in the Human Face?," *Journal of Vision* 6 (2006): 1356–1366.
89. G. Palla, A.-L. Barabási, and T. Vicsek, "Quantifying Social Group Evolution," *Nature* 446 (2007): 664–667.
90. これは、哲学ではテセウスの船問題と呼ばれる。テセウス〔訳注：ギリシア神話に登場する英雄〕がクレタ島で怪物ミノタウロスを退治して帰還したあと、アテナイ人たちは彼の船の原物を何世紀も港に保管したが、船の部品はすべて、折々に交換されていったとされる。この話の一つのバリエーションがいわゆる伝家のナイフ問題で、何世紀もの間に柄も刃も何度も交換されてきた先祖伝来のナイフが問題となる。

第8章

1. C. Gibbons, "The Victims: Real Movie Heroes Saved Their Sweethearts During Colo. Ambush," *New York Post*, July 22, 2012; H. Yan, "Tales of Heroism Abound from Colorado Movie Theater Tragedy," CNN, July 24, 2012; O. Katrandjian, "Colorado Shooting: Victims Who Died While Saving Their Loved Ones," ABC News, July 22, 2012. 2018年11月7日、カリフォルニア州ロサンジェルス近郊のサウザンドオークスで、銃を持った男がとあるバーに入ってきて乱射を始めた（そして最終的に12名の犠牲者が出た）事件でも、多数の男性が一団となって、その場にいた他人を守ろうとした。インタビュー映像に出ていた目撃者はこう語っていた。「大勢が反対側の隅に逃げて重なるように倒れこんだところ、複数の男性が膝立ちになって、私たち全員の盾になってくれたんです。銃を持っている犯人に背中を向けて、私たちの誰にも弾が当たらないようにと」。以下を参照。https://www.goodmorningamerica.com/news/story/multiple-people-injured -reported-mass-shooting-california-bar-59050130.
2. C. Ng and D. Harris, "Women Who Survived Theater Shooting Grieve for Hero Boyfriends," ABC News, July 24, 2012. 以下も参照。"Hero Dies Saving Girlfriend in Theater," CNN, July 24, 2012.
3. Yan, "Tales of Heroism."
4. H. Rosin, "In the Aurora Theater the Men Protected the Women. What Does That Mean?," *Slate*, July 23, 2012.
5. いくつかの事例として、以下の報道を参照。M. Wagner, "Buffalo Dad Who Rescued Fiancée, Two Kids from House Fire Dies While Saving Third Child," *New York Daily News*, February 20, 2016; K. French, "Father, 47, Run Over and Killed in Car Crash Saved His Nine-Year-Old Daughter's Life by Shoving Her to Safety," *Daily Mail*, March 17, 2017; D.

70. S. R. de Kort and N. J. Emory, “Corvid Caching: The Role of Cognition,” T. Zentall and E. A. Wasserman編 *The Oxford Handbook of Comparative Cognition* (Oxford: Oxford University Press, 2012), pp. 390–408に所収; L. P. Acredolo, “Coordinating Perspectives on Infant Spatial Orientation,” R. Cohen編 *The Development of Spatial Cognition* (Hillsdale, NJ: Lawrence Erlbaum, 1985), pp. 115–140に所収; P. Bloom, *Just Babies: The Origins of Good and Evil* (New York: Broadway Books, 2013)（邦訳：『ジャスト・ベイビー：赤ちゃんが教えてくれる善悪の起源』竹田円訳　NTT出版）.

71. S. Perry, C. Barrett, and J. Manson, “White-Faced Capuchin Monkeys Show Triadic Awareness in Their Choice of Allies,” *Animal Behaviour* 67 (2004): 165–170. 他の例については以下を参照のこと。R. W. Wrangham, “Social Relationships in Comparative Perspective,” in R. A. Hinde編 *Primate Social Relationships: An Integrated Approach* (Oxford: Black-well, 1983), pp. 325–334に所収。

72. Seyfarth and Cheney, “Evolutionary Origins,” p. 168.

73. J. B. Silk, “Using the ‘F’-Word in Primatology,” *Behaviour* 139 (2002): 421–446.

74. A. S. Griffin and S. A. West, “Kin Discrimination and the Benefit of Helping in Cooperatively Breeding Vertebrates,” *Science* 302 (2003): 634–636.

75. P. G. Hepper, ed., *Kin Recognitio*n (Cambridge: Cambridge University Press, 1991).

76. W. D. Hamilton, “The Genetical Evolution of Social Behaviour, Pt. 1,” *Journal of Theoretical Biology* 7 (1964): 1–16.

77. はっきりさせておくが、血縁関係が利他精神と協力の出現をうながすからといって、そうした親切な行動が出現するためにはつねに血縁関係が必要だというわけではない。

78. Hamilton, “Genetical Evolution, Pt. 1,” p. 16.

79. S. A. Frank,“Natural Selection. VII: History and Interpretation of Kin Selection Theory,” *Journal of Evolutionary Biology* 26 (2013): 1151–1184; S. A. West, I. Pen, and A. S. Griffin, “Cooperation and Competition Between Relatives,” *Science* 296 (2002): 72–75.

80. K. Belson, “Elders Offer Help at Japan’s Crippled Reactor,” *New York Times*, June 27, 2011. この考え方は、ハミルトンの不等式に組み入れることができる。繁殖価の項vを加えて、受ける人(vr)と与える人(vg)の項により、*r*Bvr－Cvg > 0で表せるのだ。それによって、与える人と受ける人の繁殖価に応じて生じる相対的な利益とコストを変更できる。

81. C. J. Barnard and P. Aldhous, “Kinship, Kin Discrimination, and Mate Choice,” P. G. Hepper編 *Kin Recognition* (Cambridge: Cambridge University Press, 1991), pp. 125–147に所収。

82. W. G. Holmes and P. W. Sherman, “Kin Recognition in Animals,” *American Scientist* 71 (1983): 46–55.

83. F. W. Peek, E. Franks, D. Case, “Recognition of Nest, Eggs, Nest Site, and Young in Female Red-Winged Blackbirds,” *Wilson Bulletin* 84 (1972): 243–249.

84. T. Aubin, P. Jouventin, and C. Hildebrand, “Penguins Use the Two-Voice System to Recognize Each Other,” *Proceedings of the Royal Society B* 267 (2000): 1081–1087.

85. J. Mehler, J. Bertoncini, and M. Barriere, “Infant Recognition of Mother’s Voice,” *Perception* 7 (1978): 491–497. 胎児でさえ母親の声を認識できる。B. S. Kisilevsky et al., “Effects of Experience on Fetal Voice Recognition,” *Psychological Science* 14 (2003): 220–224.

86. M. Greenberg and R. Littlewood, “Post-Adoption Incest and Phenotypic Matching: Experience, Personal Meanings and Biosocial Implications,” *British Journal of Medical Psychology* 68 (1995): 29–44. この現象についての報告をまとめた一般向けの記事として以下を参照のこと。M. Bowerman, “Sexual Attraction to a Long-Lost Parent; Is That a Normal Reaction?,” *USA Today*, August 10, 2016.

87. 結局、動物はハミルトンが認識対立遺伝子と呼んだものを通じて、信号を発現させ認識する能力を進化させるのではないかと考えられる。W. D. Hamilton, “The Genetical Evolution of

54. S. de Silva and G. Wittemyer, "A Comparison of Social Organization in Asian Elephants and African Savannah Elephants," *International Journal of Primatology* 33 (2012): 1125–1141; G. Wittemyer, I. Douglas-Hamilton, and W. M. Getz, "The Socioecology of Elephants: Analysis of the Processes Creating Multi-Tiered Social Structures," *Animal Behaviour* 69 (2005): 1357–1371. さらに上層のレベルが二つある。下位個体群レベルと、個体群レベルだ。

55. Wittemyer, Douglas-Hamilton, and Getz, "Socioecology of Elephants."

56. 同上。

57. De Silva and Wittemyer, "Comparison of Social Organization." アジアゾウがつねに降雨に恵まれた生息環境を占める一方、アフリカゾウは動き回らなくてはいけないし、採食のために競い合う可能性がより高い。捕食の危険にさらされる度合いも異なる。スリランカのゾウには捕食者は（人間以外には）いないが、アフリカゾウの子はライオンに襲われることがある。アフリカゾウが群れをつくるのは、三つの点で捕食者から身を守るのに役立つようだ。まず、開けた環境で採食する動物は、遮蔽物に類したものを求めて仲間と行動を共にしようとすることがある。次に、身を寄せ合うことで、各個体が危険に直面する度合いが減る可能性がある。最後に、動物は集団に属することにより、協力し合って積極的な防衛や捕食の危険性の監視ができるだろう。実際、大規模な系統発生学的分析によれば、開けた環境に暮らす草食動物（ゾウに限らない）のほうが全般により社会的な傾向が見られる。T. Caro, C. Graham, C. Stoner, and J. Vargas, "Adaptive Significance of Anti-Predator Behaviour in Artiodactyls," *Animal Behaviour* 67 (2004): 205–228.

58. L. Weilgart, H. Whitehead, and K. Payne, "A Colossal Convergence," *American Scientist* 84 (1996): 278–287.

59. L. J. N. Brent, D. W. Franks, E. A. Foster, K. C. Balcomb, M. A. Cant, and D. P. Croft, "Ecological Knowledge, Leadership, and the Evolution of Menopause in Killer Whales," *Current Biology* 25 (2015): 746–750.

60. D. Lusseau, "The Emergent Properties of a Dolphin Social Network," *Proceedings of the Royal Society B* 270 (2003): S186–S188. この推移性は技術的理由により、人為的に多少膨らんでしまったかもしれない。原因は、一緒にいるところを目撃された1292組のイルカの個体の二部グラフを元にネットワーク図を作成したことに関係する。

61. D. Lusseau and M. E. J. Newman, "Identifying the Role That Animals Play in Their Social Networks," *Proceedings of the Royal Society B* 271 (2004): S477–S481.

62. J. Wiszniewski, D. Lusseau, and L. M. Moller, "Female Bisexual Kinship Ties Maintain Social Cohesion in a Dolphin Network," *Animal Behaviour* 80 (2010): 895–904.

63. Lusseau, "Emergent Properties." これらのイルカは次数同類選択性を示さないようだ。

64. R. Williams and D. Lusseau, "A Killer Whale Social Network Is Vulnerable to Targeted Removals," *Biology Letters* 2 (2006): 497–500; E. A. Foster et al., "Social Network Correlates of Food Availability in an Endangered Population of Killer Whales, *Orcinus orca*," *Animal Behaviour* 83 (2012): 731–736; O. A. Filatova et al., "The Function of Multi-Pod Aggregations of Fish-Eating Killer Whales *(Orcinus orca)* in Kamchatka, Far East Russia," *Journal of Ethology* 27 (2009): 333–341.

65. 霊長類が友情を持つ可能性について懐疑的な論文の例として、以下を参照のこと。S. P. Henzi and L. Barrett, "Coexistence in Female-Bonded Primate Groups," *Advances in the Study of Behavior* 37 (2007): 43–81.

66. David Premack in Seyfarth and Cheney, "Evolutionary Origins"による。

67. 同上。

68. Scully,*Dominion*,p.194.

69. W. C. McGrew and L. Baehren, "'Parting Is Such Sweet Sorrow,' but Only for Humans?," *Human Ethology Bulletin* 31 (2016): 5–14.

42. 同上。

43. いくつかの例について、以下を参照のこと。M. Scully, *Dominion: The Power of Man, the Suffering of Animals, and the Call to Mercy* (New York: St. Martin's, 2002), p. 206. 異種間の援助行動にかかわる類似例がザトウクジラにも見られる。ザトウクジラは、シャチによる捕食を阻止するためにアザラシやアシカをみずから引き揚げて救助することさえある。以下を参照のこと。E. Kelsey, "The Power of Compassion: Why Humpback Whales Rescue Seals and Why Volunteering for Beach Cleanups Improves Your Health," *Hakai* (August 17, 2017).

44. F. Bibi, B. Kraatz, N. Craig, M. Beech, M. Schuster, and A. Hill, "Early Evidence for Complex Social Structure in Proboscidea from a Late Miocene Trackway Site in the United Arab Emirates," *Biology Letters* 8 (2012): 670–673.

45. P. Pecnerova et al., "Genome-Based Sexing Provides Clues About Behavior and Social Structure in the Woolly Mammoth," *Current Biology* 27 (2017): 3505–3510. 98体のマンモスの標本のうち、計69パーセントがオスだった。

46. ゾウの中核集団では、大半のメンバーが同じミトコンドリアDNAのハプロタイプを持ち(つまり、前の世代の母系に共通の先祖を持ち)、普通は中核集団のゾウのうち、よそ者として集団に加わっているのは1パーセント程度にすぎない。E. A. Archie, C. J. Moss, and S. C. Alberts, "The Ties That Bind: Genetic Relatedness Predicts the Fission and Fusion of Social Groups in Wild African Elephants," *Proceedings of the Royal Society B* 273 (2006): 513–522. これはあまり乱れることのないアンボセリの個体群に当てはまる。もちろん、オスは多くの中核集団のメスとつがい、その結果生じる遺伝子流動によって、中核集団間の遺伝的分化は全体的にかなり減る。

47. Poole, *Coming of Age*, pp. 274–275.

48. Archie, Moss, and Alberts, "Ties That Bind"; G. Wittemyer et al., "Where Sociality and Relatedness Diverge: The Genetic Basis for Hierarchical Social Organization in African Elephants," *Proceedings of the Royal Society B* 276 (2009): 3513–3521.

49. K. R. Hill et al., "Co-Residence Patterns in Hunter-Gatherer Societies Show Unique Human Social Structure," *Science* 331 (2011): 1286–1289. C. L. Apicella, F. W. Marlowe, J. H. Fowler, and N. A. Christakis, "Social Networks and Cooperation in Hunter-Gatherers," *Nature* 481 (2012): 497–501も参照のこと。

50. P. Fernando and R. Lande, "Molecular Genetic and Behavioral Analysis of Social Organization in the Asian Elephant *(Elephas maximus)*," *Behavioral Ecology and Sociobiology* 48 (2000): 84–91; Archie, Moss, and Alberts, "Ties That Bind"; Wittemyer et al., "Where Sociality and Relatedness Diverge."

51. Wittemyer et al., "Where Sociality and Relatedness Diverge." ゾウが血縁関係のない個体と中核集団を形成するという同様の状況が、捕食者が多いタンザニアの別の環境に見られる。K. Gobush, B. Kerr, and S. Wasser, "Genetic Relatedness and Disrupted Social Structure in a Poached Population of African Elephants," *Molecular Ecology* 18 (2009): 722–734. はっきりさせておくが、非血縁者どうしの友情はゾウにも(他の動物と同じように)あり得る。なぜなら、ただ寄り集まるだけで捕食者(ことに生まれたばかりのゾウを襲うライオン)に対する警戒と、資源の防衛という利益が得られるからだ。それらの利点だけでも社会構造をつくり維持する十分な理由になるうえに、遺伝上の血縁者への援助から生じるさらなる利益とは無関係に、進化が社会構造を選択する可能性もある。

52. C. J. Moss and J. H. Poole, "Relationships and Social Structure of African Elephants," in R. A. Hinde, ed., *Primate Social Relationships: An Integrated Approach* (Oxford: Blackwell, 1983), pp. 315–325. C. Moss, *Elephant Memories: Thirteen Years in the Life of an Elephant Family* (New York: William Morrow, 1988)も参照のこと。

53. Archie, Moss, and Alberts, "Ties That Bind."

26. R. C. Connor, "Dolphin Social Intelligence: Complex Alliance Relationships in Bottlenose Dolphins and a Consideration of Selective Environments for Extreme Brain Size Evolution in Mammals," *Philosophical Transactions of the Royal Society B* 362 (2007): 587–602.

27. 以下などを参照のこと。J. E. Tanner, F. G. P. Patterson, G. Francine, and R. W. Byrne, "The Development of Spontaneous Gestures in Zoo-Living Gorillas and Sign-Taught Gorillas: From Action and Location to Object Representation," *Journal of Developmental Processes* 1 (2006): 69–102; J. D. Bonvillian and F. G. P. Patterson, "Early Sign-Language Acquisition: Comparisons Between Children and Gorillas," in S. T. Parker, R. W. Mitchell, and H. L. Miles, eds., *The Mentalities of Gorillas and Orangutans* (New York: Cambridge University Press, 1999), pp. 240–264; H. S. Terrance, *Nim: A Chimpanzee Who Learned Sign Language* (New York: Columbia University Press, 1987).

28. C. Kasper and B. Voelkl, "A Social Network Analysis of Primate Groups," *Primates* 50 (2009): 343–356.

29. J. C. Mitani, "Male Chimpanzees Form Enduring and Equitable Social Bonds," *Animal Behaviour* 77 (2009): 633–640.

30. チンパンジーの他のコミュニティでも同様の発見が得られている。I. C. Gilby and R. W. Wrangham, "Association Patterns Among Wild Chimpanzees *(Pan troglodytes schweinfurthii)* Reflect Sex Differences in Cooperation," *Behavioral Ecology and Sociobiology* 62 (2008): 1831–1842.

31. J. Lehmann and C. Boesch, "Sociality of the Dispersing Sex: The Nature of Social Bonds in West African Female Chimpanzees, *Pan troglodytes*," *Animal Behaviour* 77 (2009): 377–387.

32. A. R. Parish,"Female Relationships in Bonobos*(Pan paniscus)*," *Human Nature*7(1996): 61–96; D. L. Cheney, "The Acquisition of Rank and the Development of Reciprocal Alliances Among Free-Ranging Baboons," *Behavioral Ecology and Sociobiology* 2 (1977): 303–318. ここでも、近しさとグルーミング行動で測られる絆を予測する最大の材料は、遺伝的血縁関係である。興味深いことに、ヒヒは生まれながらに、世襲による社会的順位のようなものを持つようだ（人間のカースト制度に似ている）。また、メスの社会的絆は年齢と順位が同じ個体間で結ばれやすい。

33. Kasper and Voelkl, "Social Network Analysis of Primate Groups."

34. J. C. Flack, M. Girvan, F. B. M. de Waal, and D. C. Krakauer, "Policing Stabilizes Construction of Social Niches in Primates," *Nature* 439 (2006): 426–429.

35. 同様のことはオオカミにも起こる。アルファオスが死ぬと、オオカミの群れに混乱が生じ、若いオスたちは繁殖を始めるので、全体の個体数の増加にもつながる。R. B. Wielgus and K. A. Peebles, "Effects of Wolf Mortality on Livestock Depredations," *PLOS ONE* 9 (2014): e113505.

36. リーダーは集団内の他のメンバーよりも人数がずっと少ないため、集団内の任意の１人から疫病が発生する場合、流行は周縁から始まり、結果的に周縁に留まる可能性のほうが高い。もちろん、流行がリーダーから始まれば、事態はもっと悪くなる。しかし、そうなる可能性は低い。

37. J. Poole, *Coming of Age with Elephants* (New York: Hyperion, 1996), p. 275.

38. C. J. Moss, H. Croze, and P. C. Lee, *The Amboseli Elephants: A Long - Term Perspective on a Long-Lived Mammal* (Chicago: University of Chicago Press, 2011).

39. S. de Silva, A. D. G. Ranjeewa, and D. Weerakoon, "Demography of Asian Elephants *(Elephas maximus)* at Uda Walawe National Park, Sri Lanka Based on Identified Individuals," *Biological Conservation* 144 (2011): 1742–1752.

40. Poole, *Coming of Age*, pp. 147–148.

41. 同上。p. 162.

アラまでも標的にしています。まあ、もちろん、私への攻撃は気にしませんし、家族も攻撃を気にしてはいません。しかし、ファラは気にしているのです」。ローズヴェルトのスピーチの録音記録と文字記録は以下を参照のこと。"Campaign Dinner Address of Franklin Delano Roosevelt (the Fala Speech)" (Washington, DC, September 23, 1944), Wyzant, http://www.wyzant.com/ resources/lessons/history/hpol/fdr/fala.

14. "Geese Fly with Man Who Reared Them," BBC News, December 29, 2011, http://www.bbc.com/news/av/science-environment-16301233/geese-fly-with-man-who-reared-them. こういうことをした人はビル・リシュマンが最初だった。B. Lishman, *C'mon Geese* (Cooper-Lishman Productions, 1989)［記録映像］.

15. J. van Lawick-Goodall, *My Friends the Wild Chimpanzees* (Washington, DC: National Geographic Society, 1967), p. 18.

16. グドールがこの類人猿の行動についての報告をルイス・リーキーに伝えた際、リーキーは以下の有名な一節で返信した。「今や私たちは人間を再定義するか、道具を再定義するか、チンパンジーを人類だと認めるしかない」

17. ビル・モイヤーズとのインタビューにおけるジェーン・グドールの発言。*Bill Moyers Journal*, PBS, November 27, 2009, http://www.pbs.org/moyers/journal/11272009/transcript3.html.

18. Van Lawick-Goodall, *In the Shadow of Man*, p. 76.（『森の隣人：チンパンジーと私』）

19. Goodall,*MyFriends*,p.191.

20. J. Goodall, "Fifi Fights Back," *National Geographic*, April 2003.

21. J. Goodall, *Through a Window: My Thirty Years with the Chimpanzees of Gombe* (Boston: Houghton Mifflin, 1990)（邦訳：『心の窓：チンパンジーとの30年』高崎和美、伊谷純一郎、高崎浩幸訳　どうぶつ社）.

22. とはいえ、グドールがいくらチンパンジーを親しく知るようになっても、限界はあった。2014年のインタビューでグドールはこう説明している。「1年以上かけてチンパンジーに信用してもらえるようになりましたが、彼らのコミュニティの一員にはついぞなれませんでした」。J. Shorthouse and A. Gaffney, "Jane Goodall: 80 and Touring Australia," *ABC Sunshine Coast* (Australia), June 4, 2014, http://www.abc.net.au/local/photos/2014/06/03/4017793.htm. 他にも二人の若い動物行動学者、ダイアン・フォッシーとビルーテ・ガルディカスが、それぞれゴリラとオランウータンを研究し、同様の手法に従い、みずから霊長類のコミュニティに入り込んだ。フォッシーは、どのようにゴリラのコミュニティ内のヒエラルキーと服従の規範を尊重し、ゴリラを安心させたかを描写している。 S. Montgomery, *Walking with the Great Apes* (Boston: Houghton Mifflin, 1991)（邦訳：『彼女たちの類人猿：グドール、フォッシー、ガルディカス』羽田節子訳　平凡社）, D. Fossey, *Gorillas in the Mist* (Boston: Houghton Mifflin, 1983)（邦訳：『霧のなかのゴリラ：マウンテンゴリラとの13年』羽田節子、山下恵子訳　平凡社）を参照のこと。

23. H. Whitehead, *Analyzing Animal Societies* (Chicago: University of Chicago Press, 2009); K. Faust and J. Skvoretz, "Comparing Networks Across Space, Time, and Species," *Sociological Methodology 32* (2002): 267–299.

24. R. M. Seyfarth and D. L. Cheney, "The Evolutionary Origins of Friendship," *Annual Review of Psychology* 63 (2012): 153–177; M. Krützen et al., "Contrasting Relatedness Patterns in Bottlenose Dolphins (*Tursiops* sp.) with Different Alliance Strategies," *Proceedings of the Royal Society B* 270 (2003): 497–502; J. C. Mitani, "Cooperation and Competition in Chimpanzees: Current Understanding and Future Challenges," *Evolutionary Anthropology* 18 (2009): 215–227.

25. Mitani, "Cooperation and Competition"; J. B. Silk et al., "Strong and Consistent Social Bonds Enhance the Longevity of Female Baboons," *Current Biology* 20 (2010): 1359–1361.

原　注

第7章

1. J. van Lawick-Goodall, *In the Shadow of Man* (Boston: Houghton Mifflin, 1971), p. 268.（邦訳：『森の隣人：チンパンジーと私』河合雅雄訳　朝日新聞社）
2. 動物とのつきあい方を見れば、人間どうしが友達になる能力のほどもかなりわかると、私は思う。動物虐待も、私たち個人や集団が持つ性質の恥ずべき部分を反映する。たとえば、動物を虐待する人は、人間を虐待する可能性が高い。例として以下を参照のこと。R. Lockwood and G. R. Hodge, "The Tangled Web of Animal Abuse: The Links Between Cruelty to Animals and Human Violence," R. Lockwood and F. Ascione編 *Cruelty to Animals and Interpersonal Violence* (West Lafayette, IN: Purdue University Press, 1998), pp. 77–82に所収。
3. J. O'Neill, *Prodigal Genius: The Life of Nikola Tesla* (New York: Cosimo, 2006), p. 312.
4. M. Seifer, *Wizard: The Life and Times of Nikola Tesla; Biography of a Genius* (Secaucus, NJ: Birch Lane Press, 1996), p. 414.
5. O'Neill, *Prodigal Genius*, p. 316.
6. C. M. Parkes, B. Benjamin, and R. G. Fitzgerald, "Broken Heart: A Statistical Study of Increased Mortality Among Widowers," *British Medical Journal* 1, no. 5646 (1969): 740–743; F. Elwert and N. A. Christakis, "The Effect of Widowhood on Mortality by the Causes of Death of Both Spouses," *American Journal of Public Health* 98 (2008): 2092–2098; F. Elwert and N. A. Christakis, "Widowhood and Race," *American Sociological Review* 71 (2006): 16–41. テスラの発言には、彼が一部のハトに恋愛感情を抱いていたと思わせる節もある。
7. "Pet Industry Market Size and Ownership Statistics," American Pet Products Association, http://www.americanpetproducts.org/press_industrytrends.asp.
8. K. Allen, J. Blascovich, and W. B. Mendes, "Cardiovascular Reactivity and the Presence of Pets, Friends, and Spouses: The Truth About Cats and Dogs," *Psychosomatic Medicine* 64 (2002): 727–739.
9. K. V. A. Johnson and R. I. M. Dunbar, "Pain Tolerance Predicts Human Social Network Size," *Scientific Reports* 6 (2016): 25267. とりわけオピオイド受容体は苦痛の緩和と社会的絆の両方に関与する。
10. T. N. Davis et al., "Animal Assisted Interventions for Children with Autism Spectrum Disorder: A Systematic Review," *Education and Training in Autism and Developmental Disabilities* 50 (2015): 316–329; R. A. Johnson et al., "Effects of Therapeutic Horseback Riding on Post-Traumatic Stress Disorder in Military Veterans," *Military Medical Research* 5 (2018): 3.
11. C. Siebert, "What Does a Parrot Know About PTSD?," *New York Times Magazine*, January 28, 2016.
12. E. W. Budge, trans., *The History of Alexander the Great, Being the Syriac Version of the Pseudo‐Callisthenes*, vol. 1 (Cambridge, UK: University Press, 1889), pp. 17–18.
13. J. H. Crider, "Fala, Never in the Doghouse," *New York Times*, October 15, 1944. ローズヴェルトはファラを擁護してこう述べた。「そうした共和党の指導者たちは私、家内、息子たちへの攻撃では飽き足らないのです。そう、それだけでは飽き足らず、今や私の小さな愛犬、フ

(2011): 5116 – 5121.

図9.5: 以下より再構成。P. I. Chiyo, C. J. Moss, and S. C. Alberts, "The Influence of Life History Milestone and Association Networks on Crop-Raiding Behavior in Male African Elephants," *PLOS ONE* 7 (2012): e31382.

図9.6: エドウィン・ヴァン・レーウェンの許諾を得て掲載。

図10.1: 以下より再構成。J. N. Weber, B. K. Peterson, and H. E. Hoekstra, "Discrete Genetic Modules Are Responsible for Complex Burrow Evolution in Peromyscus Mice," *Nature* 493 (2013): 402–405.

表11.1: 以下を応用。M. A. Kline and R. Boyd, "Population Size Predicts Technological Complexity in Oceania," *Proceedings of the Royal Society* B 277 (2010): 2559–2564.

図版クレジット

以下を除き、図版類は著者の提供による。

口絵1: 以下より再構成。J. C. Flack, M. Girvan, F. B. M. de Waal, and D. C. Krakauer, "Policing Stabilizes Construction of Social Niches in Primates," *Nature* 439 (2006): 426–429.

口絵2: F・ビビ、B・クラーツ、N・クレイグ、M・ビーチ、M・シュスター、A・ヒルの許諾を得て掲載。F. Bibi, B. Kraatz, N. Craig, M. Beech, M. Schuster, and A. Hill, "Early Evidence for Complex Social Structure in Proboscidea from a Late Miocene Trackway Site in the United Arab Emirates," *Biology Letters* 8 (2012): 670–673.

口絵5: A・ホワイトン、S・スマート、『ネイチャー』誌の許諾を得て、以下より転載。A. Whiten et al., "Cultures in Chimpanzees," *Nature* 399 (1999): 682–685.

口絵6: トッド・A・ブラックレッジの許諾を得て、以下より転載。T. A. Blackledge et al., "Reconstructing Web Evolution and Spider Diversification in the Molecular Era," *PNAS: Proceedings of the National Academy of Sciences* 106 (2009): 5229–5234.

図7.1: ナショナル・ジオグラフィック・クリエイティブの許諾を得て掲載。

図7.2: ジョン・ミタニの許諾を得て、以下より転載。J. C. Mitani, "Male Chimpanzees Form Enduring and Equitable Social Bonds," *Animal Behaviour* 77 (2009): 633–640.

図7.3: 以下より再構成。J. Lehmann and C. Boesch, "Sociality of the Dispersing Sex: The Nature of Social Bonds in West African Female Chimpanzees, Pan troglodytes," *Animal Behaviour* 77 (2009): 377–387.

図7.6: シャルミン・デ・シルヴァの許諾を得て、以下より転載。S. de Silva and G. Wittemyer, "A Comparison of Social Organization in Asian Elephants and African Savannah Elephants," *International Journal of Primatology* 33 (2012): 1125–1141.

図7.7: D. Lusseau, "The Emergent Properties of a Dolphin Social Network," *Proceedings of the Royal Society B* 270 (2003): S186–S188.

図8.1: アーサー・アロンの許諾を得て、以下より転載。S. Gächter, C. Starmer, and F. Tufano, "Measuring the Closeness of Relationships: A Comprehensive Evaluation of the 'Inclusion of the Other in the Self' Scale," *PLOS ONE* 10 (2015): e0129478.

表8.1: D. J. Hruschka, *Friendship: Development, Ecology, and Evolution of a Relationship* (Berkeley: University of California Press, 2010).

図9.1: カヴァン・ホワンの許諾を得て掲載。

図9.2: マイケル・シーハンの許諾を得て、以下より転載。M. J. Sheehan and M. W. Nachman, "Morphological and Population Genomic Evidence That Human Faces Have Evolved to Signal Individual Identity," *Nature Communications* 5 (2014): 4800.

図9.3: 以下より再構成。M. J. Sheehan and M. W. Nachman, "Morphological and Population Genomic Evidence that Human Faces Have Evolved to Signal Individual Identity," *Nature Communications* 5 (2014): 4800.

図9.4: フランス・ドゥ・ヴァールの許諾を得て、以下より転載。J. M. Plotnik, R. Lair, W. Suphachoksahakun, and F. B. M. de Waal, "Elephants Know When They Need a Helping Trunk in a Cooperative Task," *PNAS: Proceedings of the National Academy of Sciences* 108

著者紹介

ニコラス・クリスタキス (Nicholas A. Christakis)

イエール大学ヒューマンネイチャー・ラボ所長、およびイエール大学ネットワーク科学研究所所長。医師。専門はネットワーク科学、進化生物学、行動遺伝学、医学、社会学など多岐にわたる。1962年、ギリシャ人の両親のもとアメリカに生まれる。幼少期をギリシャで過ごす。ハーバード・メディカルスクールで医学博士号を、ペンシルベニア大学で社会学博士号を取得。人のつながりが個人と社会におよぼす影響を解明したネットワーク科学の先駆者として知られ、2009年には『タイム』誌の「世界で最も影響力のある100人」に、2009年〜2010年には2年連続で『フォーリン・ポリシー』誌の「トップ・グローバル・シンカー」に選出されるなど、アメリカを代表するビッグ・シンカーの1人。

訳者略歴

鬼澤忍 (おにざわ・しのぶ)

翻訳家。埼玉大学大学院文化科学研究科修士課程修了。訳書にサンデル『これからの「正義」の話をしよう』『それをお金で買いますか』、アセモグル&ロビンソン『国家はなぜ衰退するのか』(以上、早川書房)、クリスタキス&ファウラー『つながり』(講談社)、シャイデル『暴力と不平等の人類史』(共訳、東洋経済新報社)ほか多数。

塩原通緒 (しおばら・みちお)

翻訳家。立教大学文学部英米文学科卒業。訳書にホーキング『ホーキング、ブラックホールを語る』、リーバーマン『人体600万年史』(以上、早川書房)、シュミル『エネルギーの人類史』(青土社)、ピンカー『暴力の人類史』(共訳、青土社)、シャイデル『暴力と不平等の人類史』(共訳、東洋経済新報社)ほか多数。

装幀……………………水戸部功
本文デザイン・DTP……朝日メディアインターナショナル
校正……………………鷗来堂
営業……………………岡元小夜・鈴木ちほ
進行管理………………中野薫・中村孔大
編集……………………富川直泰

ブループリント
――「よい未来」を築くための進化論と人類史（下）

2020年9月17日　第1刷発行

著者……ニコラス・クリスタキス

訳者……鬼澤忍・塩原通緒

発行者……梅田優祐

発行所……株式会社ニューズピックス

〒106-0032 東京都港区六本木 7-7-7 TRI-SEVEN ROPPONGI 13F
電話 03-4356-8988 ※電話でのご注文はお受けしておりません。
FAX 03-6362-0600 FAXあるいは下記のサイトよりお願いいたします。
https://publishing.newspicks.com/

印刷・製本……シナノ書籍印刷株式会社

ISBN 978-4-910063-11-9

本書に関するお問い合わせは下記までお願いいたします。
np.publishing@newspicks.com

希望を灯そう。

「失われた30年」に、
失われたのは希望でした。

今の暮らしは、悪くない。
ただもう、未来に期待はできない。
そんなうっすらとした無力感が、私たちを覆っています。

なぜか。
前の時代に生まれたシステムや価値観を、今も捨てられずに握りしめているからです。

こんな時代に立ち上がる出版社として、私たちがすべきこと。
それは「既存のシステムの中で勝ち抜くノウハウ」を発信することではありません。
錆びついたシステムは手放して、新たなシステムを試行する。
限られた椅子を奪い合うのではなく、新たな椅子を作り出す。
そんな姿勢で現実に立ち向かう人たちの言葉を私たちは「希望」と呼び、
その発信源となることをここに宣言します。

もっともらしい分析も、他人事のような評論も、もう聞き飽きました。
この困難な時代に、したたかに希望を実現していくことこそ、最高の娯楽です。
私たちはそう考える著者や読者のハブとなり、時代にうねりを生み出していきます。

希望の灯を掲げましょう。
1冊の本がその種火となったなら、これほど嬉しいことはありません。

令和元年
NewsPicksパブリッシング 編集長
井上 慎平